高等职业教育系列教材

AutoCAD 2016 绘图教程

主　编　吴世俊

副主编　章　鸿　邓　陶　王春华　曾艳玲

参　编　刘卫萍　杨入稳　张朝阳

机械工业出版社

本书以 AutoCAD 2016 版本为演示平台，采用项目式教学思路编写而成。本书以轴类零件、轮盘类零件、箱体类零件等常见的机械零件为载体，由浅入深，全面而系统地介绍 AutoCAD 2016 中常用的绘图命令和编辑命令。书中的每一实例均配以清晰的图形和详细的文字描述进行讲解。本书整体结构层次清晰，实例绘图步骤详细，适合零基础的初学者使用。本书内容包括 AutoCAD 2016 软件介绍和工作界面认识、软件基本操作、绘图命令和编辑命令、尺寸标注、二维零件图绘制实例、二维装配图绘制实例以及三维图绘制。

本书可以作为高职院校机械类和近机械类专业的学生用书，也可作为企业工程技术人员的参考用书。

本书配有授课电子课件、素材文件和教学视频，教学视频可直接扫描书中二维码观看，需要的教师可登录机械工业出版社教育服务网 www.cmpedu.com 免费注册后下载，或联系编辑索取（QQ：1239258369，电话：010-88379739）。

图书在版编目（CIP）数据

AutoCAD 2016 绘图教程／吴世俊主编 . —北京：机械工业出版社，2020.3
（2024.2 重印）

高等职业教育系列教材

ISBN 978-7-111-64319-7

Ⅰ．①A…　Ⅱ．①吴…　Ⅲ．①AutoCAD 软件-高等职业教育-教材

Ⅳ．①TP391.72

中国版本图书馆 CIP 数据核字（2020）第 004080 号

机械工业出版社（北京市百万庄大街 22 号　邮政编码 100037）
策划编辑：曹帅鹏　　责任编辑：曹帅鹏
责任校对：张艳霞　　责任印制：李　昂
北京中科印刷有限公司印刷

2024 年 2 月第 1 版·第 6 次印刷
184mm×260mm·19.5 印张·484 千字
标准书号：ISBN 978-7-111-64319-7
定价：59.00 元

电话服务　　　　　　　　　　　网络服务
客服电话：010-88361066　　　机　工　官　网：www.cmpbook.com
　　　　　010-88379833　　　机　工　官　博：weibo.com/cmp1952
　　　　　010-68326294　　　金　书　网：www.golden-book.com
封底无防伪标均为盗版　　　机工教育服务网：www.cmpedu.com

前　　言

　　AutoCAD 是美国 Autodesk 公司开发的一款专门用于计算机辅助绘图与设计的软件，具有界面友好、功能强大、易于掌握、使用方便等优点。该软件自 1982 年问世以来，经过了多次更新和性能完善，不仅在机械、电子、建筑等工程设计领域得到了大规模应用，而且在园林、地理、气象等其他领域也得到了广泛应用。作为一款工程设计软件，它为工程设计人员提供了强有力的二维和三维工程设计与绘图功能，目前已经成为国内应用最广泛的 CAD 软件之一。

　　本书是以 AutoCAD 2016 版本为演示平台，以项目式教学的课程设计为主，以常见的机械类零件作为工程实例，让初学者在绘图实践中轻松掌握 AutoCAD 2016 的基本操作和绘图技巧。本书具有以下特点：

　　（1）专业性强。本书主要针对机械类和近机械类专业的学生以及与机械行业相关的从业人员编写，所选实例均来自机械工程实际，通过本书的学习，学生将逐渐掌握机械零件的绘制步骤和方法，并增强对机械零件结构的认识。

　　（2）实例典型。本书选用机械工程中典型的轴套类、轮盘类以及箱体类零件为主要实例，以清晰的步骤、详细的语言、丰富的图形加以讲解，学生可以在自学时按照书中的步骤进行绘图，降低课程学习的难度。

　　（3）实践性强。本书在实例讲解中插入了二维码，学生可以通过扫二维码观看视频，跟着视频逐步练习，轻松学会 AutoCAD 软件的基本操作。

　　（4）技巧性强。本书中加入了一定的"小技巧"和"注意"，以帮助初学者快速掌握 AutoCAD 软件的绘图技巧。

　　（5）内容全面。本书采用项目式方式进行设计。项目式教学中的实例往往不能涵盖所有的知识点，为弥补此缺陷，本书加入了"知识拓展"部分，以求教材内容能将 AutoCAD 软件的知识点全面覆盖。

　　本书的内容分为五个项目，即 AutoCAD 2016 入门、绘图基础、尺寸标注、二维图形综合训练和绘制三维图形。AutoCAD 2016 入门部分包括软件介绍和工作界面的认识、软件的基本操作以及图层和图层对象的特性；绘图基础部分包括软件的基本绘图命令、编辑命令以及文字输入和编辑；尺寸标注部分包括各类尺寸标注的设置和修改以及块的使用和修改等；二维图形综合训练部分包括典型零件的零件图绘制和装配图绘制；绘制三维图形包括三维建模基础和组合体三维图的绘制。

　　本书是机械工业出版社组织出版的高等职业教育系列教材之一，由四川信息职业技术学院吴世俊任主编并统稿，四川信息职业技术学院章鸿、邓陶、王春华、曾艳玲任副主编。具体分工如下：项目1由曾艳玲编写，项目2中的任务2.1、2.2、2.4、2.5由吴世俊编写，项目3由王春华编写，项目4和项目2中的任务2.3由章鸿编写，项目5由邓陶编写，技能训练的习题由刘卫萍、杨人稳、张朝阳整理。

由于编者水平有限，书中错漏之处在所难免，希望广大读者能够把宝贵的意见和建议告诉我们，编者将不胜感激。

编　者

目　　录

项目 1

AutoCAD 2016 入门

❖ **教学目标**

了解 AutoCAD 2016 工作界面的组成；
掌握 AutoCAD 2016 的启动与退出；
熟悉 AutoCAD 2016 的文件管理；
掌握 AutoCAD 2016 绘图区的简单设置。

任务 1.1　软件介绍及工作界面的认识

➤ **任务提出**

应用两种不同的方法启动 AutoCAD 2016。

➤ **任务分析**

AutoCAD 2016 是一款优秀的计算机图形数字化设计软件，拥有广大的用户群。它使机械设计人员改变了传统的设计思想，降低了产品的设计成本，实现了产品设计的自动化。本任务将介绍 AutoCAD 2016 程序的启动与退出、AutoCAD 2016 的工作界面等知识，通过启动 AutoCAD 2016 来了解软件的新功能和工作界面的基本知识。

➤ **知识储备**

AutoCAD 是美国 Autodesk 公司推出的计算机辅助绘图软件，它是当今世界上最畅销的图形软件之一，也是我国目前应用最广泛的 CAD 软件之一。自 1982 年问世起，AutoCAD 不断改进和完善，已经历了十多次版本升级。本书主要针对 AutoCAD 2016 的基本部分加以叙述。

1.1.1　AutoCAD 的基本功能

1. 平面绘图

AutoCAD 能以多种方式创建直线、圆、椭圆、多边形、样条曲线等基本图形对象。同时，AutoCAD 提供了正交、对象捕捉、极轴追踪、捕捉追踪等绘图辅助工具，正交功能使用户可以很方便地绘制水平、竖直直线，对象捕捉功能可帮助用户拾取几何对象上的特殊点，而追踪功能使画斜线及沿不同方向定位点变得更加容易。

2. 编辑图形

AutoCAD 具有强大的编辑功能：可以移动、复制、旋转、阵列、拉伸、延长、修剪和缩放对象；可以标注尺寸，能创建多种类型尺寸，标注外观可以自行设定；可以书写文字，能轻易在图形的任何位置、沿任何方向书写文字，可设定文字字体、倾斜角度及宽度缩放比例等属性；具有图层管理功能；当图形对象都位于某一图层上时，可设定图层颜色、线型、线宽等特性。

3. 网络功能与二次开发

AutoCAD 具有网络功能，可将图形在网络上发布，或是通过网络访问 AutoCAD 资源。AutoCAD 提供了多种图形图像数据交换格式及相应命令。AutoCAD 允许用户定制菜单和工具栏，并能利用内嵌语言 Autolisp、Visual Lisp、VBA、ADS、ARX 等进行二次开发。

4. 三维绘图

对于某些二维图形来说，通过拉伸、设置标高和厚度等操作就可以轻松地转换为三维图形。使用"绘图"/"建模"命令中的子命令，用户可以很方便地绘制圆柱体、球体和长方体等基本实体以及三维网格、旋转网格等曲面模型。同样再结合"修改"菜单中的相关命令，还可以绘制出各种各样复杂的三维图形。

5. 标注图形尺寸

尺寸标注是向图形中添加测量注释的过程，是整个绘图过程中不可缺少的一步。AutoCAD 的"标注"菜单中包含了一套完整的尺寸标注和编辑命令，使用它们可以在图形的各个方向上创建各种类型的标注，也可以方便、快速地以一定格式创建符合行业或项目标准的标注。

标注显示了对象的测量值，对象之间的距离、角度，或者特征与指定原点的距离。在AutoCAD 中提供了线性、半径和角度三种基本的标注类型，可以进行水平、垂直、对齐、旋转、坐标、基线或连续等标注。此外，还可以进行引线标注、公差标注以及自定义粗糙度标注。标注的对象可以是二维图形，也可以是三维图形。

6. 渲染三维图形

在 AutoCAD 中，可以运用雾化、光源和材质将模型渲染为具有真实感的图像。如果是为了演示，可以渲染全部对象；如果时间有限，或显示设备和图形设备不能提供足够的灰度等级和颜色，就不必精细渲染；如果只需快速查看设计的整体效果，则可以简单消隐或设置视觉样式。

7. 输出与打印图形

AutoCAD 不仅允许将所绘图形以不同样式通过绘图仪或打印机输出，而且能够将不同格式的图形导入 AutoCAD 或将 AutoCAD 图形以其他格式输出。因此，当图形绘制完成之后可以使用多种方法将其输出。例如，可以将图形打印在图纸上，也可以创建成文件以供其他应用程序使用。

1. 1. 2 AutoCAD 2016 的安装、启动和退出

按照安装说明成功安装 AutoCAD 2016 后，用户可以采用多种方式来启动 AutoCAD

2016。下面详细介绍其中 3 种常用的方式。

1. 通过"开始"菜单启动

安装 AutoCAD 2016 后，选择"开始"→"所有程序"→"Autodesk"→"AutoCAD 2016-简体中文（Simplified Chinese）"→"AutoCAD 2016"命令启动 AutoCAD 2016（在 Windows 10 中，可直接单击"开始"→"AutoCAD 2016"），如图 1-1 所示。

2. 通过桌面快捷方式图标启动

安装 AutoCAD 2016 后，系统将自动在桌面上创建一个快捷图标，如图 1-2 所示，双击该图标即可启动 AutoCAD 2016。

扫一扫观看视频

图 1-1　通过"开始"菜单启动　　　　图 1-2　通过桌面快捷图标启动

3. 通过双击 AutoCAD 文件启动

如果用户计算机中有 AutoCAD 图形文件，则双击扩展名为 dwg 的文件，也可启动 Auto-CAD 2016 并打开该图形文件，如图 1-3 所示。

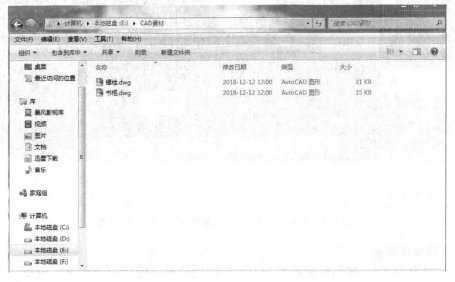

图 1-3　通过双击 AutoCAD 文件启动

下面是退出 AutoCAD 2016 程序常用的几种方式，用户可以采用其中之一退出 AutoCAD 2016。

1. 程序按钮方式

单击 AutoCAD 2016 界面右上角的"关闭"按钮 ⊠，退出 AutoCAD 2016 程序。

2. 菜单方式

单击"应用程序"按钮▲，在弹出的"应用程序"菜单中单击"退出 AutoCAD 2016"按钮即可。

3. 命令输入方式

在命令窗口的当前命令行中输入"QUIT"或"EXIT"命令后，按〈Enter〉键，退出 AutoCAD 2016。

1.1.3　AutoCAD 2016 的工作界面

启动 AutoCAD 2016，关闭"欢迎"窗口后，将显示"草图与注释"的工作界面，该工作界面主要由"应用程序"按钮、快速访问工具栏、标题栏、功能区选项卡、文件选项卡、绘图区、坐标系图标、命令行和状态栏等组成，如图 1-4 所示。

扫一扫观看视频

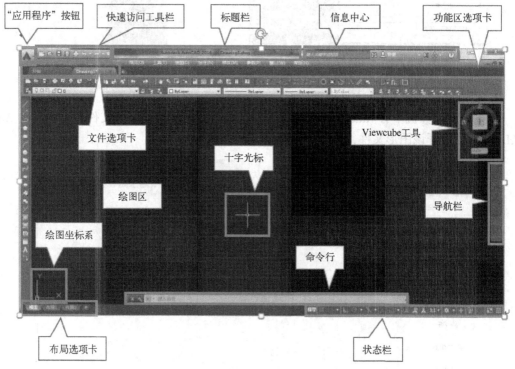

图 1-4　AutoCAD 2016 "草图与注释"的工作界面

1. 应用程序菜单

单击"应用程序"按钮将显示基于 Windows 的菜单，即"应用程序"菜单。"应用程序"菜单包含了"新建""保存"和"发布文件"等常用命令，如图 1-5 所示。

2. 快速访问工具栏

使用快速访问工具栏可对定义的命令集直接访问。用户可添加、删除和重新定位命令和控件。在默认状态下，快速访问工具栏包括"新建""打开""保存""另存为""打印"

"放弃"和"重做"命令，如图1-6所示。

图1-5 "应用程序"菜单

图1-6 快速访问工具栏

3. 标题栏与信息中心

标题栏位于工作界面顶端的中间位置，显示软件的名称和当前打开的文件名称。信息中心是一种用在多个Autodesk产品中的功能，它由标题栏右侧的一组工具组成，使用它可以访问许多与产品相关的信息源，如工作界面中显示了用于Autodesk 360服务的"登录"按钮和指向Autodesk Exchange的链接等。标题栏最右侧还显示了"帮助""最小化""恢复窗口大小"和"关闭"按钮，如图1-7所示。

图1-7 标题栏与信息中心

4. "功能区"选项卡、功能区和功能区面板

功能区面板是将一组与任务相关的按钮和控件在功能区中组合在一起，用户只需单击面板上的按钮就可以执行相应命令。因此功能区中包含了多个功能区面板组，它为与当前工作空间相关的命令提供了一个单一、简洁的放置区域，如图1-8所示。

图1-8 功能区选项卡、功能区和功能区面板

5. "文件"选项卡

"文件"选项卡可以帮助用户访问应用程序中所有打开的图形。"文件"选项卡通常显示完整的文件名。单击"文件"选项卡右侧的"+"按钮可以打开"选择样板"对话框创建新图形，如图1-9所示。

图1-9 文件选项卡

6. 绘图区

绘图区是绘制和编辑对象的工作区域，所有设计和绘制的图形都将显示在该区域，因此应尽量保证绘图区域大一些，如图1-10所示。

7. 十字光标与坐标系图标

在绘图区移动鼠标将看到一个十字光标在移动，即图形光标，绘制图形时图形光标显示为"十"字形。绘图区左下角是AutoCAD的直角坐标系显示标志，用于指示图形设计的平面。绘图区底部有一个"模型"标签和两个"布局"标签，在AutoCAD中有两个工作空间，"模型"代表模型空间，"布局"代表图纸空间，单击相应的标签可切换工作空间，如图1-11所示为图纸空间。

图1-10　全屏显示工作界面

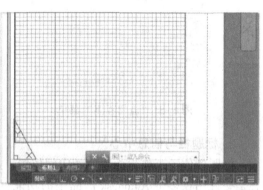

图1-11　图纸空间

8. 命令行

命令行是一个输入命令和反馈命令参数提示的区域，AutoCAD里所有的命令都可在命令行实现。如画直线时，除了在"默认"选项卡的"绘图"面板中单击"直线"按钮，还可在命令行输入"line"直线命令，如图1-12所示。

9. 方位显示（ViewCube）工具

方位显示（ViewCube）导航工具在视图发生更改时可提供有关模型当前视点的直观反映。将光标放置在视图方位显示工具上后，视图方位显示将变为活动状态，可以拖动或单击来切换到可用预设视图之一、滚动当前视图或更改为模型的主视图。单击ViewCube工具右下角的倒三角按钮将弹出ViewCube菜单，在其中可恢复和更改主视图、切换视图投影模式或访问ViewCube设置，如图1-13所示。

图1-12　在命令行输入"line"命令

图1-13　ViewCube工具

10. 导航栏

导航栏是一组导航工具，使用它可以方便地访问多种产品特定的导航工具，如控制盘、平移和缩放等，如图 1-14 所示。在默认情况下，控制盘是关闭的，可以在命令行中输入"Navswheel"命令来将其显示出来。

11. 应用程序状态栏

应用程序状态栏左侧的数字 -1715.2291, 973.3380, 0.0000 显示为当前光标的 X、Y、Z 坐标值；绘图辅助工具 用来帮助用户快速、精确地作图；模型与布局 模型 布局1 用来控制当前图形设计是在模型空间还是布局空间；注释工具 1:1 / 100% 可以显示注释比例及可见性；工作空

图 1-14 导航栏

间菜单 方便用户切换不同的工作空间；锁定 的作用是可以锁定或解锁浮动工具栏、固定工具栏、浮动窗口或固定窗口在图形中的位置，锁定的工具栏和窗口不可以被拖动，但按住〈Ctrl〉键，可以临时解锁，从而拖动锁定的工具栏或窗口；隔离对象是控制对象在当前图形上显示与否；右侧是"全屏显示"按钮，如图 1-15 所示。

图 1-15 应用程序状态栏

➤ 任务实施

1. 从桌面建立的快捷方式启动 AutoCAD

（1）双击 Windows 桌面上生成的 AutoCAD 2016 快捷图标，进入 AutoCAD 2016 默认工作界面，如图 1-16 所示。

扫一扫观看视频

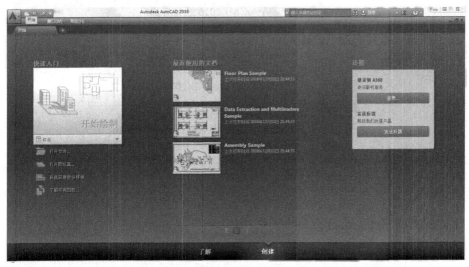

图 1-16 AutoCAD 2016 默认工作界面

（2）单击图 1-17 所示的"开始绘制"按钮开始绘制新图形。

（3）单击菜单栏的"工具"选项，在弹出的菜单选项中选择"工具栏"，然后在二级菜单中选中"AutoCAD"，选中后在弹出的选项中选择后边的"标准"选项，选择完成后，就可以出现经典的工作空间了，如图 1-18 所示。

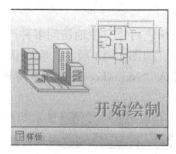

图 1-17　AutoCAD 2016 "开始绘制" 按钮

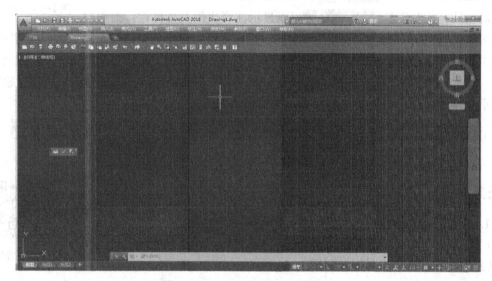

图 1-18　AutoCAD 2016 经典界面

2. 从 "开始" 菜单启动 AutoCAD

（1）执行 "开始" → "程序" → "AutoCAD 2016" 菜单命令，如图 1-19 所示。

图 1-19　从 "开始" 菜单中启动 AutoCAD 2016

（2）启动后如图 1-16 所示。

➤ **技能训练**

1. 通过桌面的快捷方式启动 AutoCAD 2016。
2. 通过 "开始" 菜单启动 AutoCAD 2016。

任务 1.2　软件的基本操作

➤ **任务提出**

启动 AutoCAD 2016，新建 "Drawing1. dwg" 文件并保存，查找并打开刚才新建的文件。

➢ 任务分析

AutoCAD 2016 继续沿袭以往方便设计人员操作的理念，提供了方便快捷的操作方法。本任务通过建立新的图形文件来了解软件的基本操作，使初学者可以快速掌握软件的基本功能。

➢ 知识储备

应用 AutoCAD 2016 设计和绘制图形时，有时要求按照给定的尺寸进行精确绘图。此时，既可以通过输入指定点的坐标来绘制图形，也可以灵活应用系统提供的"捕捉""栅格""极轴"等功能，快速精确地绘制图形。

1.2.1 AutoCAD 2016 文件的基本操作

1. 建立新的图形文件

在绘制一幅新图形之前，用户需要建立一个新的图形文件。其执行方法有以下几种。

（1）命令行：输入"NEW"命令。

（2）菜单栏：执行"文件"→"新建"命令。

（3）图标：单击"标准"工具栏中的■按钮。

2. 打开已有图形文件

用户如果想在已有的图形文件基础上进行有关的操作，就必须打开已有的图形文件。其操作方法通常有以下几种。

（1）命令行：输入"OPEN"命令。

（2）菜单栏：执行"文件"→"打开"命令。

（3）图标：单击"标准"工具栏中的■按钮。

说明：打开"选择文件"对话框（图1-20），在"文件类型"列表框中用户可选图形（*.dwg）、.DXF(*.dxf)、标准（*.dws）和图形样板（*.dwt）。

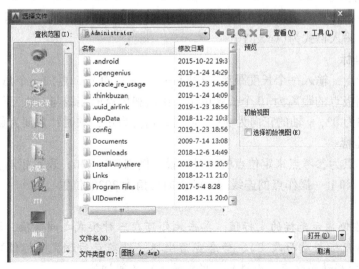

图1-20 "选择文件"对话框

3. 保存当前的图形文件

在 AutoCAD 2016 中，用户可以采用以下几种方法保存当前的图形文件。

（1）命令行：输入"QSAVE"或"SAVEAS"命令。

（2）菜单栏：执行"文件"→"保存（另存为）"命令。

（3）图标：单击"标准"工具栏中的 █ 按钮。

1.2.2　AutoCAD 2016 的坐标系

在 AutoCAD 软件中，坐标系分为世界坐标系（WCS）和用户坐标系（UCS）两种。

在默认情况下，当前坐标系为世界坐标系，它是 AutoCAD 的基本坐标系，有三个相互垂直并相交的坐标轴。其中，x 轴的正向是水平向右，y 轴的正向是垂直向上，z 轴的正向是由屏幕垂直指向用户。默认坐标原点在绘图区的左下角，其上有一个方框标记，表明是世界坐标系。在绘制和编辑图形的过程中，WCS 的坐标原点和坐标轴方向都不会改变，所有的位移都是相对于原点计算的。

为了方便用户绘制图形，AutoCAD 还可以改变世界坐标系的原点位置和坐标轴方向，此时就形成了用户坐标系（UCS）。在默认情况下，用户坐标系和世界坐标系重合，用户可在绘图过程中根据具体需要来定义用户坐标系。尽管用户坐标系中三个轴之间仍然互相垂直，但是其方向及位置的设置却很灵活。用户坐标系的原点以及 x 轴、y 轴、z 轴方向都可以移动及旋转，甚至可以依赖于图形中某个特定的对象。用户坐标系没有方框标记。

点坐标值的表示用 (x, y, z) 是最基本的方法。在世界坐标系和用户坐标系两种坐标系中，都可以通过输入点坐标来精确定位点。AutoCAD 中常用的坐标输入方式有以下四种（默认当前屏幕为 XY 平面，z 坐标始终为 0，故 z 坐标可省略不输入）。

1. 绝对直角坐标

以坐标原点 $(0, 0)$ 为基点来定位所有点的位置。用户可通过输入坐标值 (x, y) 来定位一个点在坐标系中的位置，各坐标值之间用逗号隔开。

2. 相对直角坐标

以某点作为参考点来定位点的相对位置。用户可通过输入点的坐标增量来定位它在坐标系中的位置，其输入格式为（@ X, Y）。

3. 绝对极坐标

以原点为极点，输入一个长度距离，后跟一个"<"符号，再加一个角度值。例如 10<30，表示该点离极点的距离为 10 个长度单位，该点和极点的连线与 x 轴正向夹角为 30°，且规定 x 轴的正向为 0°，y 轴的正向为 90°；逆时针角度为正，顺时针角度为负。

4. 相对极坐标

以上一操作点为参考点来定位点的相对位置。例如@ 10<30，表示相对上一操作点距离 10 个长度单位、和上一操作点的连线与 x 轴正向夹角为 30°的位置。

★注意：

① 状态栏左侧显示光标的坐标值。单击此处可在三种模式之间切换，即在动态直角坐标（坐标值随着光标移动而改变）、静态直角坐标（选定点后改变坐标值）和动态极坐标（坐标值随着光标移动而改变，以极坐标形式显示）之间切换。

②"，"和"@"只能是半角符号。

1.2.3 AutoCAD 2016 命令操作

1. 调用命令

当命令行出现"命令:"提示时,表示系统正处于准备接收命令状态。当命令开始执行后,用户必须按照命令行的提示进行每一步操作,直到完成该命令。AutoCAD 调用命令的途径有如下几种。

(1) 功能区面板:通过单击功能区面板上的相应按钮输入命令。

(2) 命令行:由键盘在命令行输入命令。

(3) 菜单栏:通过选择菜单选项输入命令。

(4) 工具栏:通过单击工具栏按钮输入命令。

(5) 鼠标右键:在不同的区域单击鼠标右键,会弹出相应的菜单,从菜单中选择选项执行命令。

2. 输入命令

(1) […] 内为可选项,输入选项中所给大写字母并按〈Enter〉键选择该选项。输入大写或小写字母均可。

(2) <…> 内为默认设置,可直接按〈Enter〉键确认该设置。例如"指定圆的半径或 [直径(D)]<30.0000>:"可直接按〈Enter〉键确认该圆半径为 30。

3. 重复调用命令

如果要重复执行上一个命令,可通过以下几种方式。

(1) 〈Enter〉键或空格键:当一个命令结束后,直接按〈Enter〉键或空格键可重复刚刚结束的命令。

(2) "重复＊＊＊":在绘图区单击右键,在弹出的右键快捷菜单中选择"重复＊＊＊"。

(3) "最近的输入":在命令行单击右键,在弹出的右键快捷菜单中选择"最近的输入",选择最近使用的命令。

4. 结束命令

AutoCAD 常用结束命令的方式有以下几种。

(1) 〈Enter〉键或空格键:最常用的结束命令方式,一般直接按〈Enter〉键即可结束命令。除了书写文字外,空格键与〈Enter〉键的作用是相同的。

(2) 鼠标右键:单击鼠标右键后,在弹出的右键快捷菜单中选择"确认"或"取消"来结束命令。

(3) 〈Esc〉键:〈Esc〉键功能最强大,无论命令是否完成,都可以通过〈Esc〉键来结束命令。

5. "透明"命令

在 AutoCAD 中,当启动其他命令时,当前所使用的命令会自动终止。但有些命令可以"透明"使用,即在运行其他命令过程中不终止当前命令的使用。

"透明"命令多为绘图辅助工具的命令或修改图形设置的命令,如"捕捉""栅格""极轴"和"窗口缩放"等命令。

"透明"命令不能嵌套使用。

6."删除"命令

"删除"命令用于删除绘图区中的实体。调用"删除"命令有以下几种方式。

(1)命令行：输入 ERASE(或 E)↙。

说明：括号内的"E"是"删除"命令的快捷键，"↙"表示回车，在 AutoCAD 中，〈Enter〉键和空格键作用相同，都代表回车。

(2)功能区：单击"默认"选项卡"修改"面板中的"删除"工具按钮 ✍。

(3)菜单栏：选择"修改"→"删除"。

★注意：

1)"删除"命令可将选中的实体擦去而使之消失，与之对应的另外两条命令则可将刚擦除的实体恢复。一种是用"UNDO"命令，它通过取消"删除"命令而恢复擦除的实体；另一种方式是用"OOPS"命令，它并未取消"删除"命令的结果，而是将刚擦除的实体恢复。

2)用"删除"命令删除实体后，这些实体只是临时被删除，只要不退出当前图形，就可用"OOPS"或"UNDO"命令将删除的实体恢复。

7."移动"命令

"移动"命令用于把单个对象或多个对象从它们当前的位置移至新位置，这种移动并不改变对象的尺寸和方位。

调用"移动"命令有以下几种方式。

(1)命令行：输入 MOVE(或 M)↙。

(2)功能区：单击"默认"选项卡"修改"面板中的"移动"工具按钮 ✛。

(3)菜单栏：选择"修改"→"移动"。

执行"移动"命令后，系统提示"指定基点或位移"，即有两种平移方法：基点法和相对位移法。其各项功能如下。

1)基点法：确定对象的基准点，基点可以指定在被复制的对象上，也可以不指定在被复制的对象上。

2)位移法：指定的两个点（基点和第二点）定义了一个位移矢量，它指明了被选定对象移动的距离和移动方向。

★注意：

①如果选择"位移"选项来移动图形对象，这时移动量是指相对距离，不必使用@。

②"拉伸"命令在对实体进行完全选择时也可以实现与"移动"命令相同的效果。

③选择要移动的对象后，右键拖动到某位置释放，可弹出快捷菜单，选择"移动到此处"可以移动对象。

示例 1：用"删除"命令删除如图 1-21a 所示的圆，结果如图 1-21b 所示。

扫一扫观看视频

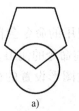

a)   b)

图 1-21　删除图形

其操作步骤如下。

1）执行"删除"命令。

2）提示"选择对象："时，选择删除目标。

3）提示"选择对象："时，按〈Enter〉键结束命令。

示例2：用"移动"命令将如图1-22a所示的六边形和小圆移至大圆内，结果如图1-22b所示。

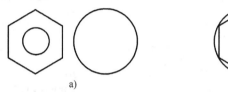

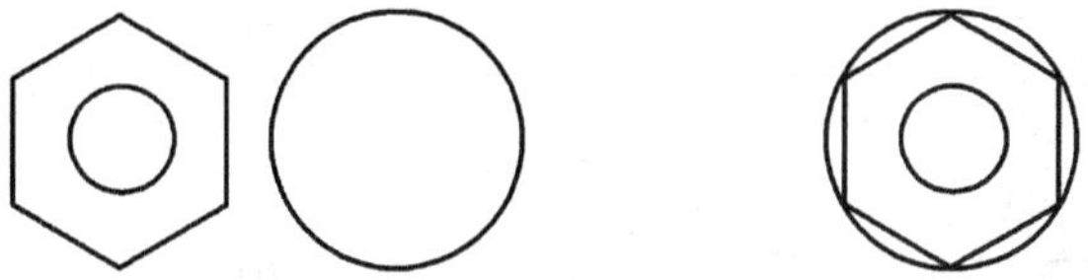

a)　　　　　　　　　　　　　　　　b)

图1-22　移动图形

a）移动前　b）移动后

其操作步骤如下。

1）执行"移动"命令。

2）提示"选择对象："时，选择六边形和小圆。

3）提示"选择对象："时，按〈Enter〉键结束选择对象。

4）提示"指定基点或[位移（D）]（位移）："时，指定小圆的中心点。

5）提示"指定第二个点或（使用第一个点作为位移）："时，选择大圆的中心点。

➢ **任务实施**

1. 新建、保存并打开一个文件

（1）新建文件

1）执行"文件"→"新建"菜单命令，系统会弹出"选择样板"对话框，如图1-23所示。

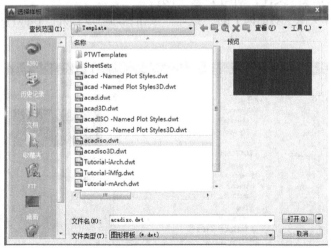

图1-23　"选择样板"对话框

2）在"选择样板"对话框中选择"acadiso.dwt"样板文件（"无样板公制"文件），然后单击对话框中的 打开(0) 按钮，系统会新建一个文件。

（2）保存文件。当绘制完图形后，需要将其存盘，方便以后查看或使用。在 AutoCAD 2016 中，可以利用"保存"命令对图形进行存盘。具体操作步骤如下。

1）执行"文件"→"保存"菜单命令，系统会弹出如图 1-24 所示的"图形另存为"对话框，在此对话框中可设定图形的保存位置（存盘路径）、文件名及文件类型。

图 1-24 "图形另存为"对话框

2）单击对话框右下角的 保存(S) 按钮，即可将图形命名存盘。

（3）打开"Drawing1. dwg"文件。在日常绘图过程中，随时都可能需要打开一个或多个已存盘的文件，在 AutoCAD 2016 中，可以利用"打开"命令打开已存盘文件。具体操作步骤如下。

1）执行"文件"→"打开"菜单命令，系统会弹出"选择文件"对话框，在对话框中选择"Drawing1. dwg"文件，如图 1-25 所示。

2）单击"选择文件"对话框上的"打开"按钮，即可以打开"Drawing1. dwg"文件。

扫一扫观看视频

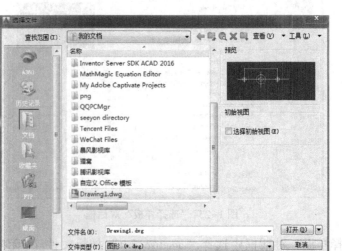

图 1-25 在"选择文件"对话框中打开"Drawing1. dwg"文件

> **知识拓展**

1.2.4 设置图形界限

图形界限是 AutoCAD 虚拟绘图空间中的一个受限制的矩形绘图区域, 也称为图限。AutoCAD 将计算机当作一个无限大的虚拟空间, 在这个无限大的空间即模型空间中使用 AutoCAD 可以绘制出与所绘实体相同尺寸的图形。用户若想方便地绘制图形必须将这个虚拟的空间加以限制并具体化, 即设置图形界限。设置图限就是表明用户工作区域的边界, 用来确定绘图的参考位置, 它显示为一个可见栅格指示的区域 (也可取消栅格指示)。当打开图形界限边界的检查功能时, 一旦绘制的图形超出了图形界限, 系统将给出提示, 并且不显示界限外的绘制内容。

图限的另一个主要作用是方便在无限大的模型空间中布置图形, 使绘制的图形合理地布局在所设置的图形界限内, 有利于用户准确地绘图和出图, 并直接影响计算机硬件的使用性能。因此, 在进行 AutoCAD 绘图操作之前必须对图形界限进行设置。具体操作方法有两种:

(1) 通过输入 LIMITS 命令可以设置图形界限。设置图形界限的命令显示如下。

```
命令: LIMITS
重新设置模型空间界限:
指定左下角点或[开(ON)/关(OFF)] <0.0000.0 0000>:        //系统默认左下角点坐标为(0,0)
指定右上角点<420.0000.297.0000>:                       //系统默认右上角点坐标为(420,297)
```

(2) 执行菜单命令。例如, 以图纸左下角点(80,80)和右上角点(460,360)为图形范围, 设置该图纸的图限。具体操作如下。

1) 执行"格式"→"图形界限"菜单命令。

2) 命令行操作如下。

```
命令: LIMITS
重新设置模型空间界限:
指定左下角点或[开(ON)/关(OFF)] <0000.0.0 000: 80,80      //输入坐标(80,80)
指定右上角点<420.000.297.000>: 460,360                  //输入坐标(460,360)用户可根据
                                                      //绘制图形尺寸自行指定图形界限。
```

1.2.5 对象捕捉

1. 设置对象捕捉模式

(1) 命令

1) 命令行: 输入 OSNAP(可透明使用)↙。

2) 菜单栏: 选择"工具"→"草图设置", 出现如图 1-26 所示的对话框, 在对话框中可以进行"对象捕捉"的设置。

(2) 功能。设置对象捕捉模式能迅速地捕捉图形对象的端点、交点、中点、切点等特殊点的位置, 从而提高绘图精度和速度。

（3）说明。打开"草图设置"对话框的"对象捕捉"选项卡，如图1-26所示。

选中捕捉模式后，在绘图区上，只要把靶区放在对象上，即可捕捉到对象上的特征点，并且在每种特征点前都规定了相应的捕捉显示标记。各捕捉模式的含义如下。

1）端点：捕捉直线段或圆弧的端点，捕捉到离靶框较近的端点。

2）中点：捕捉直线段或圆弧的中点。

3）圆心：捕捉圆或圆弧的圆心，靶框放在圆周上，捕捉到圆心。

4）节点：捕捉到靶框内的孤立点。

5）象限点：相对于当前UCS，圆周上最左、最右、最上、最下的四个点称为象限点，靶框放在圆周上，捕捉到最近的一个象限点。

6）交点：捕捉两线段的显示交点和延伸交点，"延伸交点"不能用作执行对象捕捉模式。

7）延长线：当靶框在一个图形对象的端点处移动时，AutoCAD显示该对象的延长线，并捕捉正在绘制的图形与该延长线的交点。

8）插入点：捕捉到图块、图形、文本和属性等的插入点。

9）垂足：当向一对象画垂线时，把靶框放在该对象上，可捕捉到对象上的垂足位置。

10）切点：当向一对象画切线时，把靶框放在该对象上，可捕捉到对象上的切点位置。

11）最近点：当靶框放在对象附近拾取，捕捉到对象上离靶框中心最近的点。

12）外观交点：当两对象在空间交叉，而在一个平面上的投影相交时，可以从投影交点捕捉到某对象上的点，或者捕捉两投影延伸相交时的交点。

13）平行线：捕捉图形对象的平行线。

2. 利用光标菜单和工具栏进行对象捕捉

（1）对象捕捉光标菜单。在命令要求输入点时，按〈Shift〉键，同时右击，当前光标处出现对象捕捉光标菜单，如图1-27所示。

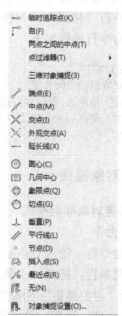

图1-26 "草图设置"对话框的"对象捕捉"选项卡　　　图1-27 对象捕捉光标菜单

（2）"对象捕捉"工具栏。"对象捕捉"工具栏如图 1-28 所示，从"工具"菜单中选择"工具栏"项，打开"工具栏"对话框，在该对话框中选中"对象捕捉"复选框，即可使"对象捕捉"工具栏显示在屏幕上。

图 1-28 "对象捕捉"工具栏

1.2.6 绘图单位和精度

1. 命令

（1）命令行：输入 DDUNITS（可透明使用）↙。

（2）菜单栏：选择"格式"→"单位"。

2. 功能

调用"图形单位"对话框，如图 1-29 所示，规定计数单位和精度（另有命令 UNITS，仅用于命令行，功能与此相同）。

3. 说明

（1）长度类型默认设置为小数，小数精度为小数点后四位。

（2）角度类型默认设置为十进制度数，小数精度为 0。

（3）单击"方向"按钮弹出角度"方向控制"对话框，如图 1-30 所示，默认设置为 0，方向为正东，逆时针方向为正。

图 1-29 "图形单位"对话框

图 1-30 "方向控制"对话框

1.2.7 辅助定位

1. 捕捉和栅格

（1）命令

1）命令行：输入 DDRMODES（可透明使用）↙。

2）菜单栏：选择"工具"→"绘图设置"。

（2）功能。捕捉用于控制间隔，如果捕捉功能打开，光标将锁定在不可见的捕捉网格点上做步进式移动。捕捉间距在 x 方向和 y 方向上一般相同，也可以不同。

栅格是显示可见的参照网格点，当栅格打开时，它在图形界限范围内显示出来。栅格既不是图形的一部分，也不会输出，但对绘图起到很重要的作用，如同坐标纸一样。栅格点的间距值可以和捕捉间距相同，也可以不同。

利用对话框打开或关闭捕捉和栅格功能并对其模式进行设置。

（3）说明。在 AutoCAD 2016 中打开"草图设置"对话框，其中的"捕捉和栅格"选项卡用来对捕捉和栅格功能进行设置，如图 1-31 所示。

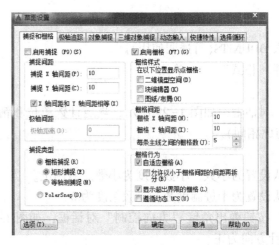

图 1-31　"草图设置"对话框的"捕捉和栅格"选项卡

1）对话框中的"启用捕捉"复选框控制是否打开捕捉功能；在"捕捉间距"选项组中可以设置捕捉栅格的 X 轴间距和 Y 轴间距。

2）"启用栅格"复选框控制是否打开栅格功能；"栅格间距"选项组用来设置可见网格的间距。

2. 正交

（1）命令

命令行：输入 ORTHO↙。

（2）功能。限定只能画水平线和铅垂线。另外，执行移动命令时也只能沿水平和铅垂方向移动图形对象。

命令：ORTHO↙
输入模式[开(ON)/关(OFF)]<开>：

（3）说明

1）选择 ON 可打开正交模式，绘制水平或铅垂线；选择 OFF 则关闭正交模式，用户可画任意方向的直线。

2）可按〈F8〉键在打开和关闭正交功能之间进行切换。

3. 极轴追踪

（1）功能。在给定的极角方向上出现临时辅助线。

（2）说明

1）极轴追踪的有关设置在"草图设置"对话框的"极轴追踪"选项卡中完成，如图 1-32 所示。

图 1-32 "草图设置"对话框的"极轴追踪"选项卡

2）可用〈F10〉键或状态栏中的"极轴"按钮切换功能的开与关。

➤ **技能训练**

1. 新建一个名为"CAD 图形 1. dwg"文件，并存于 D 盘"CAD 图形"文件夹中。
2. 找到并打开"CAD 图形 1. dwg"文件。

任务 1.3　图层与图层对象的特性

➤ **任务提出**

本任务介绍 AutoCAD 2016 中图层设置方面的相关知识。

➤ **任务分析**

绘图时应采用国家标准规定的图线线型和画法。如机械制图中最常见的线型：点画线一般用于绘制轴线和对称中心线；虚线用于绘制不可见轮廓线；粗实线用于绘制可见的轮廓线。正是由于区分了这些线型才使绘制的机械图条理清楚、层次分明、易懂易看。学会在 AutoCAD 2016 中灵活利用这些线型对绘制好机械图非常重要。

➤ **知识储备**

利用图层，可以在图形中对相关的对象进行分组，以便于对图形进行控制与操作。可以说，图层是 AutoCAD 中用户组织图形的最有效的工具之一。用线型、线宽和颜色等作为图形对象的属性，以表达对象所具有的附加信息。

1.3.1　图层设置与图层对象的特性

按照国家标准绘制工程图时，根据图形内容不同，采用不同的线型和线宽。AutoCAD

2016采用图层来管理图形，它是类似于用叠加的方法来存放图形信息的极为重要的工具。

1. 图层的创建与使用

用户要完成一幅图的绘制，首先需要创建图层，并设置图层的颜色、线型和线宽，而在该图层创建的对象则默认采用这些特性。通过"图层"面板（图1-33）及"图层"工具栏（图1-34）对图形进行分类管理，可以方便地绘制和编辑图形。

图1-33 "图层"面板

图1-34 "图层"工具栏

（1）创建图层。图层的创建可利用"图层特性管理器"对话框来进行。利用此对话框，用户可以方便、快捷地设置图层的特性及控制图层的状态。

可用以下方式调用命令："默认"选项卡→"图层"面板→"图层"按钮 ，或"格式"菜单→"图层"命令，或在命令行输入"LAYER"或"LA"。

执行"图层"命令后，弹出"图层特性管理器"对话框。

当开始绘制一幅新图时，系统自动生成名为"0"的图层，这是AutoCAD的默认图层，默认"0"层线型为连续线（Continuous），颜色为白色。

（2）使用图层。当前正在使用的图层称为当前层，绘制图形都是在当前图层中进行。

绘图时，可以通过工具栏中的图层控制下拉列表进行图层的切换，如图1-35所示。只需选择要置为当前层的图层名称即可，而不必打开"图层特性管理器"对话框再操作。

在绘图过程中，如果想改变图层的状态（如置为当前、打开/关闭、冻结/解冻、锁定/

图1-35 图层的切换

解锁等），可直接在下拉列表中选择相应的图标进行设置。

2. 图层对象的特性

对象的全部特性显示在"特性"对话框中，可以进行查看或编辑。在默认情况下，对象的颜色、线型、线宽等信息都使用当前图层的设置，但对象的这些特性也可以不依赖图层，而是通过"特性"面板或"特性"工具栏明确指定对象的特性。

标准设置包括随层"ByLayer"、随块"ByBlock"和"默认"设置。

1）随层"ByLayer"：指对象的特性随该图层设置的情况而绘制。

2）随块"ByBlock"：指绘制的对象如在被插入的图层上，则块中的对象将继承插入时的特性。

3）默认：由系统变量控制，所有新图层使用默认设置。

（1）对象的颜色。AutoCAD系统可以使用颜色帮助用户直观地标识对象。用户可以随图层指定对象的颜色，也可以不依赖图层而明确指定对象的颜色。

可用以下方式调用命令："常用"选项卡→"特性"面板→"颜色控制"  下拉列表→选择颜色，或"格式"菜单→"颜色"命令，或在命令行输入"COLOR"。

通过"选择颜色"对话框可以设置当前对象的颜色。

★ **注意：**

1）随图层指定颜色可以使用户轻松识别图形中的每个图层。

2）明确指定颜色会使同一图层的对象之间产生其他差别。

（2）对象的线宽。宽度用于指定图形对象以及某些类型的文字的宽度值。

可用以下方式调用命令："常用"选项卡→"特性"面板→"线宽控制"下拉列表，或"格式"菜单→"线宽"命令，或在命令行输入"LWEIGHT"。

另外，在状态栏的"线宽"按钮上单击鼠标右键，选择"设置..."，也可以打开"线宽设置"对话框。

通过"线宽设置"对话框可以设置当前对象的线宽、设置线宽单位、控制线宽的显示和显示比例，以及设置图层的默认线宽值，如图1-36所示。

具有线宽的对象将以指定线宽值的精确宽度打印。这些值的标准设置包括"ByLayer""ByBlock"和"默认"。它们可以以英寸（in）或毫米（mm）为单位显示，默认单位为毫米（mm）。

图1-36 "线宽设置"对话框

★ **注意：**

1）所有图层的线宽初始设置均为0.25mm，由"LWDEFAULT"系统变量控制。

2）除非选择了状态栏上的"显示/隐藏线宽"按钮，否则将不显示线宽。

（3）对象的线型。AutoCAD系统除提供了连续线型外，还提供了大量的非连续线型（如中心线、虚线等）。可以利用"线型管理器"对话框加载线型和设置当前线型，如图1-37所示。

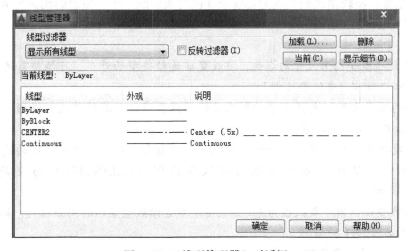

图1-37 "线型管理器"对话框

可用以下方式调用命令："常用"选项卡→"特性"面板→"线型控制" `——— ByLayer ▼` 下拉列表→"其他"，或"格式"菜单→"线型"命令，或在命令行输入"LINETYPE"。

各选项功能如下。

1）线型过滤器：确定在线型列表中显示哪些线型。

2）反转过滤器：根据与选定的过滤条件相反的条件显示线型。

3）加载：显示"加载或重载线型"对话框，可以从中选定线型加载到图形并将它们添加到线型列表。

4）当前：将选定线型设置为当前线型。

5）删除：从图形中删除选定的线型。需要注意的是，只能删除未使用的线型，不能删除"ByLayer""ByBlock"和"Continuous"方式下的线型。

6）显示细节或隐藏细节：控制是否显示线型管理器的"详细信息"。

7）当前线型：显示当前线型的名称。

8）线型列表：在"线型过滤器"中，根据指定的选项显示已加载的线型。要迅速选定或清除所有线型，可在线型列表中单击鼠标右键，通过快捷菜单操作。

① 线型：显示已加载的线型名称。

② 外观：显示选定线型的样例。

③ 说明：显示线型的说明，可以在"详细信息"区中进行编辑。

9）"详细信息"各选项功能如下。

① 名称：显示选定线型的名称，可以编辑该名称。

② 说明：显示选定线型的说明，可以编辑该说明。

③ 缩放时使用图纸空间单位：按相同的比例在图纸空间和模型空间缩放线型。当使用多个视口时，该选项很有用。

④ 全局比例因子：显示用于所有线型的全局缩放比例因子。

⑤ 当前对象比例：设置新建对象的线型比例。生成的比例是全局比例因子与该对象的比例因子的乘积。

⑥ ISO 笔宽：将线型比例设置为标准 ISO 值列表中的一个。生成的比例是全局比例因子与该对象的比例因子的乘积。

★注意：

1）非连续线型受图形尺寸的影响，要改变非连续线型的外观，可调整系统变量"全局线型比例"和"当前对象线型比例"。

2）"全局线型比例"对图形中的所有非连续线型有效，其值的改变将影响所有已存在的对象及以后要绘制的新对象。

3）"当前对象线型比例"即局部线型比例，是指每个对象可具有不同的线型比例。每个对象最终的线型比例等于对象自身线型比例（CELTSCALE）与全局线型比例（LTSCALE）之积。

4）全局线型比例因子默认值为1。如果图中非连续线型显示的间距较大，输入小于1的值，反之则输入大于1的值。

5）修改"当前对象线型比例"也可以通过"特性"选项来实现。

1.3.2　管理图层

单击功能区"默认"选项卡→"图层"面板→"图层特性"按钮 ，弹出"图层特性管理器"对话框，如图1-38所示，其中各主要选项功能如下。

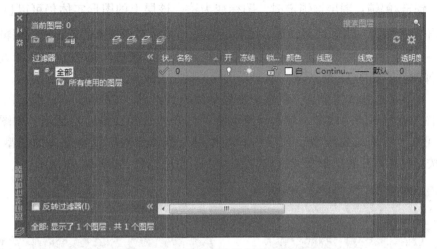

图1-38　"图层特性管理器"对话框

（1）"新建特性过滤器"按钮 ：单击此按钮，打开"图层过滤器特性"对话框，在过滤器定义列表中，可以设置过滤条件，如图层名称、状态和颜色等。

（2）"新建组过滤器"按钮 ：用于创建图层过滤器，显示对应的图层信息。

（3）"图层状态管理器"按钮 ：单击此按钮，打开"图层状态管理器"对话框，可以将图层的当前特性设置保存到一个命名的图层状态中，以后可以再恢复这些设置。

（4）"新建图层"按钮 ：在绘图过程中，用户可随时创建新图层。AutoCAD 2016 会根据"0"层的特性来生成新层，新创建的图层默认为"图层1""图层2"等，依次类推。如果在此之前已选择了某个层，则根据所选图层的特性来生成新图层。

（5）"在所有视口中都被冻结的新图层视口"按钮 ：此项为从 AutoCAD 2008 就开始有的新功能，创建新图层，并在所有现有布局视口中将其冻结。

（6）"删除图层"按钮 ：要删除不使用的图层，可先从列表中选择一个或多个图层，AutoCAD 从当前图形中删除所选的图层。在对话框中同时按住〈Shift〉键可选择连续排列的多个图层，若同时按住〈Ctrl〉键，则可选择不连续排列的多个图层。当删除包含对象的图层时，需要先删除此图层中的所有对象，然后再删除此图层。

（7）"置为当前"按钮 ：选中一个图层，然后单击对话框上的 按钮，就可以将该层设置为当前层。当前层的图层名会出现在列表框的顶部。

（8）状态：显示图层的状态。

（9）名称：显示图层名。用户可以选择图层名，停顿后单击左键，输入新图层名，实现对图层的重命名。

（10）开/关：用于打开或关闭图层。当图层打开时，灯泡为亮色 ，该层上的图形可见，可以进行打印；当图层关闭时，灯泡为暗色 ，该层上的图形不可见，不可进行编辑，不能进行打印。

（11）冻结/解冻：图层被冻结后，为雪花图标 ❄，该层上的图形不可见，不能进行重生成、消隐及打印等操作；当图层解冻后，变为太阳图标 ☀，该层上的图形可见，可进行重生成、消隐和打印等操作。

（12）锁定/解锁：图层被锁定时，图标变为 🔒，该层上的图形实体仍可以显示和绘图输出，但不能被编辑；当图层解锁后，图标变为 🔓，可以对该层上的图形进行编辑。

（13）颜色：用于改变选定图层的线型颜色，单击"颜色"按钮，打开"选择颜色"对话框选择颜色，如图1-39所示。

（14）线型：在默认情况下，新创建图层的线型为连续（Continuous）线。用户可以根据需要为图层设置不同的线型。单击线型名称，打开"选择线型"对话框，如图1-40所示，用户可在"已加载的线型"列表中指定线型。若该列表中没有需要的线型，可单击"加载"按钮，在打开的"加载或重载线型"对话框中选择，如图1-41所示。

图1-39 "选择颜色"对话框

图1-40 "选择线型"对话框

（15）线宽：单击"线宽"按钮，打开"线宽"对话框，如图1-42所示，用户可以在此选择合适的线宽。

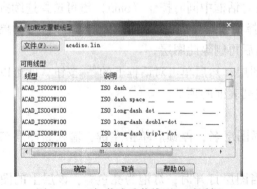

图1-41 "加载或重载线型"对话框

图1-42 "线宽"对话框

（16）打印样式：用于改变选定图层的打印样式，用户可根据自己的要求改变图层的打印样式。

（17）打印：控制该层对象是否打印（打印 、不打印 ），新建图层默认为可打印。

注意：

1）0层不能被删除或重命名，但可以对其特性（线型、线宽、颜色等）进行编辑、修改。

2）不能冻结当前层，也不能将冻结层改为当前层。

3）不能锁定当前层和0层。

4）可以只将需要进行操作的图层显示出来，而关闭或冻结暂时不操作的图层，这样可以加快图形的显示速度。

➤ 任务实施

创建新图层，名称为"中心线"层，颜色为红色，线型为CENTER2，线宽为0.25mm，并将其设置为当前层。其操作步骤如下。

1）执行"图层"命令，弹出"图层特性管理器"对话框。

2）单击"新建"按钮，在亮显的"图层1"框中输入"中心线"。

3）单击"颜色"图标□白，在"选择颜色"对话框中选取"红色"，单击"确定"按钮返回"图层特性管理器"对话框。

4）单击"线宽"图标——默认，在"线宽"对话框中选取0.25，单击"确定"按钮返回"图层特性管理器"对话框。

5）单击"线型"图标，在"线型"对话框中单击"加载"按钮，加载线型"CENTER2"，单击"确定"按钮后返回"选择线型"对话框中，选取线型"CENTER2"，再单击"确定"按钮返回"图层特性管理器"对话框。

6）单击"置为当前"按钮 ，将其设置为当前层，完成设置，结果如图1-43所示。

图1-43　创建新图层

扫一扫观看视频

> **知识拓展**

1.3.3　合并图层

输入命令：LAYMRG ✓。

提示：选择要合并的图层上的对象或 [命名(N)]：

(输入 N→回车→按住〈Ctrl〉键加选你要合并的图层→确定)

提示：选择要合并的图层上的对象或 [名称(N)/放弃(U)]：

(回车)

提示：选择目标图层上的对象或 [名称(N)]：

(输入 N→回车→选择要合并到的那个图层)

提示：是否要合并：(选择"是")。

> **技能训练**

使用"图层特性管理器"对话框，新建如下三个图层：

(1)"粗实线"层：颜色为绿色、线型为连续线、线宽为 0.5 mm。

(2)"中心线"层：颜色为红色、线型为点画线、线宽为 0.25 mm。

(3)"虚线"层：颜色为黄色、线型为虚线、线宽为 0.25 mm。

绘图基础

❖ **教学目标**

掌握点、线、圆等基本的绘图命令；

了解文字输入与编辑；

掌握基本图形编辑命令。

任务 2.1　绘制螺纹支撑杆

➢ **任务提出**

综合运用"直线""圆""圆弧"及"对象捕捉"命令绘制如图 2-1 所示图形。

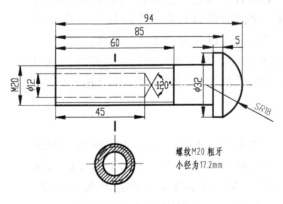

图 2-1　螺纹支撑杆

➢ **任务分析**

通常机械图样都是由简单的基本图形元素组成，这些元素包括直线、圆、圆弧、矩形、多边形等，掌握这些基本图形元素的画法是绘制每张 AutoCAD 机械图样的基础。本任务将通过绘制图 2-1 所示的螺纹支撑杆，介绍 AutoCAD 2016 中直线、圆和圆弧的绘制方法，以及"精确捕捉"辅助绘图工具的使用。

> **知识储备**

机械图样中的直线、圆、圆弧、矩形、多边形等这些图形元素，在 AutoCAD 中都有相应的绘图命令，只有熟练掌握这些绘图命令的使用才能绘制出一张完整的 CAD 图样。

2.1.1　绘制直线

直线型对象是所有图形的基础，一条直线有两个端点，只要指定了起点和终点，或指定了起点和长度就可以确定直线。

1. 命令

调用"直线"命令的方法有以下三种。

（1）命令行：输入 LINE(或 L)↙。

说明：括号内的"L"是直线命令的快捷键，"↙"表示回车，在 AutoCAD 中，〈Enter〉键和空格键作用相同，都代表回车。

（2）功能区：单击"默认"选项卡"绘图"面板中的"直线"工具按钮 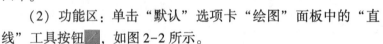，如图 2-2 所示。

图 2-2　功能区"默认"→"绘图"→"直线"按钮

（3）菜单栏：选择"绘图"→"直线"，如图 2-3 所示。

2. 选项

在执行命令的过程中，其命令行提示"指定下一点或［闭合（C）放弃（U）］:"，其含义如下。

（1）闭合（C）：C 或 Close，用于在绘制两条以上线段之后，将一系列直线段首尾闭合。以第一条线段的起点作为最后一条线段的终点，形成一个闭合的线段环。在绘制了一系列线段（两条或两条以上）之后，可以使用"闭合"选项。

（2）放弃（U）：U 或 Undo，放弃刚画出的一段直线，退回到上一点。多次输入 U 会按绘制次序的逆序逐个删除原有线段，但不退出"LINE"命令。

注意：

在命令执行过程中，默认情况可以直接执行；如需执行方括号中的其他选项，必须先输入相应的字母，回车后才转入相应命令的执行；或单击鼠标右键在快捷菜单中选择相应选项，转入到相应命令的执行，如图 2-4 所示。如果打开了动态输入，相应的"闭合""放弃"选项将会出现在按下键盘中的"向下箭头"键打开的动态提示菜单中，选择这个菜单中的选项也可以执行相同的功能，如图 2-5 所示。

调用"直线"命令后，根据如下命令行提示即可绘制出直线对象。

图 2-3　菜单栏"绘图"→"直线"选项

图2-4 "直线"命令中右键快捷菜单

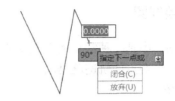

图2-5 "直线"命令中动态提示菜单

命令：LINE ✓	//调用"直线"命令
指定第一个点：	//鼠标单击或输入坐标值指定点
指定下一点或［放弃（U）］：45 ✓	//鼠标单击或输入直线长度（或输入下一坐标值）
指定下一点或［放弃（U）］：90 ✓	//继续单击鼠标或输入下一坐标值
指定下一点或［闭合（C）/放弃（U）］：✓	//回车退出命令（或在右键快捷菜单中选择"确认"选项 //退出命令）

☆**小技巧**：在正交模式下，光标水平或竖直移动时，输入直线长度就能画出所需要的水平线或竖直线。

示例：运用"直线"命令绘制如图2-6所示的图形。

提示：绘图前打开正交模式。

图2-6绘图步骤如下。

步骤一：用"直线"命令绘制由上至下长54 mm的竖直线。

步骤二：继续绘制由左至右长50 mm的水平线。

步骤三：继续绘制由下至上长22 mm的竖直线。

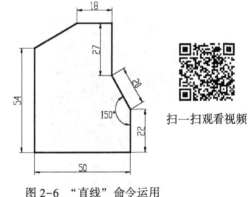

图2-6 "直线"命令运用

步骤四：输入相对坐标值绘制长20 mm斜线。

步骤五：继续绘制由下至上长27 mm的竖直线。

步骤六：继续绘制由右至左长18 mm的水平线。

步骤七：输入"C"闭合图形。

绘制图2-6所示的图形的命令行显示如下。

命令：L ✓	//调用"直线"命令
指定第一个点：	//单击鼠标确定直线54的上方端点
指定下一点或［放弃（U）］：54 ✓	//输入54，确定直线54下方端点
指定下一点或［放弃（U）］：50 ✓	//输入50，确定直线50右方端点
指定下一点或［闭合（C）/放弃（U）］：22 ✓	//输入22，确定直线22上方端点
指定下一点或［闭合（C）/放弃（U）］：<正交 关> @ 20<-240 ✓	//输入相对坐标@ 20<-240确定 //直线20上方端点
指定下一点或［闭合（C）/放弃（U）］：<正交 开> 27 ✓	//输入27，确定直线27上方端点

扫一扫观看视频

指定下一点或［闭合(C)/放弃(U)］:18↙　　　//输入18,确定直线18左方端点
指定下一点或［闭合(C)/放弃(U)］:c↙　　　//闭合图形,完成绘制

2.1.2　绘制圆

圆在图样中是一种常见的几何图形,当一条直线绕着它的一个端点在平面内旋转一周时,其另一个端点的轨迹就是圆。

1. 命令

调用"圆"命令的方法有以下三种。

(1) 命令行:输入 CIRCLE(或 C)↙

说明:括号内的"C"是圆命令的快捷键。

(2) 功能区:单击"默认"选项卡"绘图"面板中的"圆"工具按钮⬤,如图2-7所示。

(3) 菜单栏:选择"绘图"→"圆",如图2-8所示。

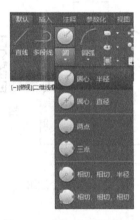

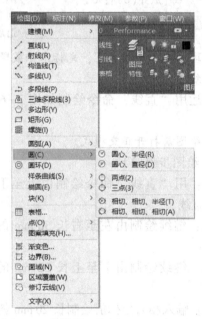

图2-7　功能区"默认"→　　　　　图2-8　菜单栏"绘图"→"圆"选项
"绘图"→"圆"按钮

AutoCAD 2016 提供了 6 种绘制圆的方式,具体如下。

(1) 圆心、半径:用圆心和半径方式绘制圆,如图2-9a所示,用户确定圆的圆心,然后输入圆的半径值或指定点（圆心到该点的距离就是半径值）,即可绘制一个圆。

系统默认的画圆方法为指定圆心和半径的方式。

选择功能区"默认"选项卡"绘图"面板中的"圆"的组合下拉按钮中的"圆心,半径"选项,执行过程如下。

命令:_CIRCLE↙　　　　　　　　　　　　　　　//调用"圆"命令
指定圆的圆心或［三点(3P)/两点(2P)/切点、切点、半径(T)］:　//鼠标单击指定圆心
指定圆的半径或［直径(D)］<43.7312>:16↙　　　//输入半径值16,回车,完成绘制

（2）圆心、直径：用圆心和直径方式绘制圆，如图 2-9b 所示，用户确定圆的圆心，然后输入圆的直径值，即可绘制一个圆。

在命令行中输入 C（或 CIRCLE）✓，执行过程如下。

```
命令：C(或 CIRCLE)✓                              //调用"圆"命令
指定圆的圆心或 [三点(3P)/两点(2P)/切点、切点、半径(T)]://鼠标单击指定圆心
指定圆的半径或 [直径(D)] <16.0000>: d✓           //输入 d,选择[直径(D)]选项,回车
指定圆的直径 <32.0000>: 40✓                      //输入直径值40,回车,完成绘制
```

（3）两点（2P）：通过两个点绘制圆，如图 2-9c 所示，两点之间的距离就是圆的直径，系统会提示指定圆直径的第一端点和第二端点。

在命令行中输入 C（或 CIRCLE）✓，执行过程如下。

```
命令：C(或 CIRCLE)✓              //调用"圆"命令
指定圆的圆心或 [三点(3P)/两点(2P)/切点、切点、半径(T)]: 2p✓   //输入 2p,选择[两点(2P)]
                                                        //选项,回车
指定圆直径的第一个端点：          //鼠标捕捉点 a
指定圆直径的第二个端点：          //鼠标捕捉点 b
```

（4）三点（3P）：通过三个点绘制圆，如图 2-9d 所示，系统会提示指定第一点、第二点和第三点。

在命令行中输入 C（或 CIRCLE）✓，执行过程如下。

```
命令：C(或 CIRCLE)✓              //调用"圆"命令
                                //鼠标单击或输入坐标值指定点
指定圆的圆心或 [三点(3P)/两点(2P)/切点、切点、半径(T)]: 3p✓   输入 3p,选择[三点(3P)]选
                                                         项,回车
指定圆上的第一个点：             //鼠标捕捉点 a
指定圆上的第二个点：             //鼠标捕捉点 b
指定圆上的第三个点：             //鼠标捕捉点 c
```

（5）相切、相切、半径（T）：通过两个已知对象的相切点，并输入半径值来绘制圆。如图 2-9e 所示，系统会提示指定圆的第一切线和第二切线上的点及圆的半径。

选择功能区"默认"选项卡"绘图"面板中的"圆"的组合下拉按钮中的"相切、相切、半径"选项，执行过程如下。

```
命令：_CIRCLE                   //调用"圆"命令
指定圆的圆心或 [三点(3P)/两点(2P)/切点、切点、半径(T)]: _TTR
                                //系统自动转入选择"相切、相切、半径"画圆方式
指定对象与圆的第一个切点：        //选择圆1,并捕捉切点1
指定对象与圆的第二个切点：        //选择圆2,并捕捉切点2
指定圆的半径：25                 //输入半径值25
```

（6）相切、相切、相切（A）：通过与 3 个已知对象相切来绘制圆，如图 2-9f 所示。

选择功能区"默认"选项卡"绘图"面板中的"圆"的组合下拉按钮中的"相切、相切、相切"选项，执行过程如下。

```
命令：_CIRCLE                   //调用"圆"命令
指定圆的圆心或 [三点(3P)/两点(2P)/切点、切点、半径(T)]: _3p
                                //(系统自动转入选择"相切、相切、相切"画圆方式)选择圆、圆弧或直线
```

指定圆上的第一个点：_TAN 到	//鼠标捕捉圆、圆弧或直线的切点 1
指定圆上的第二个点：_TAN 到	//鼠标捕捉圆、圆弧或直线的切点 2
指定圆上的第三个点：_TAN 到	//鼠标捕捉圆、圆弧或直线的切点 3

a)   b)   c)   d)   e)   f)

图 2-9 圆的 6 种绘制方式

a) "圆心、半径" 方式绘制圆   b) "圆心、直径" 方式绘制圆   c) "两点" 方式绘制圆
d) "三点" 方式绘制圆   e) "相切、相切、半径" 方式绘制圆   f) "相切、相切、相切" 方式绘制圆

"TAN" 为 "切点捕捉（TANGENT）" 命令的缩写，用户在执行命令的过程中，使用 "捕捉" 模式时，只需输入它的三字符名称。例如，使用 "圆心捕捉" 模式时，输入 "CEN"。在 AutoCAD 中相对应的捕捉命令如表 2-1 所示。

表 2-1 捕捉模式快捷命令

名称	快捷命令	名称	快捷命令	名称	快捷命令
端点	END	外观交点	APP	插入点	INS
中点	MID	圆心	CEN	垂足	PER
交点	IN T	节点	NOD	切点	TAN
延伸	EXT	象限点	QUA		
平行	PAR	最近点	NEA		

注意：在使用 "相切、相切、半径" 方式绘制圆时，切点拾取位置不同，指定半径相同，绘制圆的位置可以是不同的；如果指定半径不同，绘制的圆可以是与已知圆外切的圆，也可以是与已知圆内切的圆，或与一个圆外切、与另一个圆内切的圆，如图 2-10 所示。

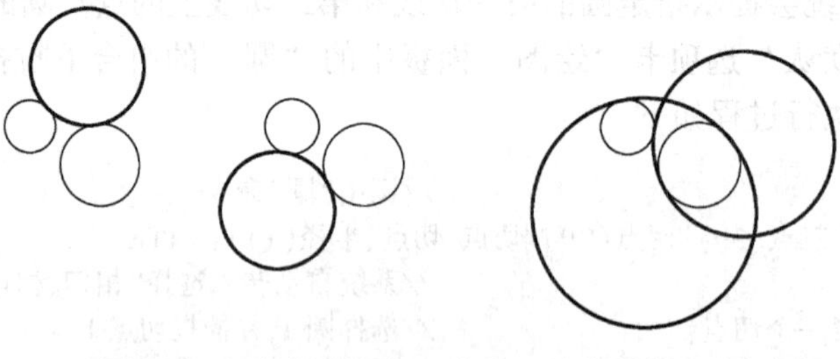

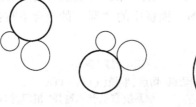

图 2-10 "相切、相切、半径" 绘制圆的方式

☆**小技巧**：在拾取相切对象时，需要预估切点的位置，系统会自动在距离光标最近的对象上显示一个相切符号，此时单击即可拾取该对象作为相切对象。

示例：运用 "圆" 命令绘制如图 2-11 所示的图形。

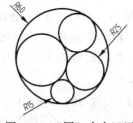

扫一扫观看视频

图 2-11 "圆" 命令运用

提示：画图前打开象限点和切点对象捕捉。

图 2-11 绘图步骤如下。

步骤一：用"圆"命令中的"圆心、半径"选项画半径为 60 mm 的圆。

步骤二：用"圆"命令中的"两点"选项画半径为 15 mm 的圆。

步骤三：用"圆"命令中的"相切、相切、半径"选项画半径为 25 mm 的圆。

步骤四：用"圆"命令中的"相切、相切、相切"选项画另外两圆。

绘制图 2-11 所示的图形的命令行显示如下。

```
命令：_CIRCLE
指定圆的圆心或［三点(3P)/两点(2P)/切点、切点、半径(T)］：
指定圆的半径或［直径(D)］<20.0000>：60 ↙
命令：_CIRCLE
指定圆的圆心或［三点(3P)/两点(2P)/切点、切点、半径(T)］：_2p 指定圆直径的第一个端点：
指定圆直径的第二个端点：30 ↙
命令：_CIRCLE
指定圆的圆心或［三点(3P)/两点(2P)/切点、切点、半径(T)］：_TTR
指定对象与圆的第一个切点：
指定对象与圆的第二个切点：
指定圆的半径 <15.0000>：25 ↙
命令：_CIRCLE
指定圆的圆心或［三点(3P)/两点(2P)/切点、切点、半径(T)］：_3p 指定圆上的第一个点：_TAN 到
指定圆上的第二个点：_TAN 到
指定圆上的第三个点：_TAN 到
命令：_CIRCLE
指定圆的圆心或［三点(3P)/两点(2P)/切点、切点、半径(T)］：_3p 指定圆上的第一个点：_TAN 到
指定圆上的第二个点：_TAN 到
指定圆上的第三个点：_TAN 到
```

2.1.3 绘制圆弧

圆弧是圆上任意两点间的一部分，可以使用多种方式创建圆弧。

调用"圆弧"命令的方法有以下三种。

(1) 命令行：输入 ARC(或 A)↙。

说明：括号内的"A"是圆弧命令的快捷键。

(2) 功能区：单击"默认"选项卡"绘图"面板中的"圆弧"工具按钮 ，如图 2-12 所示。

(3) 菜单栏：选择"绘图"→"圆弧"，如图 2-13 所示。

如图 2-13 所示，圆弧下拉菜单中有 11 种绘制圆弧的方式。

(1) 三点（P）：指定圆弧的起点、第二个点和端点这三点来绘制圆弧，如图 2-14a 所示。系统默认的画圆弧方式为三点的方式。

选择功能区"默认"选项卡"绘图"面板中的"圆弧"组合下拉按钮中的"三点"选项，执行过程如下。

```
命令：_ARC
指定圆弧的起点或［圆心(C)］：
```

指定圆弧的第二个点或［圆心（C）/端点（E）］：

指定圆弧的端点：

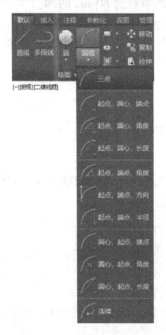

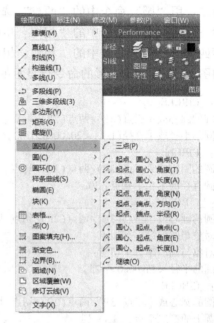

图 2-12　功能区"默认"→　　　　　　　　图 2-13　菜单栏"绘图"
"绘图"→"圆弧"按钮　　　　　　　　　　→"圆弧"选项

（2）起点、圆心、端点（S）：指定圆弧的起点、圆心和端点来绘制圆弧，如图 2-14b 所示。

选择功能区"默认"选项卡"绘图"面板中的"圆弧"组合下拉按钮中的"起点、圆心、端点"选项，执行过程如下。

命令：_ARC
指定圆弧的起点或［圆心（C）］：
指定圆弧的第二个点或［圆心（C）/端点（E）］：_c
指定圆弧的圆心：
指定圆弧的端点（按住 Ctrl 键以切换方向）或［角度（A）/弦长（L）］：

（3）起点、圆心、角度（T）：指定圆弧的起点、圆心和包含角来绘制圆弧，如图 2-14c 所示。执行此命令时会出现"指定包含角"的提示，在输入角度时，如果当前环境设置逆时针方向为角度正方向，且输入的是正角度值，则绘制的圆弧是从起点绕圆心沿逆时针方向绘制；如果输入的是负角度值，则沿顺时针方向绘制。

选择功能区"默认"选项卡"绘图"面板中的"圆弧"组合下拉按钮中的"起点、圆心、角度"选项，执行过程如下。

命令：_ARC
指定圆弧的起点或［圆心（C）］：
指定圆弧的第二个点或［圆心（C）/端点（E）］：_c
指定圆弧的圆心：

指定圆弧的端点(按住〈Ctrl〉键以切换方向)或 [角度(A)/弦长(L)]：_a
指定夹角(按住〈Ctrl〉键以切换方向)：90

（4）起点、圆心、长度（A）：指定圆弧的起点、圆心和弦长来绘制圆弧，如图 2-14d 所示。另外在命令行提示的"指定弦长"提示信息下，如果所输入的为负值，则该值的绝对值将作为对应整圆的空缺部分圆弧的弦长。

选择功能区"默认"选项卡"绘图"面板中的"圆弧"组合下拉按钮中的"起点、圆心、长度"选项，执行过程如下。

命令：_ARC
指定圆弧的起点或 [圆心(C)]：
指定圆弧的第二个点或 [圆心(C)/端点(E)]：_c
指定圆弧的圆心：
指定圆弧的端点(按住〈Ctrl〉键以切换方向)或 [角度(A)/弦长(L)]：_l
指定弦长(按住〈Ctrl〉键以切换方向)：40

（5）起点、端点、角度（N）：指定圆弧的起点、端点和包含角来绘制圆弧，如图 2-14e 所示。

选择功能区"默认"选项卡"绘图"面板中的"圆弧"组合下拉按钮中的"起点、端点、角度"选项，执行过程如下。

命令：_ARC
指定圆弧的起点或 [圆心(C)]：
指定圆弧的第二个点或 [圆心(C)/端点(E)]：_e
指定圆弧的端点：
指定圆弧的中心点(按住〈Ctrl〉键以切换方向)或 [角度(A)/方向(D)/半径(R)]：_a
指定夹角(按住〈Ctrl〉键以切换方向)：90

（6）起点、端点、方向（D）：指定圆弧的起点、端点和圆弧的起点切向来绘制圆弧，如图 2-14f 所示。

选择功能区"默认"选项卡"绘图"面板中的"圆弧"组合下拉按钮中的"起点、端点、方向"选项，执行过程如下。

命令：_ARC
指定圆弧的起点或 [圆心(C)]：
指定圆弧的第二个点或 [圆心(C)/端点(E)]：_e
指定圆弧的端点：
指定圆弧的中心点(按住〈Ctrl〉键以切换方向)或 [角度(A)/方向(D)/半径(R)]：_d
指定圆弧起点的相切方向(按住〈Ctrl〉键以切换方向)：

（7）起点、端点、半径（R）：指定圆弧的起点、端点和圆弧半径来绘制圆弧，如图 2-14g 所示。

选择功能区"默认"选项卡"绘图"面板中的"圆弧"组合下拉按钮中的"起点、端点、半径"选项，执行过程如下。

命令：_ARC
指定圆弧的起点或 [圆心(C)]：
指定圆弧的第二个点或 [圆心(C)/端点(E)]：_e

指定圆弧的端点：
指定圆弧的中心点(按住〈Ctrl〉键以切换方向)或［角度(A)/方向(D)/半径(R)］：_r
指定圆弧的半径(按住〈Ctrl〉键以切换方向)：28

（8）圆心、起点、端点（C）：指定圆弧的圆心、起点和端点来绘制圆弧，如图2-14h所示。

选择功能区"默认"选项卡"绘图"面板中的"圆弧"组合下拉按钮中的"圆心、起点、端点"选项，执行过程如下。

命令：_ARC
指定圆弧的起点或［圆心(C)］：_c
指定圆弧的圆心：
指定圆弧的起点：
指定圆弧的端点(按住〈Ctrl〉键以切换方向)或［角度(A)/弦长(L)］：

（9）圆心、起点、角度（E）：指定圆弧的圆心、起点和圆心角来绘制圆弧，如图2-14i所示。

选择功能区"默认"选项卡"绘图"面板中的"圆弧"组合下拉按钮中的"圆心、起点、角度"选项，执行过程如下。

命令：_ARC
指定圆弧的起点或［圆心(C)］：_c
指定圆弧的圆心：
指定圆弧的起点：
指定圆弧的端点(按住〈Ctrl〉键以切换方向)或［角度(A)/弦长(L)］：_a
指定夹角(按住〈Ctrl〉键以切换方向)：90

（10）圆心、起点、长度（L）：指定圆弧的圆心、起点和弦长来绘制圆弧，如图2-14j所示。

选择功能区"默认"选项卡"绘图"面板中的"圆弧"组合下拉按钮中的"圆心、起点、长度"选项，执行过程如下。

命令：_ARC
指定圆弧的起点或［圆心(C)］：_c
指定圆弧的圆心：
指定圆弧的起点：
指定圆弧的端点(按住〈Ctrl〉键以切换方向)或［角度(A)/弦长(L)］：_l
指定弦长(按住〈Ctrl〉键以切换方向)：40

（11）连续（O）：以上一段圆弧的终点为起点接着绘制圆弧，如图2-14k所示。

选择功能区"默认"选项卡"绘图"面板中的"圆弧"组合下拉按钮中的"连续"选项，执行过程如下。

命令：_ARC
指定圆弧的起点或［圆心(C)］：
指定圆弧的端点(按住〈Ctrl〉键以切换方向)：

11种绘制圆弧的方式中，（2）、（3）、（4）与（8）、（9）、（10）条件相同，只是操作命令时提示顺序不同，AutoCAD实际提供的是8种画圆弧的方式。

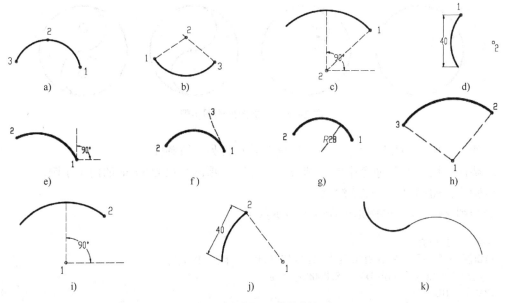

图 2-14　圆弧的 11 种绘制方式

a)"三点"方式画弧　b)"起点、圆心、端点"方式画弧　c)"起点、圆心、角度"方式画弧
d)"起点、圆心、长度"方式画弧　e)"起点、端点、角度"方式画弧　f)"起点、端点、方向"方式画弧
g)"起点、端点、半径"方式画弧　h)"圆心、起点、端点"方式画弧　i)"圆心、起点、角度"方式画弧
j)"圆心、起点、长度"方式画弧　k)"连续"方式画弧

　　由于"圆弧"命令的选项多而且复杂，通常用户无须将这些选项的组合都牢记，只要在绘图时注意给定条件和命令行的提示就可以实现圆弧的绘制。但要记住，在实际绘图过程中，由于圆弧的起点、端点、圆心等参数是未知的，所以很多圆弧不是通过圆弧命令绘制出来的，而是先根据已知条件绘制圆，然后通过修剪圆得到圆弧。所以当要创建的圆弧给定条件不足时，建议用户首先创建辅助圆，然后修剪辅助圆来创建圆弧。

　　注意：在绘制圆弧时，除"三点"方式外，其他方式都是从起点到端点逆时针方向绘制圆弧，按住〈Ctrl〉键可切换方向。要注意角度的方向和弦长的正负，逆时针方向绘制圆弧为正，顺时针方向绘制圆弧为负。

　　☆**小技巧**：直接输入圆弧的包含角和弦长时，可以精确地绘制圆弧。当输入角度为正值时，系统将按逆时针方向绘制圆弧，当输入角度为负值时则按顺时针方向绘制圆弧。同理，在输入弦长值绘制圆弧时，弦长为正值，系统绘制小于 180° 的劣弧，弦长若为负值，则绘制大于 180° 的优弧。

　　示例：运用"圆"和"圆弧"命令绘制如图 2-15 所示的太极图。

　　提示：绘图前打开圆心、象限点的对象捕捉。

　　绘图步骤如图 2-16 所示。

　　步骤一：用"圆"命令中的"圆心、半径"选项画半径为 80 mm 的圆。

　　步骤二：用"圆弧"命令中的"起点、端点、半径"选项画半径为 40 mm 的圆弧。

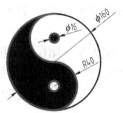

图 2-15　用"圆"和"圆弧"命令画太极图

扫一扫观看视频

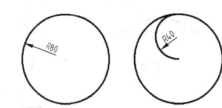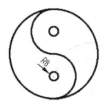

图 2-16　太极图的绘图步骤

步骤三：用"圆弧"命令中的"连续"选项画另一段圆弧。

步骤四：用"圆"命令中的"圆心、半径"选项画半径为 8 mm 的两个小圆。

步骤五：图案填充，完成绘制。

绘制图 2-15 所示的图形的命令行显示如下。

```
命令：_CIRCLE
指定圆的圆心或 [三点(3P)/两点(2P)/切点、切点、半径(T)]：
指定圆的半径或 [直径(D)] <8.0000>：80 ✓
命令：_ARC
指定圆弧的起点或 [圆心(C)]：
指定圆弧的第二个点或 [圆心(C)/端点(E)]：_e
指定圆弧的端点：
指定圆弧的中心点(按住〈Ctrl〉键以切换方向)或 [角度(A)/方向(D)/半径(R)]：_r
指定圆弧的半径(按住〈Ctrl〉键以切换方向)：40 ✓
命令：_ARC
指定圆弧的起点或 [圆心(C)]：
指定圆弧的端点(按住〈Ctrl〉键以切换方向)：
命令：_CIRCLE
指定圆的圆心或 [三点(3P)/两点(2P)/切点、切点、半径(T)]：
指定圆的半径或 [直径(D)] <80.0000>：8 ✓
命令： CIRCLE(单击空格键，"圆"命令再次调用)
指定圆的圆心或 [三点(3P)/两点(2P)/切点、切点、半径(T)]：
指定圆的半径或 [直径(D)] <8.0000>：✓
```

图案填充（略）

➤ 任务实施

（1）新建文件。单击快速访问工具栏的"新建"按钮 ▢，选择新建一个"无样板打开
—公制（acadiso）"文件，如图 2-17 所示。

（2）设置对象捕捉参数。打开正交模式，设置对象捕捉参数，具体设置如图 2-18
所示。

（3）建立"细实线"图层、"粗实线"图层、"虚线"图层和"中心线"图层。

（4）调用"直线"命令，绘制螺栓轴线、杆部等直线。

用"直线"命令绘制中心线和各条杆部轮廓线，如图 2-19a、b 所示，命令行显示
如下。

```
命令：_LINE                        //绘制螺纹支撑杆的外轮廓直线
指定第一个点：
```

图 2-17　新建文件"螺纹支撑杆"

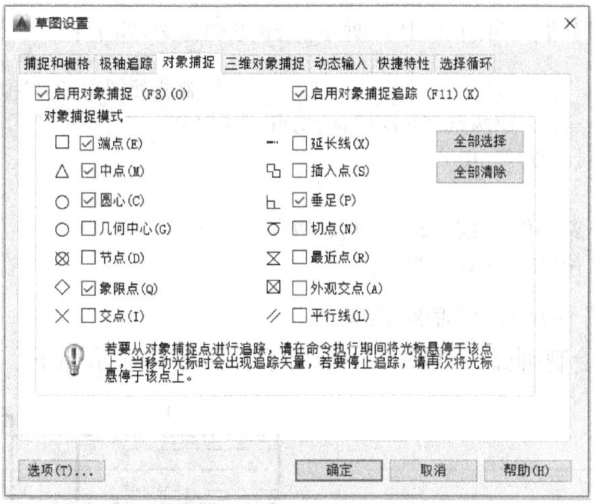

图 2-18　对象捕捉参数设置

```
指定下一点或［放弃(U)］：10
指定下一点或［放弃(U)］：80
指定下一点或［闭合(C)/放弃(U)］：6
指定下一点或［闭合(C)/放弃(U)］：5
指定下一点或［闭合(C)/放弃(U)］：
指定下一点或［闭合(C)/放弃(U)］：
命令：LINE                        //绘制螺纹终止线
指定第一个点：60
指定下一点或［放弃(U)］：
指定下一点或［放弃(U)］：
命令：L                           //绘制螺纹小径线
LINE
指定第一个点：<对象捕捉 开> 8.5
```

指定下一点或［放弃(U)］：
指定下一点或［放弃(U)］：
命令：L   //绘制螺纹支撑杆内部的盲孔
LINE
指定第一个点：6
指定下一点或［放弃(U)］：45
指定下一点或［放弃(U)］：
指定下一点或［闭合(C)/放弃(U)］：
命令：_LINE
指定第一个点：
指定下一点或［放弃(U)］：@10<-60
指定下一点或［放弃(U)］：
命令：
＊＊ 拉伸 ＊＊
指定拉伸点或［基点(B)/复制(C)/放弃(U)/退出(X)］：

利用镜像命令绘制下半部分（在镜像命令中讲解）。

（5）调用"圆"命令，绘制断面图。

用"圆"命令绘制圆，如图2-19c所示，命令行显示如下：

命令：_CIRCLE   //绘制断面图中的两粗实线圆
指定圆的圆心或［三点(3P)/两点(2P)/切点、切点、半径(T)］：
指定圆的半径或［直径(D)］：10
命令：CIRCLE
指定圆的圆心或［三点(3P)/两点(2P)/切点、切点、半径(T)］：
指定圆的半径或［直径(D)］<10.0000>：6

（6）调用"圆弧"命令，绘制螺栓头部。

用"圆弧"命令绘制圆弧，如图2-19c所示，命令行显示如下。

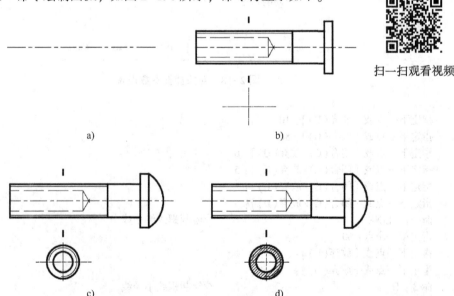

扫一扫观看视频

a)   b)

c)   d)

图2-19　绘制"螺纹支撑杆"

a）绘制中心线　b）调用"直线"命令绘制杆部　c）调用"圆""圆弧"命令绘制头部　d）完善图形

命令：_ARC   //绘制主视图右端的圆弧
指定圆弧的起点或［圆心（C）］：
指定圆弧的第二个点或［圆心（C）/端点（E）］：9
指定圆弧的端点：

命令：_ARC   //绘制断面图中的3/4小径圆弧
指定圆弧的起点或［圆心（C）］：c
指定圆弧的圆心：
指定圆弧的起点：8.5
指定圆弧的端点（按住〈Ctrl〉键以切换方向）或［角度（A）/弦长（L）］：A
指定夹角（按住〈Ctrl〉键以切换方向）：270

➢ **知识扩展**

2.1.4　绘制射线

通过指定点画单向无限长直线。

1. 命令

调用"射线"命令的方法有以下三种。

（1）命令行：输入 RAY ↙。

（2）功能区：单击"默认"选项卡"绘图"面板中的"射线"工具按钮 ，如图2-20所示。

（3）菜单栏：选择"绘图"→"射线"，如图2-21所示。

图2-20　功能区"默认"→　　　图2-21　菜单栏"绘图"
　　　"绘图"→"射线"按钮　　　　　→"射线"选项

调用"射线"命令后，根据如下命令行提示即可绘制出射线对象。

命令：RAY ✓	//调用"射线"命令
命令：_ray 指定起点：	//鼠标单击或输入坐标值指定射线的起始点
指定通过点：	//鼠标单击或输入下一坐标值,确定射线方向
指定通过点：	//回车退出命令(或单击右键退出命令)

2.1.5　绘制构造线

创建过指定点的双向无限长直线，指定点称为根点，可用中点捕捉拾取该点。这种线模拟手工作图中的辅助作图线。

1. 命令

调用"构造线"命令的方法有以下三种。

（1）命令行：输入 XLINE（或 XL）✓。

（2）功能区：单击"默认"选项卡"绘图"面板中的"构造线"工具按钮 ，如图 2-22 所示。

（3）菜单栏：选择"绘图"→"构造线"，如图 2-23 所示。

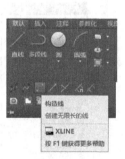

图 2-22　功能区"默认"→　　　　图 2-23　菜单栏"绘图"→
　　　"绘图"→"构造线"按钮　　　　　　　"构造线"选项

调用"构造线"命令后，根据如下命令行提示即可绘制出双向无限长直线对象。

命令：XLINE ✓	//调用"射线"命令
指定点或 [水平(H)/垂直(V)/角度(A)/二等分(B)/偏移(O)]：	//给出根点1
指定通过点：	//鼠标单击或输入下一坐标值,给出通过点2,画一条双向无限长直线
指定通过点：	//回车退出命令(或单击右键退出命令)

2. 选项

（1）水平（H）：给出通过点，画出水平线。

（2）垂直（V）：给出通过点，画出铅垂线。

（3）角度（A）：指定直线 1 和夹角 A 后，给出通过点，画出和直线 1 具有夹角 A 的参照线。

（4）二等分（B）：指定角顶点 1 和角的一个端点 2 后，指定另一个端点 3，则过点 1 画出 ∠213 的平分线。

（5）偏移（O）：指定直线 1 后，给出点 2，则通过点 2 画出直线 1 的平行线，也可以指定偏移距离画平行线。

2.1.6　绘制多段线

多段线是由许多段首尾相连的直线段和圆弧段组成的一个独立对象。

1. 命令

调用"多段线"命令的方法有以下三种。

（1）命令行：输入 PLINE(或 PL)↙。

（2）功能区：单击"默认"选项卡"绘图"面板中的"多段线"工具按钮，如图 2-24 所示。

（3）菜单栏：选择"绘图"→"多段线"，如图 2-25 所示。

示例 1：运用"多段线"命令绘制如图 2-26 所示多段线。

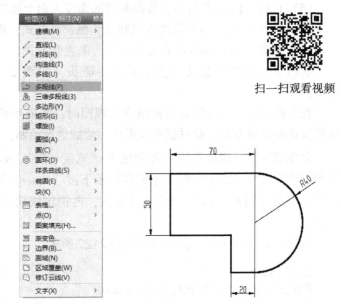

扫一扫观看视频

图 2-24　功能区"默认"→
"绘图"→"多段线"按钮

图 2-25　菜单栏"绘图"→
"多段线"选项

图 2-26　多段线示例 1

提示：画图前打开圆心、象限点的对象捕捉。

作图步骤如下所示。

```
命令：_PLINE ↙
指定起点：
当前线宽为 0.0000
指定下一个点或 [圆弧（A）/半宽（H）/长度（L）/放弃（U）/宽度（W）]：70
```

指定下一点或［圆弧（A）/闭合（C）/半宽（H）/长度（L）/放弃（U）/宽度（W）］：a
指定圆弧的端点(按住〈Ctrl〉键以切换方向)或
［角度（A）/圆心（CE）/闭合（CL）/方向（D）/半宽（H）/直线（L）/半径（R）/第二个点（S）/放弃（U）/宽度（W）］：ce
指定圆弧的圆心：@0,-40
指定圆弧的端点(按住〈Ctrl〉键以切换方向)或［角度（A）/长度（L）］：
指定圆弧的端点(按住〈Ctrl〉键以切换方向)或
［角度（A）/圆心（CE）/闭合（CL）/方向（D）/半宽（H）/直线（L）/半径（R）/第二个点（S）/放弃（U）/宽度（W）］：l
指定下一点或［圆弧（A）/闭合（C）/半宽（H）/长度（L）/放弃（U）/宽度（W）］：20
指定下一点或［圆弧（A）/闭合（C）/半宽（H）/长度（L）/放弃（U）/宽度（W）］：30
指定下一点或［圆弧（A）/闭合（C）/半宽（H）/长度（L）/放弃（U）/宽度（W）］：50
指定下一点或［圆弧（A）/闭合（C）/半宽（H）/长度（L）/放弃（U）/宽度（W）］：c

2. 选项

(1) 封闭（C）：当绘制两条以上的直线段或圆弧段以后，此选项可以封闭多段线。

(2) 放弃（U）：在"多段线"命令执行过程中，将刚刚绘制的段或几段取消。

(3) 宽度（W）：设置多段线的宽度，可以输入不同的起始宽度和终止宽度。

(4) 半宽（H）：设置多段线的半宽度，只需要输入宽度的一半。

(5) 长度（L）：在与前一线段相同的角度方向上绘制指定长度的直线段。

(6) 圆弧（A）：将画直线方式转化为画圆弧方式，将圆弧线段添加到多段线中。

(7) 直线（L）：将画圆弧方式转化为画直线方式。

示例 2：绘制有宽度的多段线——箭头，如图 2-27 所示。

图 2-27　用多段线绘制箭头

在工程图中，当绘制局部视图或斜视图时，需要用箭头指明位置或投影方向，此时就可以采用多段线进行绘制。

首先指定直线段的起点，然后输入"宽度（W）"选项，再输入直线段的起点宽度值。要创建等宽度的直线段，在终止宽度提示下按〈Enter〉键。要创建不等宽度线段，需要在起点和端点分别输入两个不同的宽度值，再指定线段的端点，并根据需要继续指定线段端点。

执行后命令行如下，执行结果如图 2-27 所示。

命令：PLINE
指定起点：(拾取 P_1 点) 当前线宽为 0.0000
指定下一个点或［圆弧（A）半宽（H）长度（L）放弃（U）宽度（W）］：W↙(选择指定线宽方式)
指定起点宽度<0.0000>：2↙(指定起始宽度值)
指定端点宽度 2.000>：↙(指定终止宽度值)
指定下一个点或［固弧（A）半宽（Hy 长度（L）放弃（U）宽度（W）］：(指定 P_2 点)
指定下一点或［圆弧（A）闭合（C）半宽（Hy 长度（L）放弃（U）宽度（W）］：W↙(选择指定线宽方式)
指定起点宽度 2.0000>：5↙(指定起始宽度)
指定端点宽度 5.0000> 0↙(指定终止宽度)
指定下一点或［圆弧（A）闭合（C）半宽（H）长度（L）放弃（U）宽度（W）］：(指定 P_3 点)
指定下一点或［圆弧（A）闭合（C）半宽（H/长度（L）放弃（U）宽度（W）］：(回车结束命令)

多段线提供单个直线所不具备的编辑功能。例如，可以调整多段线的宽度和圆弧的曲率；创建多段线之后，可以使用 PEDIT 命令对其进行编辑；或者使用 EXPLODE 命令将其转换成单独的直线段和弧线段。用户可以使用 SPLINE 命令将样条拟合的多段线转换为真正的样条曲线，使用闭合多段线创建多边形，由重叠对象的边界创建多段线，为二维图形向三维实体转换提供良好的基础。

★**注意**：用"多段线"命令所画的带有宽度的线段，在利用 EXPLODE 命令将其打碎以后，多段线中设置的线宽消失，分解后对象的线宽由所在图层的线宽特性决定。

☆**小技巧**：多段线默认的绘图模式是绘制直线段，使用"圆弧"选项时，将转换为绘制圆弧的模式，使用"直线"选项可由当前的画弧模式转化为绘制直线段的模式。

➤ **技能训练**

要求：合理设置图层、线型，清晰绘制如图 2-28~图 2-31 所示图形（不标注尺寸）。

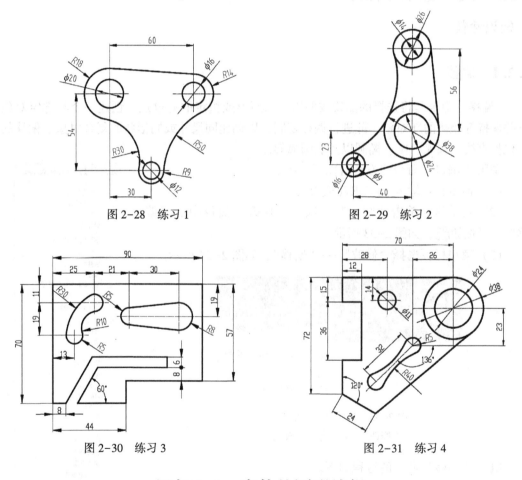

图 2-28　练习 1　　　　　　　　图 2-29　练习 2

图 2-30　练习 3　　　　　　　　图 2-31　练习 4

任务 2.2　座体的图形编辑

➤ **任务提出**

综合运用"偏移""样条曲线""修剪"和"延伸"命令将如图 2-32a 所示图形改画成如图 2-32b 所示图形。

➢ 任务分析

工程上有很多机械图样不只是由直线、圆、圆弧等组成，有些还含有非圆曲线，如图 2-32b 中的波浪线。同样，机械图样在制图中也非一蹴而就，而是需要通过一些线的编辑使图形完善。由图 2-32a 到图 2-32b 需要使用"偏移""修剪""延伸"这些线的编辑命令。本任务将通过绘

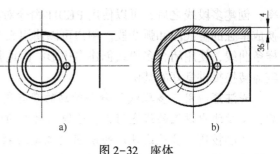

图 2-32　座体
a）修改前　b）修改后

制图 2-32b 所示的座体，介绍 AutoCAD 2016 中样条曲线的绘制方法，以及"偏移""修剪""延伸"等这些线编辑命令的使用。

➢ 知识储备

2.2.1　偏移

"偏移"命令是将选择的图线按照给定的距离或指定的通过点，创建一个与选定对象平行并保持等距离的新对象，即进行偏移复制，以创建同尺寸或同形状的复合对象。偏移的对象包括直线、圆弧、圆、椭圆以及椭圆弧等。

调用"偏移"命令的方法有以下三种。

（1）命令行：输入 OFFSET（或 O）↙。

（2）功能区：单击"默认"选项卡"修改"面板中的"偏移"工具按钮，如图 2-33 所示。

（3）菜单栏：选择"修改"→"偏移"，如图 2-34 所示。

图 2-33　功能区"默认"→
"修改"→"偏移"按钮

图 2-34　菜单栏"修改"
→"偏移"选项

执行"偏移"命令的过程如下。

1）在"修改"面板中单击"偏移"按钮。

2）用鼠标指定偏移距离或输入一个偏移值。

3）选择要偏移的对象，在要偏移对象的一侧指定点，以确定偏移产生的新对象位于被偏移对象的哪一侧。

4）选择另一个偏移的对象或结束命令。

示例：绘制如图 2-35 所示线段。

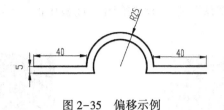

扫一扫观看视频

图 2-35 偏移示例

步骤一：绘制多段线，命令行显示如下，绘图结果如图 2-36a 所示。

命令：_PLINE
指定起点：
当前线宽为 0. 0000

指定下一个点或［圆弧(A)/半宽(H)/长度(L)/放弃(U)/宽度(W)］：40
指定下一点或［圆弧(A)/闭合(C)/半宽(H)/长度(L)/放弃(U)/宽度(W)］：a
指定圆弧的端点(按住〈Ctrl〉键以切换方向)或
［角度(A)/圆心(CE)/闭合(CL)/方向(D)/半宽(H)/直线(L)/半径(R)/第二个点(S)/放弃(U)/宽度(W)］：ce
指定圆弧的圆心：@ 25,0
指定圆弧的端点(按住〈Ctrl〉键以切换方向)或［角度(A)/长度(L)］：
指定圆弧的端点(按住〈Ctrl〉键以切换方向)或
［角度(A)/圆心(CE)/闭合(CL)/方向(D)/半宽(H)/直线(L)/半径(R)/第二个点(S)/放弃(U)/宽度(W)］：l
指定下一点或［圆弧(A)/闭合(C)/半宽(H)/长度(L)/放弃(U)/宽度(W)］：40
指定下一点或［圆弧(A)/闭合(C)/半宽(H)/长度(L)/放弃(U)/宽度(W)］：

步骤二：偏移多段线，命令行显示如下，绘图结果如图 2-36b 所示。

命令：_OFFSET
指定偏移距离或［通过(T)/删除(E)/图层(L)］<5.0000>： 5
选择要偏移的对象，或［退出(E)/放弃(U)］<退出>：
指定要偏移的那一侧上的点，或［退出(E)/多个(M)/放弃(U)］<退出>：
选择要偏移的对象，或［退出(E)/放弃(U)］<退出>：

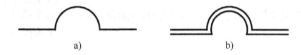

图 2-36 绘制步骤
a) 绘制多段线   b) 偏移 5 mm

2.2.2 样条曲线

样条曲线常用来绘制某些曲线型物品的轮廓，在机械图样中常用来绘制波浪线，它可以生成拟合光滑曲线。该命令通过起点、控制点、终点及偏差变量来控制曲线的走向。

1. 命令
调用"样条曲线"命令的方法有以下三种。

（1）命令行：输入 SPLINE（或 SPL）↙。

（2）功能区：单击"默认"选项卡"绘图"面板中的"样条曲线"工具按钮 或 ，如图 2-37、图 2-38 所示。

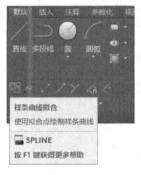

图 2-37　功能区"默认"→"绘图"
→"样条曲线拟合"按钮

图 2-38　功能区"默认"→"绘图"
→"样条曲线控制点"按钮

（3）菜单栏：选择"绘图"→"样条曲线"→"拟合点"或"控制点"。

调用"样条曲线"命令后，根据如下命令行提示即可绘制出样条曲线，如图 2-39 所示。

图 2-39　用"样条曲线"命令绘制波浪线

```
命令：_SPLINE                                      //单击    图标,调用"样条曲线"命令
当前设置：方式=拟合    节点=弦
指定第一个点或［方式(M)/节点(K)/对象(O)］：_M
输入样条曲线创建方式［拟合(F)/控制点(CV)］<拟合>：_FIT
当前设置：方式=拟合    节点=弦
指定第一个点或［方式(M)/节点(K)/对象(O)］：        //鼠标单击或输入坐标值指定点 A
输入下一个点或［起点切向(T)/公差(L)］：             //鼠标单击或输入坐标值指定点 B
输入下一个点或［端点相切(T)/公差(L)/放弃(U)］：     //继续单击鼠标或输入坐标值指定点 C
输入下一个点或［端点相切(T)/公差(L)/放弃(U)/闭合(C)］：  //继续单击鼠标或输入坐标值
                                                 //指定点 D
输入下一个点或［端点相切(T)/公差(L)/放弃(U)/闭合(C)］：  //继续单击鼠标或输入坐标值
                                                 //指定点 E
输入下一个点或［端点相切(T)/公差(L)/放弃(U)/闭合(C)］：↙回车退出命令(或在右键快捷菜单
                                                 中选择"确认"选项退出命令
```

2. 选项

在绘制样条曲线，执行命令的过程中，命令行提示里有各种选项，其含义如下。

（1）方式（M）：控制样条曲线的创建方式，即选择使用拟合的方式还是控制点的方式绘制样条曲线。

（2）节点（K）：控制样条曲线节点参数化的运算方式，以确定样条曲线中连续拟合点之间的零部件曲线如何过渡。

（3）对象（O）：将样条曲线的拟合多段线转化为等价的样条曲线。

（4）闭合（C）：选择该项后，可以闭合样条曲线。即将最后一点定义与第一点一致，并使连接处与样条曲线相切。

（5）放弃（U）：放弃样条曲线的绘制。

（6）公差（L）：将修改当前样条曲线的拟合公差。拟合公差表示样条曲线拟合时所指定的拟合点集的拟合精度。拟合公差越小，样条曲线与拟合点越接近。公差为0时，样条曲线将通过该点。

（7）起点切向（T）：用于定义样条曲线的第一点切向，如果按〈Enter〉键，AutoCAD将计算默认切向。

（8）端点相切（T）：用于定义样条曲线的最后点切向，如果按〈Enter〉键，AutoCAD将计算默认切向。

2.2.3 修剪

"修剪"命令是以某一选定的线段为边界，去除不需要的线段。所选定的边界线和被去除的线段可以是直线、圆、圆弧、多段线和样条曲线等。

1. 命令

调用"修剪"命令的方法有以下三种。

（1）命令行：输入TRIM（或TR）↙。

（2）功能区：单击"默认"选项卡"修改"面板中的"修剪"工具按钮，如图2-40所示。

（3）菜单栏：选择"修改"→"修剪"，如图2-41所示。

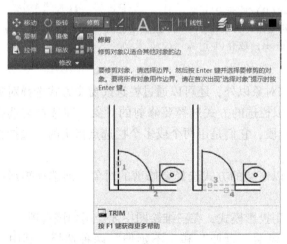

图2-40 功能区"默认"→　　　　图2-41 菜单栏"修改"
"修改"→"修剪"按钮　　　　　　→"修剪"选项

执行"修剪"命令的过程如下。

1) 在"修改"面板上单击"修剪"工具按钮。

2) 选择修剪边界即裁剪的终止位置，可以指定一个或多个对象作为修剪边界。作为修剪边界的对象同时也可以作为被修剪的对象。

3) 选择要去除的部分。

示例：运用"修剪"命令将如图 2-42a 所示图形修改成如图 2-42c 所示图形。

扫一扫观看视频

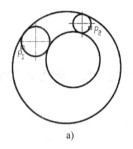 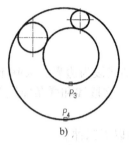 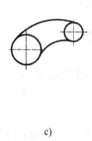

a)　　　　　　　　　　　　b)　　　　　　　　　　　　c)

图 2-42　修剪示例

a）选择修剪边界　b）选择需去除的部分　c）修剪结果

具体执行过程如下。

命令：TRIM✓	//调用"修剪"命令
当前设置：投影＝UCS，边＝无	//选择边界线，单击 P_1 处或该圆上的其他位置
选择剪切边…	
选择对象或 <全部选择>：　找到 1 个	
选择对象：找到 1 个，总计 2 个	//选择边界线，单击 P_2 处或该圆上的其他位置
选择对象：✓	//鼠标右击或按回车
选择要修剪的对象，或按住〈Shift〉键选择要延伸的对象，或 [栏选(F)/窗交(C)/投影(P)/边(E)/删除(R)/放弃(U)]：	//选择需去除的部分，单击 P_3 附近
选择要修剪的对象，或按住〈Shift〉键选择要延伸的对象，或 [栏选(F)/窗交(C)/投影(P)/边(E)/删除(R)/放弃(U)]：	//选择需去除的部分，单击 P_4 附近
选择要修剪的对象，或按住〈Shift〉键选择要延伸的对象，或 [栏选(F)/窗交(C)/投影(P)/边(E)/删除(R)/放弃(U)]：✓	//按空格键或〈Enter〉键，结束命令

2. 选项

在修剪模式下，除了可以用鼠标拾取对象以外，还可以通过栏选或窗交方式选择对象。

（1）栏选（F）：选择该选项后，将以栏选的方式选择要修剪的对象，即选择与选择栏相交的所有对象。选择栏是一系列临时线段，它们是用两个或多个栏选点指定的。选择栏不构成闭合环。

（2）窗交（C）：选择该选项后，将以窗交的方式选择要修剪的对象，即选择矩形区域（由两点确定）内部或与之相交的对象。

（3）投影（P）：指定修剪对象时使用投影模式，在三维绘图中才会用到该选项。

（4）边（E）：选项中的"边（E）"包括"延伸"和"不延伸"两种选择，其中"延伸"是指延伸边界，被修剪的对象按照延伸边界进行修剪；"不延伸"表示不延伸修剪边，被修剪对象仅在与修剪边相交时才可以进行修剪。该选项用来确定是在另一对象的隐含边处修剪对象，还是仅修剪对象到在三维空间中与它相交的对象处。在三维绘图中进行修剪时才会用到该选项。

（5）删除（R）：删除选定的对象。该选项提供了一种用来删除不需要的对象的简便方式，而无需退出 TRIM 命令。

（6）放弃（U）：可以取消上一次操作。

★**注意**：要修剪对象，请选择边界，然后按〈Enter〉键并选择要修剪的对象。要将所有对象用作边界，请在首次出现"选择对象"提示时按〈Enter〉键。

☆**小技巧**：在修剪对象时，边界线的选择是关键，选定的边界线与被修剪的线段必须相交，或与其延长线相交，才能成功修剪对象。

2.2.4 延伸

"延伸"命令是用于将图线精确地延伸到指定的边界上。用于延伸的对象可以是直线、圆弧、椭圆弧和非闭合的多段线等。延伸对象和修剪对象的作用正好相反，该命令的操作过程和修剪命令很相似。

1. 命令

调用"延伸"命令的方法有以下三种。

（1）命令行：输入 EXTEND(或 EX)↙。

（2）功能区：单击"默认"选项卡"修改"面板中的"延伸"工具按钮，如图 2-43 所示。

（3）菜单栏：选择"修改"→"延伸"，如图 2-44 所示。

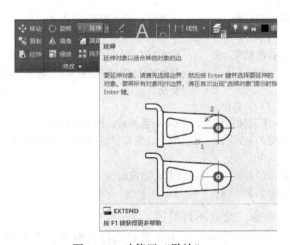

图 2-43 功能区"默认"→"修改"→"延伸"按钮

图 2-44 菜单栏"修改"→"延伸"选项

另外，在"修剪"命令中按住〈Shift〉键可以执行"延伸"命令。同样，在"延伸"命令中按住〈Shift〉键也可以执行"修剪"命令。

执行"延伸"命令的过程如下。

1）在"修改"面板中单击"延伸"按钮。

2）选择延伸的边界，可以选择一个或多个对象作为延伸边界。作为延伸边界的对象同时也可以作为被延伸的对象，或直接按〈Enter〉键将图形中全部对象都作为延伸边界。

3）选择要延伸的对象。

★**注意**：在延伸对象时，也需要为对象指定边界。指定边界时，有两种情况，一种是对象被延长后与边界有一个实际的交点，另一种就是与边界的延长线相交于一点。为此，AutoCAD为用户提供了两种模式，即"延伸模式"和"不延伸模式"，系统默认模式为"不延伸模式"。

示例：运用"延伸"命令将如图2-45a所示图形改成如图2-45b所示图形。

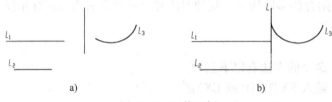

图2-45　延伸示例

具体执行过程如下。

命令：EXTEND↙	//调用"延伸"命令
当前设置：投影=UCS，边=无	//选择L作为延伸边界线，单击直线L
选择边界的边…	
选择对象或 <全部选择>：找到1个	
选择对象：↙	//鼠标右击或按回车
选择要延伸的对象，或按住〈Shift〉键选择要修剪的对象，或	//选择需延伸的直线，单击L₁
[栏选(F)/窗交(C)/投影(P)/边(E)/放弃(U)]：	
选择要延伸的对象，或按住〈Shift〉键选择要修剪的对象，或	//选择需延伸的圆弧，单击L₃
[栏选(F)/窗交(C)/投影(P)/边(E)/放弃(U)]：	
选择要延伸的对象，或按住〈Shift〉键选择要修剪的对象，或	//输入"E"，回车，因为直线L₂延伸后
	//与直线L无实际交点，与L的延长线
	//有交点。
[栏选(F)/窗交(C)/投影(P)/边(E)/放弃(U)]：E↙	
输入隐含边延伸模式 [延伸(E)/不延伸(N)] <不延伸>:E↙	//回车，系统默认选择不延伸
选择要延伸的对象，或按住〈Shift〉键选择要修剪的对象，或	//单击直线L₂，L₂延伸至L的延长线
[栏选(F)/窗交(C)/投影(P)/边(E)/放弃(U)]：	
选择要延伸的对象，或按住〈Shift〉键选择要修剪的对象，或	//回车，结束命令
[栏选(F)/窗交(C)/投影(P)/边(E)/放弃(U)]:↙	

"延伸"命令中各选项含义同"修剪"命令，此处不再赘述。

★**注意**：在选择延伸对象时，要在靠近延伸边界的一端单击鼠标选择拾取点，否则对象将不被延伸。

☆**小技巧**：在"修剪"命令中按住〈Shift〉键可以执行"延伸"命令。同样，在"延伸"命令中按住〈Shift〉键也可以执行"修剪"命令。

➤ 任务实施

完善座体绘制，需要运用"偏移"、"延伸"、"样条曲线"、"修剪"、"删除"等命令，具体过程如下所示。

步骤一：打开座体文件，用"偏移"命令完善座体的轮廓，如图2-46b所示。

```
命令：_OFFSET
当前设置：删除源=否　图层=源　OFFSETGAPTYPE=0
指定偏移距离或［通过(T)/删除(E)/图层(L)］<通过>：　36
选择要偏移的对象，或［退出(E)/放弃(U)］<退出>：
指定要偏移的那一侧上的点，或［退出(E)/多个(M)/放弃(U)］<退出>：
选择要偏移的对象，或［退出(E)/放弃(U)］<退出>：↙
命令：_OFFSET
当前设置：删除源=否　图层=源　OFFSETGAPTYPE=0
指定偏移距离或［通过(T)/删除(E)/图层(L)］<36.0000>：　4
选择要偏移的对象，或［退出(E)/放弃(U)］<退出>：
指定要偏移的那一侧上的点，或［退出(E)/多个(M)/放弃(U)］<退出>：
选择要偏移的对象，或［退出(E)/放弃(U)］<退出>：
指定要偏移的那一侧上的点，或［退出(E)/多个(M)/放弃(U)］<退出>：
选择要偏移的对象，或［退出(E)/放弃(U)］<退出>：
指定要偏移的那一侧上的点，或［退出(E)/多个(M)/放弃(U)］<退出>：
选择要偏移的对象，或［退出(E)/放弃(U)］<退出>：↙
```

步骤二：用"延伸"命令完成座体右边界轮廓线的绘制，如图2-46c所示。

```
命令：_EXTEND
当前设置：投影=UCS,边=延伸
选择边界的边…
选择对象或<全部选择>：　找到1个
选择对象：找到1个,总计2个
选择对象：
选择要延伸的对象，或按住〈Shift〉键选择要修剪的对象，或［栏选(F)/窗交(C)/投影(P)/边(E)/放弃(U)］：
选择要延伸的对象，或按住〈Shift〉键选择要修剪的对象，或［栏选(F)/窗交(C)/投影(P)/边(E)/放弃(U)］：
选择要延伸的对象，或按住〈Shift〉键选择要修剪的对象，或［栏选(F)/窗交(C)/投影(P)/边(E)/放弃(U)］：↙
```

步骤三：用"样条曲线"命令绘制波浪线，如图2-46d所示。

```
命令：_SPLINE
当前设置：方式=拟合　节点=弦
指定第一个点或［方式(M)/节点(K)/对象(O)］：_M
输入样条曲线创建方式［拟合(F)/控制点(CV)］<拟合>：_FIT
当前设置：方式=拟合　节点=弦
指定第一个点或［方式(M)/节点(K)/对象(O)］：
输入下一个点或［起点切向(T)/公差(L)］：
输入下一个点或［端点相切(T)/公差(L)/放弃(U)］：　<正交 关>
```

输入下一个点或［端点相切(T)/公差(L)/放弃(U)/闭合(C)］：
输入下一个点或［端点相切(T)/公差(L)/放弃(U)/闭合(C)］：↙

步骤四：用"修剪"命令去除多余的线条，如图 2-46e 所示。

命令：_TRIM
当前设置：投影=UCS,边=延伸
选择剪切边…
窗交(C) 套索　按空格键可循环浏览选项找到 13 个
选择对象：找到 1 个,删除 1 个,总计 12 个
选择对象：找到 1 个,删除 1 个,总计 11 个
选择对象：找到 1 个,删除 1 个,总计 10 个
选择对象：↙
选择要修剪的对象,或按住〈Shift〉键选择要延伸的对象,或[栏选(F)/窗交(C)/投影(P)/边(E)/删除(R)/放弃(U)]：
……,此处再修剪去 13 个对象(略)
选择要修剪的对象,或按住〈Shift〉键选择要延伸的对象,或[栏选(F)/窗交(C)/投影(P)/边(E)/删除(R)/放弃(U)]：↙
命令：
命令：_ERASE 找到 1 个

步骤五：最后用"填充"命令和"拉伸"命令完成图形绘制（略），如图 2-46f 所示。

扫一扫观看视频

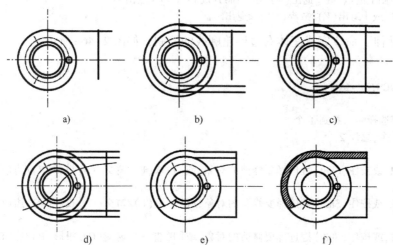

a)　　　　　　　b)　　　　　　　c)

d)　　　　　　　e)　　　　　　　f)

图 2-46　座体的绘制

a) 已知　b) 偏移直线和圆　c) 延伸左边界轮廓线　d) 绘制波浪线　e) 修剪　f) 完善图形

➤ **知识拓展**

2.2.5　拉伸

用"拉伸"命令可以按规定的方向和角度拉长或缩短对象。因此，拉伸后将改变对象在 X 方向和 Y 方向上的比例，属于不等比缩放。拉伸的对象有直线、圆弧、椭圆弧、多段线和样条曲线等。

调用"拉伸"命令的方法有以下三种。

（1）命令行：输入 STRETCH(或 S)↙。

（2）功能区：单击"默认"选项卡"修改"面板中的"拉伸"工具按钮 ，如图 2-47 所示。

（3）菜单栏：选择"修改"→"拉伸"，如图 2-48 所示。

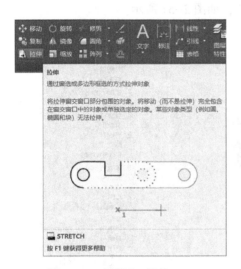

图 2-47 功能区"默认"→
"修改"→"拉伸"按钮

图 2-48 菜单栏"修改"
→"拉伸"选项

调用"拉伸"命令后，命令行提示如下。

命令：_STRETCH
以交叉窗口或交叉多边形选择要拉伸的对象…
选择对象：指定对角点：找到 3 个
选择对象：↙
指定基点或［位移(D)］<位移>：
指定第二个点或 <使用第一个点作为位移>：15↙

水平拉伸和竖直拉伸的拉伸结果如图 2-49 所示。

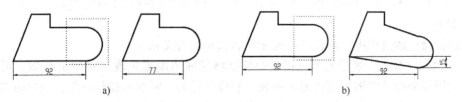

图 2-49 拉伸对象

a）水平左移 15 mm b）竖直下移 15 mm

2.2.6 拉长

"拉长"命令是指改变非封闭图形的长度，可以将原图形拉长，也可以将其缩短。拉长对象可以是直线、圆弧、多段线、椭圆弧以及样条曲线。

1. 命令

调用"拉长"命令的方法有以下三种。

（1）命令行：输入 LENGTHEN(或 LEN)↙。

（2）功能区：单击"默认"选项卡"修改"面板中的"拉长"工具按钮 ，如图 2-50 所示。

（3）菜单栏：选择"修改"→"拉长"，如图 2-51 所示。

图 2-50 功能区"默认"→"修改"
→"拉长"按钮

图 2-51 菜单栏"修改"→
"拉长"选项

调用"拉长"命令后，命令行提示如下。

命令：_LENGTHEN ↙
选择要测量的对象或 ［增量(DE)/百分比(P)/总计(T)/动态(DY)］＜总计(T)＞：

2. 选项

在执行命令的过程中，其命令行提示中各选项的含义如下。

（1）增量（DE）：表示按事先指定的长度增量或角度增量改变对象的长短。可以直接输入长度增量来拉长或缩短直线或者圆弧，长度增量为正时表示拉长对象，为负时表示缩短对象；也可以输入 A，通过指定圆弧的包含角增量来修改圆弧的长度。

（2）百分数（P）：通过输入总长的百分比来改变对象的长度或圆心角大小。长度的百分比值必须为正且非零。长度百分比值大于 100，将拉长对象；小于 100，则缩短对象。

（3）全部（T）：通过输入对象的总长度来改变对象的长度或角度，而不必考虑原对象的长度。如果原图形的总长度大于所输入的总长度，则原图形将被缩短；反之，则被拉长。

（4）动态（DY）：用动态模式拖动对象的一个端点来改变对象的长度或角度，另一端保持不动。"动态"选项功能不能对样条曲线和多段线进行操作。

★注意："拉伸"命令或夹点编辑也可以将圆弧拉长，但是不能确保圆弧半径不变。

☆小技巧：在选择拉长对象时，选择线段上的拾取点靠近哪一端，哪一端将被拉长（或缩短），另一端将保持不变。

2.2.7　合并

"合并"与"打断"是一组效果相反的命令。"合并"命令用于两个或多个相似对象合并成一个完整的对象，还可以将圆弧或椭圆弧合并为一个整圆或椭圆。

调用"合并"命令的方法有以下三种。

（1）命令行：输入 JOIN（或 J）↙。

（2）功能区：单击"默认"选项卡"修改"面板中的"合并"工具按钮 ，如图 2-52 所示。

（3）菜单栏：选择"修改"→"合并"，如图 2-53 所示。

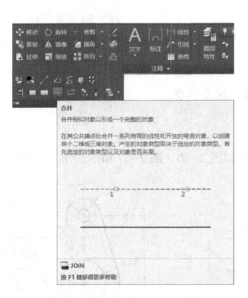

图 2-52　功能区"默认"→"修改" 　　　图 2-53　菜单栏"修改"→
　　　　　→"合并"按钮 　　　　　　　　　　　"合并"选项

2.2.8　分解

如果要对矩形、块、多边形、标注以及多段线等这些由多个对象编组而成的组合对象进行编辑，首先要对它们进行分解，然后对单个对象进行编辑。

调用"分解"命令的方法有以下三种。

（1）命令行：输入 EXPLODE（或 X）↙。

（2）功能区：单击"默认"选项卡"修改"面板中的"分解"工具按钮📖，如图 2-54 所示。

（3）菜单栏：选择"修改"→"分解"，如图 2-55 所示。

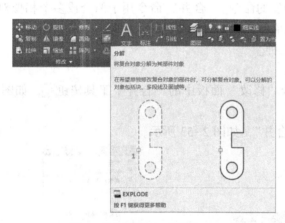

图 2-54　功能区"默认"→
"修改"→"分解"按钮

图 2-55　菜单栏"修改"→
"分解"选项

★注意："分解"命令没有逆操作，使用时要慎重。

➤ 技能训练

要求：合理设置图层、线型，清晰绘制如图 2-56、图 2-57 所示图形（不标注尺寸）。

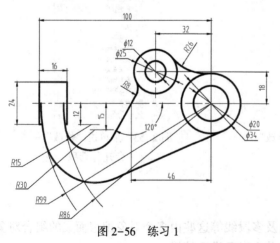

图 2-56　练习 1

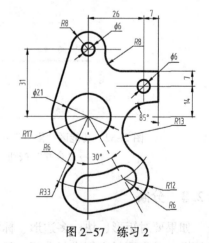

图 2-57　练习 2

任务 2.3　绘制螺纹调节支撑螺母

➢ 任务提出

本任务将通过绘制如图 2-58 所示的螺母，讲述在 AutoCAD 2016 中绘制多边形的方法及相关编辑操作。

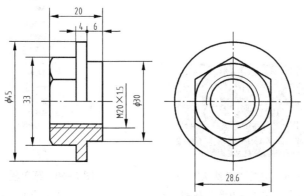

图 2-58　螺纹调节支撑螺母

➢ 任务分析

在 AutoCAD 2016 绘图的过程中，正多边形也是基本的绘图元素，图形的阵列、极轴追踪操作可以完善和变形各种对象。通过本任务的训练，可以更好地掌握多边形的绘制。

➢ 知识储备

2.3.1　绘制正多边形

各边相等、各角也相等的多边形叫正多边形，其边数在 3～1024 之间。正多边形外接圆的圆心叫作正多边形的中心；中心与正多边形顶点连线的长度叫作半径；中心与边的距离叫作边心距。

1. 命令

调用"正多边形"命令的方法有以下三种。

（1）命令行：输入 POLYGON(或 POL)↙。

说明：括号内的"POL"是正多边形命令的快捷键。

（2）功能区：单击"默认"选项卡"绘图"面板中的"多边形"工具按钮 ，如图 2-59 所示。

（3）菜单栏：选择"绘图"→"多边形"，如图 2-60 所示。

启动命令后，根据如下提示进行操作，即可使用其命令绘制正多边形。

命令：POLYGON↙	//调用"正多边形"命令
输入侧面数<4>:5↙	//指定边数为 5

指定正多边形的中心点或[边(E)]↙　　　　//在绘图区拾取一点作为多边形的中心点
输入选项[内接于圆(I)/外切于圆(C)] <I>:I↙　//选择"内接于圆(I)"选项
指定圆的半径↙　　　　　　　　　　　　　//输入半径值或指定点

图2-59　功能区"默认"→　　　　　图2-60　菜单栏"绘图"→
"绘图"→"多边形"按钮　　　　　　　　"多边形"选项

2. 选项

其提示栏中各选项的功能与含义如下。

（1）边（E）：通过指定多边形边数的方式来绘制正多边形，该方式将通过边的数量和长度确定正多边形，如图2-61a所示。

（2）内接于圆（I）：指定正多边形外接圆半径来绘制正多边形，如图2-61b所示。

（3）外切于圆（C）：指定正多边形内切圆半径来绘制正多边形，如图2-61c所示。

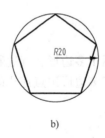

a)　　　　　　　　　　　b)　　　　　　　　　　　c)

图2-61　不同方式绘制的正多边形

☆**小技巧**：使用"边"方式绘制正多边形，在指定边的两个端点A、B时，系统按从A至B顺序以逆时针方向绘制正多边形。

示例：运用"正多边形"命令与"直线"命令绘制如图2-62所示的五角星图形。

绘图步骤如下。

步骤一：正常启动AutoCAD 2016软件，在"快速访问"工具栏中单击"保存"按钮 ，将其保存为"五角星.dwg"文件。

图2-62　五角星

扫一扫观看视频

步骤二：在"绘图"面板中单击"多边形"按钮，命令行提示"输入侧面数"，输入5，并按空格键或↙，在绘图区任意单击确定正多边形中心点，随后弹出快捷选项，选择"外切于圆（C）"，如图2-63所示，单击应用程序状态栏上的按钮，打开正交模式，然后鼠标向下拖动，并输入半径为20mm，如图2-64所示，按空格键或↙确定绘制一个正五边形，命令执行过程如下。

命令：POLYGON	//启动"正多边形"命令
输入侧面数<4>：5	//输入边数为5
指定正多边形的中心点或[边(E)]	//任意单击一点
输入选项[内接于圆(I)/外切于圆(C)] <I>：C	//选择"外切于圆(C)"选项
指定圆的半径：<正交开> 20	//向下拖动输入20

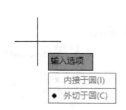

图2-63　选择外切于圆

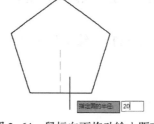

图2-64　鼠标向下拖动输入距离

步骤三：单击应用程序状态栏上的按钮旁边的小三角，通过[对象捕捉设置...]选项打开草图设置界面，启用对象捕捉与对象捕捉追踪，勾选"端点"复选框，如图2-65所示，然后单击"确定"按钮。

步骤四：单击"绘图"面板中的"直线"按钮，捕捉多边形左侧端点，指定为直线的第一点，如图2-66a所示。

步骤五：再捕捉右侧端点，如图2-66b所示，从而绘制出第一条直线。

步骤六：继续捕捉左下侧端点，如图2-66c所示，绘制第二条直线。

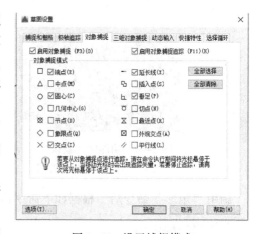

图2-65　设置捕捉模式

步骤七：使用同样的方法，依次捕捉上侧、右下侧和左侧端点，绘制直线的结果如图2-66d所示。

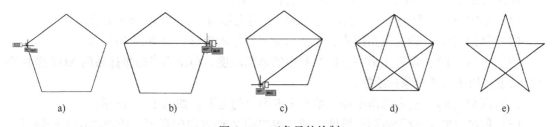

a)　　　　　　b)　　　　　　c)　　　　　　d)　　　　　　e)

图2-66　五角星的绘制

a）指定直线第一点　b）绘制第一条直线　c）绘制第二条直线　d）绘制其他直线　e）删除多边形

步骤八：选择多边形图形，按〈Delete〉键将其删除，完成五角星的绘制，如图 2-66e 所示。

步骤九：至此，五角星已经绘制完成，按〈Ctrl+S〉键进行保存。

2.3.2 绘制矩形

矩形也是一种非常常用的几何图形，它是由 4 条首尾相连的直线组成，在 AutoCAD 中，矩形被看作是一条闭合多段线，是一个单独的图形对象。

1. 命令

调用"矩形"命令的方法有以下三种。

(1) 命令行：输入 RECTANGLE(或 REC)↙。

(2) 功能区：单击"默认"选项卡"绘图"面板中的"矩形"工具按钮▭，如图 2-67 所示。

(3) 菜单栏：选择"绘图"→"矩形"，如图 2-68 所示。

图 2-67　功能区"默认"→　　　　图 2-68　菜单栏"绘图"→
"绘图"→"矩形"按钮　　　　　　　"矩形"选项

调用"矩形"命令后，根据如下命令行提示即可绘制出矩形对象。

```
命令:RECTANGLE↙                                              //启动"矩形"命令
指定第一个角点或[倒角(C)/标高(E)/圆角(F)/厚度(T)/宽度(W)]↙     //指定第一个角点
指定另一个角点或[面积(A)/尺寸(D)/旋转(R)J]↙                    //指定第二个角点
```

2. 选项

在执行命令的过程中，其命令行各选项含义如下。

(1) 指定角点：利用两个角点位置的确定，将矩形确定，如图 2-69 所示。

(2) 倒角 (C)：确定倒角距离，绘制出带有倒角的矩形，如图 2-70 所示。

(3) 标高 (E)：设置矩形在三维空间中的基面高度，即距离当前坐标系的 XOY 坐标平面的高度，用于三维对象的绘制。

(4) 圆角 (F)：确定圆角半径，绘制出带圆角的矩形，如图 2-71 所示。

(5) 厚度 (T)：设置矩形的厚度，即三维空间 Z 轴方向的高度。该选项用于绘制三维图形对象，如图 2-72 所示。

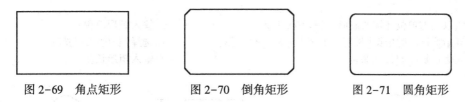

图 2-69 角点矩形   图 2-70 倒角矩形   图 2-71 圆角矩形

（6）宽度（W）：确定线宽，绘制出边线为所设置线宽的矩形，如图 2-73 所示。

图 2-72 厚度矩形   图 2-73 线宽矩形

★**注意**：用户在绘制厚度和标高的矩形时，要把当前视图转变为等轴测视图才能显示出矩形的厚度和标高，如果在俯视图中是看不出任何变化的。

（7）尺寸（D）：运用矩形的长和宽绘制矩形，第二个角点将矩形定位在第一个角点相关的 4 个位置之一内，其命令提示如下。

```
命令：RECTANGLE✓                                    //启动"矩形"命令
指定第一个角点或[倒角（C）/标高（E）/圆角（F）/厚度（T）/宽度（w）]：   //指定第一角点
指定另一个角点或[面积（A）/尺寸（D）/旋转（R）]：D                //选择"尺寸（D）"选项
指定矩形的长度<10.0000>：                            //输入矩形长度
指定矩形的宽度<10.0000>：                            //输入矩形宽度
```

（8）面积（A）：指定将要绘制的矩形的面积，在绘制时系统要求指定面积和一个维度（长度或宽度），系统将自动计算另一个维度并完成矩形。其命令行提示如下。

```
命令：RECTANGLE✓                                    //启动"矩形"命令
指定第一个角点或[倒角（C）/标高（E）/圆角（F）/厚度（T）/宽度（W）]：   //指定第一角点
指定另一个角点或[面积（A）/尺寸（D）/旋转（R）]：A                //选择"面积（A）"选项
输入以当前单位计算的矩形面积<100.0000>：              //输入矩形面积
计算矩形标注时依据[长度（L）/宽度（W）]<长度>：          //选择"长度（L）"选项
输入矩形长度<10：0000>：                             //输入矩形长度
```

★**注意**：如矩形为倒角或圆角时，长度确定后，宽度会根据倒角或圆角、面积自动地计算，如图 2-74 所示。

（9）旋转（R）：对绘制的矩形进行旋转。运用该选项时，其命令行提示如下。确定旋转角度后，系统会自动按指定角度旋转并绘制出矩形，如图 2-75 所示。

```
命令：RECTANGLE✓                                    //启动"矩形"命令
当前矩形模式：旋转=30
指定第一个角点或[倒角（C）/ 16 高（E）/圆角（F）/厚度（T）/宽度（w）]：   //指定第一角点
指定另一个角点或[面积（A）/尺寸（D）/旋转（R）]：R                //选择"旋转（R）"选项
指定旋转角度或[拾取点（P）] <30>：                     //输入旋转角度
指定另一个角点或[面积（A）/尺寸（D）/旋转（R）]：A                //选择"面积（A）"选项
```

输入以当前单位计算的矩形面积<100.0000>：　　　　　　//输入矩形面积
计算矩形标注时依据[长度(L)/宽度(W)]<长度>：　　　　//选择"长度(L)"选项
输入矩形长度<10.0000>：　　　　　　　　　　　　　　//输入矩形长度

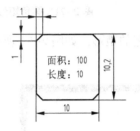
图 2-74　倒角或圆角状态

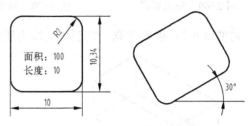
图 2-75　创建角度矩形

小技巧："矩形"命令绘制的多边形是一条多段线，如果要单独编辑某一条边，需要执行"分解"命令（X）将其分解后，才能进行操作。另外，由于"矩形"命令所绘制出的矩形是一个整体对象，所以它与执行"直线"命令（L）所绘制的矩形对象不同。

2.3.3　绘制椭圆

椭圆由定义其长度和宽度的两条轴决定，较长的轴称为长轴，较短的轴称为短轴，椭圆的默认画法是指定一根轴的两个端点和另一根轴的半轴长度。

1. 命令

调用"椭圆"命令的方法有以下三种。

（1）命令行：输入 ELLIPSE（或 EL）✓。

（2）功能区：单击"默认"选项卡"绘图"面板中的"椭圆"工具按钮，如图 2-76所示。

（3）菜单栏：选择"绘图"→"椭圆"，如图 2-77 所示。

图 2-76　功能区"默认"→"绘图"→"椭圆"按钮　　　图 2-77　菜单栏"绘图"→"椭圆"选项

2. 选项

（1）轴端点方式画椭圆：调用"椭圆"命令后，根据如下命令行提示即可绘制出如图 2-78 所示椭圆。

命令：ELLIPSE↙	//调用"椭圆"命令
指定椭圆的轴端点或[圆弧(A)/中心点(C)]：	//指定第一个端点
指定轴的另一个端点：<正交开>	//指定长轴另一端点
指定另一条半轴长度或[旋转(R)]：	//指定半轴端点

说明：椭圆上的前两个点确定第一条轴的位置和长度，第三个点确定椭圆的圆心与第二条轴的端点之间的距离。

使用"旋转"选项，通过绕第一条轴旋转圆来创建椭圆。绕椭圆中心移动十字光标并单击，如图 2-79 所示。输入值越大，椭圆的离心率就越大，输入"0"将定义圆。

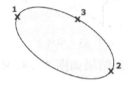　　　　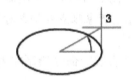

图 2-78　轴端点方式画椭圆　　　　图 2-79　使用"旋转"选项画椭圆

（2）中心点方式画椭圆：选择椭圆子菜单中的"圆心"　方式，其命令行提示如下，绘制效果如图 2-80 所示。

命令：ELLIPSE↙	//调用"椭圆"命令
指定椭圆的轴端点或[圆弧(A)/中心点(C)]：C	//选择"中心点(C)"选项
指定椭圆的中心点：	//指定椭圆的圆心
指定第一条半轴的长度：	//指定椭圆的第一轴半径
指定另一条半轴长度或[旋转(R)]：	//指定另一轴半径

☆**小技巧**："椭圆"命令还有一个重要用途，就是在等轴测平面视图中绘制出等轴测圆，如图 2-81 所示。只有当 ISODRAFT 设置为等轴测平面或捕捉的"样式"选项设置为"等轴测"时，"等轴测圆"选项才可用。

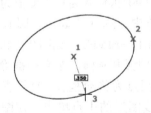　　　　

图 2-80　中心点方式画椭圆　　　　图 2-81　在等轴测平面视图中绘制出等轴测圆

（3）绘制椭圆弧：使用"椭圆"命令中的"圆弧"选项，可以绘制椭圆弧，所绘制的椭圆弧除了包含中心点、长轴和短轴等几何特征外，还具有角度特征。

绘制如图 2-82 所示椭圆弧，其执行过程如下。

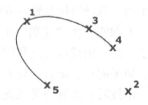

图 2-82　绘制椭圆弧

命令:ELLIPSE✓	//调用"椭圆"命令
指定椭圆的轴端点或[圆弧(A)/中心点(C)]:A	//选择"圆弧(A)"选项
指定圆弧的轴端点[中心点(C)]:	//指定1点
指定轴的另一个端点:	//指定2点
指定另一半轴长度或[旋转(R)]:	//指定3点
指定起点角度或[参数(P)]:	//指定4点
指定端点角度或[参数(P)/包含角度(I)]:	//指定5点

说明：椭圆弧上的前两个点确定第一条轴的位置和长度，第三个点确定椭圆弧的圆心与第二条轴的端点之间的距离，第四个点和第五个点确定起点和端点角度。

示例：绘制如图2-83所示坐便器。

提示：画图前打开象限点和切点对象捕捉。

绘图步骤如下。

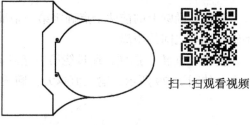

扫一扫观看视频

图2-83　坐便器

步骤一：用"直线"命令绘制左侧直线部分，绘制结果如图2-84a所示，其命令执行过程如下。

命令:LINE✓	//调用"直线"命令
指定第一个点:	//鼠标任意位置单击起点
指定下一点或[放弃(U)]:254	//输入下一点相对坐标✓
指定下一点或[放弃(U)]:559	//输入下一点相对坐标✓
指定下一点或[闭合(C)/放弃(U)]:254	//输入下一点相对坐标✓
指定下一点或[闭合(C)/放弃(U)]:102	//输入下一点相对坐标✓
指定下一点或[闭合(C)/放弃(U)]:<正交 关> @-72<45	//输入下一点相对坐标✓
指定下一点或[闭合(C)/放弃(U)]:<正交 开> 254	//输入下一点相对坐标✓
指定下一点或[闭合(C)/放弃(U)]:<正交 关> @72<-45	//输入下一点相对坐标✓
指定下一点或[闭合(C)/放弃(U)]:C	

步骤二：在"绘图"面板中单击"椭圆弧"按钮![img]，在绘图区任意单击确定第一轴端点，鼠标向右拖动并输入长度600，确定另一轴端点，再输入190确定另一条半轴长度，提示"指定起点角度或[参数(P)]:"，输入起始角度值为90°再输入终止角度值为-90°，确定椭圆弧的绘制。在"绘图"面板的"圆弧"下拉菜单中，选择"起点、圆心、端点"命令，依次捕捉上一步椭圆弧的端点、圆心、端点来绘制出一段圆弧，如图2-84b所示。

步骤三：执行"移动"命令（M），选择绘制的椭圆弧和圆弧，按空格键确定后，提示"指定基点或[位移(D)]<位移>:"时，捕捉圆弧的象限点为移动基点，继续提示"指定第二个点或<使用第一个点作为位移>:"时，捕捉到直线图形的中点单击，使图形重合在一起，如图2-84c所示。再重复"移动"命令，同样选择椭圆弧和圆弧对象，在正交状态下，水平向右拖动鼠标且输入63，按空格键，使图形之间距离为63mm，如图2-84d所示。

步骤四：在"绘图"面板的"圆弧"下拉菜单中，选择"起点、端点、半径"命令，依次捕捉直角线段端点和圆弧端点，再输入半径值250，从而绘制一条圆弧，根据同样的方法，捕捉起点、端点，输入半径值250，在下侧绘制一段圆弧，如图2-84e所示。

小技巧：绘制的圆弧是遵循逆时针旋转的，此时选择起点、端点的顺序不同，绘制的圆弧四凸形状也有所不同。

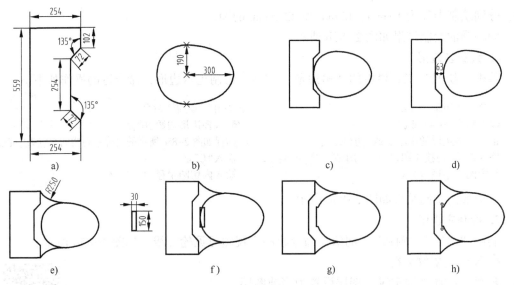

图2-84 绘制坐便器

a）绘制的直线 b）绘制椭圆弧与圆弧 c）第一次移动椭圆弧与圆弧 d）第二次移动椭圆弧
与圆弧 e）绘制圆弧 f）绘制移动矩形 g）修剪操作 h）绘制圆

步骤五：执行"矩形"命令（REC），鼠标在绘图区单击确定第一角点，在提示输入第二角点时，在动态输入框内输入30，再按〈Tab〉键输入150，从而绘制30×150的直角矩形。执行"移动"命令（M），将矩形以垂直中点为基点，移动重合到圆弧的象限点，如图2-84f所示。

步骤六：执行"修剪"命令（TR），按空格键两次，按照如图2-84g所示的最终效果，在被修剪掉的线条上单击，来完成修剪操作。

步骤七：执行"圆"命令（C），在合适位置绘制两个半径为10的圆，如图2-84h所示。

➤ 任务实施

1. 新建文件

建立"细实线"图层、"粗实线"图层和"中心线"图层。

2. 绘制中心线

步骤一：将"中心线"图层设置为当前图层，选择"直线"命令，绘制螺母主视图的水平中心线。水平中心线长度可定为26 mm。

步骤二：重复"直线"命令，绘制螺母左视图的水平中心线。两视图的水平中心线应在同一水平线上，左视图的水平中心线长度为51 mm。

步骤三：重复"直线"命令，绘制螺母左视图的垂直中心线。先捕捉左视图水平中心线的中点，竖直向上移动光标输入长度值26。回车选择"拉长"命令，将上述左视图垂直中心线向下拉长25 mm，结果如图2-85a所示。

3. 绘制同心圆

步骤一：将"粗实线"图层设置为当前图层。

步骤二：单击"绘图"工具栏中的"圆"按钮，捕捉水平和垂直中心线的交点作为圆心，分别绘制半径为 10 mm、15 mm 和 22.5 mm 的圆。

同心圆的绘制结果如图 2-85b 所示。

4. 绘制多边形

单击"绘图"工具栏中的"多边形"按钮，绘制正六边形，命令行的操作如下。

```
命令:__POLYGON↙                        //调用"多边形"命令
输入侧面数<4>:6↙                        //输入多边形边数"6"↙
指定正多边形的中心点或[边(E)]:          //捕捉如图 2-85c 所示的对称中心线的交点为中心点
输入选项[内接于圆(I)/外切于圆(C)]<I>:C↙  //输入"C"↙
指定圆的半径:14.3↙                       //输入内切圆半径"14.3"↙
```

多边形的绘制结果如图 2-85c 所示。

5. 绘制主视图

利用"直线""圆弧""倒角"命令绘制主视图可见轮廓线，如图 2-85d 所示。

6. 绘制内螺纹大径

步骤一：将"细实线"图层设置为当前图层。

步骤二：用"圆弧"命令在左视图中绘制代表内螺纹大径的四分之三圆，用"直线"命令在主视图中绘制代表大径的细实线，如图 2-85e 所示。

扫一扫观看视频

7. 填充

进行图案填充，具体方法参见 2.4.1 图案填充，结果如图 2-85f 所示。

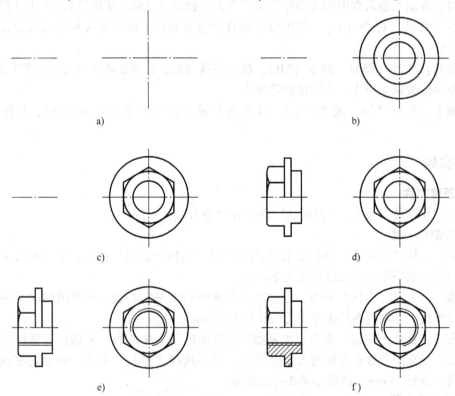

图 2-85 绘制螺纹调节支撑螺母

a) 绘制中心线 b) 同心圆的绘制 c) 多边形的绘制 d) 绘制主视图
e) 绘制内螺纹大径 f) 图案填充结果

➤ **知识拓展**

2.3.4 复制

"复制"命令用于在不同的位置复制现有的对象，复制的对象完全独立于源对象。

1. 命令

调用"复制"命令的方法有以下三种。

（1）命令行：输入 COPY（或 CO、CP）。

（2）功能区：单击"默认"选项卡"修改"面板中的"复制"工具按钮 ，如图 2-86 所示。

（3）菜单栏：选择"修改"→"复制"，如图 2-87 所示。

图 2-86 功能区"默认"→"修改"→
"复制"按钮

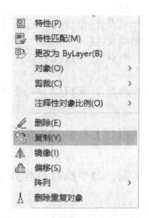

图 2-87 菜单栏"修改"→
"复制"选项

2. 选项

"复制"命令需要指定位移的矢量，即基点和第二点的位置，由此可以知道复制的距离和方向。用户一次可以在多个位置上复制对象。

在"复制"命令执行过程中，基点确定后，当系统要求给定第二点时输入"@"，回车结束，则复制的图形与原图形重合；当系统要求给定第二点时，直接回车结束，则复制的图形与原图形的位移为基点到坐标原点的距离。

（1）在"指定基点或［位移（D）/模式（O）］<位移>："提示下，如果输入"D"则系统默认坐标原点为基点，指定的第二点即为位移。"模式"选项控制是否自动重复复制，默认状态为自动重复复制。

（2）指定基点后，在"指定第二个点或［阵列（A）］"提示下，如果输入"A"，则系统提示"输入要进行阵列的项目数"，并按用户给定的数目及间距（基点与第二个点之间的距离）进行多项复制。

示例1：绘制如图 2-88a 所示的图形，通过练习熟悉"矩形"、"圆"、"复制"命令的使用。

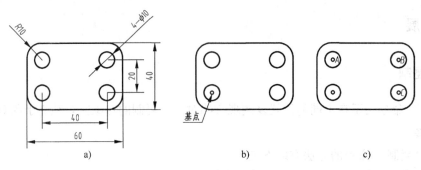

图 2-88　复制对象

绘图过程如下。

（1）绘制带圆角的矩形。命令执行过程如下。

命令:RECTANG ✓ //调用"矩形"命令
指定第一个角点或[倒角(C)/标高(E)/圆角(F)/厚度(T)/宽度(W)]: F ✓ //选择输入圆角模式
指定矩形的圆角半径<0.0000>: 10 ✓ //指定圆角半径
指定第一个角点或[倒角(C)/标高(E)/圆角(F)/厚度(T)/宽度(W)]:
//拾取一点作为矩形的左下角点
指定另一个角点或[面积(A)/尺寸(D)/旋转(R)]:@60,40 ✓
//输入相对直角坐标来指定矩形的右上角点

（2）在状态行上右击"对象捕捉"按钮，在弹出的快捷菜单上选择捕捉圆心，激活对象捕捉。

（3）绘制圆。命令执行过程如下。

命令:CIRCLE ✓ //调用"圆"命令
指定圆的圆心或[三点(3P)/两点(2P)/相切、相切、半径(T)] //将鼠标放在矩形左下角的圈弧上，
//待捕捉圆心符号⊕出现时拾取,确定圆心位置
指定圆的半径或[直径(D)]: 5 ✓ //输入圆的半径值,回车结束命令

（4）用"复制"命令绘制相同半径的圆。命令执行过程如下。

命令:COPY ✓ //调用"复制"命令
选择对象: //（拾取圆）
选择对象:✓ //结束选择对象
当前设置:复制模式=多个
指定基点或[位移(D)/模式(O)]<位移>:✓ //指定圆心为复制的基点,如图 2-88b
//所示
指定第二个点或[阵列(A)]<使用第一个点作为位移>:✓ //将光标放在矩形的圆弧上,待捕捉圆心符
//号出现时,拾取 A 点,如图 2-88c 所示
指定第二个点或[阵列(A)/退出(E)/放弃(U)]<退出>:✓ //方法同上,拾取 B 点,如图 2-88c 所示
指定第二个点或[阵列(A)/退出(E)/放弃(U)]<退出>:✓ //方法同上,拾取 C 点,如图 2-88c 所示
指定第二个点或[阵列(A)/退出(E)/放弃(U)]<退出>:✓ //回车结束命令

示例 2：完成如图 2-89 所示图形的创建。

绘图过程如下。

（1）绘制如图 2-90a 所示图形。

（2）用"复制"命令绘制 $\phi 8$ 的圆。按照上述方法，选择图 2-90a 右上角圆及其中心线

为复制对象,其圆心为复制基点,分别以两个 R7 的圆心为第二点,完成 $\phi8$ 圆的复制,如图 2-90b 所示。

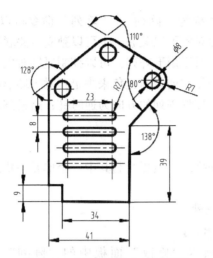

图 2-89 "复制"命令练习图形　　　　　　扫一扫观看视频

(3) 用复制阵列方法完成其余键槽形状图形的绘制。命令执行过程如下。

```
命令:COPY ↙                   //调用"复制"命令
选择对象: ↙                   //拾取键槽形状的图形及其中心线,如图 2-91a 所示
选择对象:↙                   //回车结束选择对象
当前设置:复制模式=多个
指定基点或[位移(D)/模式(O)<位移>:                      //选择 R2 的圆心为基点
指定第二个点或[阵列(A)]<使用第一个点作为位移>:A ↙     //输入 A,转为阵列复制模式
输入要进行阵列的项目数:4 ↙                            //输入复制数目
指定第二个点或[布满(F)]:8 ↙        //待竖直追踪线出来后,输入第二点与基点的距离,如图 2-91b 所示
指定第二个点或[阵列(A)/退出(E)/放弃(U)]退出>:↙         //回车完成复制阵列对象
```

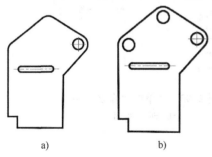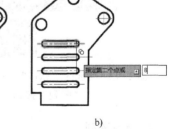

图 2-90 "复制"命令练习　　　　　　　　图 2-91 复制阵列对象

a) 绘制图形 b) 复制圆　　　　　　　　a) 选择对象 b) 指定基点与第二点距离

小技巧:选择图形后,按住鼠标右键拖动,到指定位置后松开右键,在弹出的快捷菜单中选择"复制到此处",可复制对象;或选择图形后,先按住鼠标左键,再按住〈Ctrl〉键拖动图形,也可以复制出新的图形对象。

2.3.5　阵列

复制多个对象并按照一定规则排列称为"阵列"。"阵列"命令可以按照矩形、环形、指定路径来复制对象。复制的对象与源对象可以关联，也可以独立。关联是指如果源对象被修改，阵列产生的对象副本自动更新。对于矩形阵列，可以控制复制对象行数和列数，以及对象之间的距离，矩形阵列的方向由行数和列数的正负来决定；对于环形的阵列，可以控制复制对象的数目和决定是否旋转对象，环形阵列的方向为逆时针；路径阵列将沿指定路径定距或均匀分布对象副本。

1. 阵列命令

工程图中常有一些图形呈矩形阵列排列，只要绘制其中一个单元，找准阵列之间的几何关系，就可以轻松地创建阵列对象。

调用"阵列"命令的方法有以下三种。

（1）命令行：输入 ARRAY（或 AR）↙。

（2）功能区：单击"默认"选项卡"修改"面板中的"阵列"工具按钮▦，如图 2-92 所示。

（3）菜单栏：选择"修改"→"阵列"，如图 2-93 所示。

图 2-92　功能区"默认"→"修改"→
"阵列"按钮

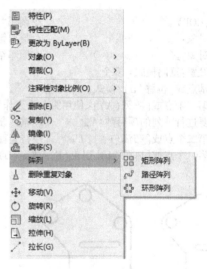

图 2-93　菜单栏"修改"→
"阵列"选项

2. 矩形阵列

示例： 创建如图 2-94 所示图形。

该示例操作步骤如下。

（1）绘制正六边形。

命令：POLYGON ↙	//启动"正多边形"命令
输入侧面数<4>：6	//输入边数为 6
指定正多边形的中心点或[边(E)]	//任意单击一点

输入选项[内接于圆(I)/外切于圆(C)] <I>: I	//选择"内接于圆(I)"选项
指定圆的半径:<正交开> 20	//向下拖动输入 20

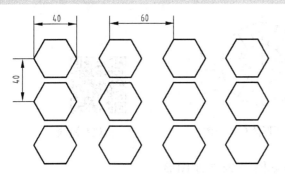

图 2-94　矩形阵列　　　　　　　　扫一扫观看视频

（2）阵列对象。

命令:ARRAYRECT↙	//启动"矩形阵列"命令
选择对象:	//选择正六边形
选择对象:↙	//回车结束选择对象
类型=矩形　关联=是	//当前给定的默认模式为矩形阵列,阵列生成的对象与源对象关联

选择夹点以编辑阵列或[关联(AS)/基点(B)/计数(COU)/间距(S)/列数(COL)/行数(R)/层数(L)/退出(X)]<退出>:

此时功能区面板显示为矩形阵列的"阵列创建"上下文选项卡,如图 2-95 所示。在"列"面板上,列数输入"4","介于"输入"60";在"行"面板上,行数输入"3","介于"输入"40";单击"关闭阵列"按钮,完成矩形阵列,结果如图 2-96a 所示。若在阵列时,选择"关联"选项,则阵列后的对象相互关联,选择其中任一对象,则选择了全部阵列对象,如图 2-96a 所示。不选择"关联"选项,则阵列后的对象为各自独立的对象,可单独进行编辑修改,如图 2-96b 所示。

图 2-95　矩形阵列时"阵列创建"上下文选项卡

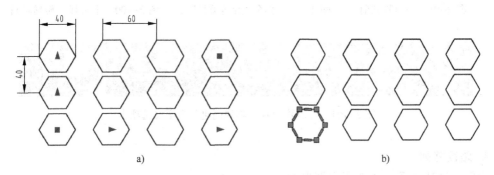

图 2-96　矩形阵列结果

a）关联阵列　b）非关联阵列

3. 环形阵列

示例：创建如图 2-97 所示图形。

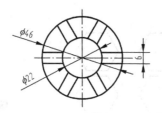

图 2-97　环形阵列练习图形　　　　扫一扫观看视频

（1）根据题目给定尺寸创建如图 2-98 所示图形。

（2）创建环形阵列，命令执行过程如下。

命令：ARRAYPOLAR ↙	//调用"环形阵列"命令
选择对象：	//选择图 2-98 中右侧的两直线
选择对象：↙	//回车结束选择对象
类型=极轴 关联=是	//当前给定的默认模式为环形阵列,阵列生成的对象与源对 //象关联
指定阵列的中心点或[基点(B)/旋转轴(A)]：	//指定图 2-98 中圆的圆心为环形阵列的中心点
选择夹点以编辑阵列或[关联(AS)/基点(B)/项目(I)/项目间角度(A)/填充角度(F)/行(ROW)/层(L)/旋转项目(ROT)/退出(X)]退出>：	

此时功能区面板显示为环形阵列的"阵列创建"上下文选项卡，如图 2-101 所示。

在"项目"面板上，项目数输入"6"，"填充"即环形阵列包含填充角度输入"360"，激活"特性"面板上的"旋转项目"按钮，单击"关闭阵列"按钮，完成环形阵列，结果如图 2-99 所示；如果不激活"特性"面板上的"旋转项目"按钮，则会产生如图 2-100 所示的结果。

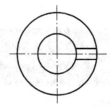
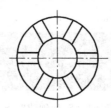
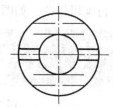

图 2-98　环形阵列前　　　图 2-99　选择"旋转项目"　　　图 2-100　不选择"旋转项目"

图 2-101　环形阵列时"阵列创建"上下文选项卡

4. 路径阵列

示例：创建如图 2-102 所示图形。

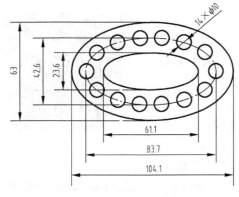

图 2-102　路径阵列练习图　　　　　　扫一扫观看视频

（1）根据题目给定尺寸创建如图 2-103 所示图形。

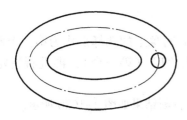

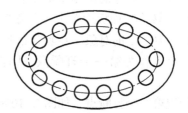

图 2-103　路径阵列前　　　　　　图 2-104　路径阵列结果

（2）创建路径阵列，命令执行过程如下。

命令：ARRAYPATH	//调用"路径阵列"命令
选择对象：	//选择图 2-103 中所示的阵列源对象圆
选择对象：↙	//回车结束选择对象
类型＝路径 关联＝是	//当前给定的默认模式为路径阵列，阵列生成的对象与源对象关联
选择路径曲线：	//选择阵列路径，如图 2-103 中所示的阵列路径

此时功能区面板显示为路径阵列的"阵列创建"上下文选项卡，如图 2-105 所示。

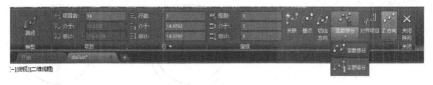

图 2-105　路径阵列时"阵列创建"上下文选项卡

在"项目"面板上，单击"项目数"前的按钮，将项目数栏由灰色不可填写状态改为可填写状态，并输入"14"；单击"特性"面板的"基点"按钮，指定阵列源对象的圆心为基点；单击"特性"面板的"定距等分"组合按钮，选择"定数等分"按钮；不选择"对齐项目"选项；单击"关闭阵列"按钮，完成路径阵列，结果如图 2-104 所示。

2.3.6　打断

作图时有时需要将一个对象断开成两个对象，我们可以用"打断"命令来完成此项工作。

1. 命令

调用"打断"命令的方法有以下三种。

（1）命令行：输入 BREAK（或 BR）↙。

（2）功能区：单击"默认"选项卡"修改"面板中的"打断"工具按钮，如图 2-106 所示。

（3）菜单栏：选择"修改"→"打断"，如图 2-107 所示。

图 2-106　功能区"默认"→"修改"→"打断"按钮

执行"打断"命令的操作步骤如下。

（1）在"修改"面板中单击"打断"按钮。

（2）选择要打断的对象，在默认的情况下，将对象上的选择点作为第一个断点。如果要选择另一个点作为第一个打断点，则需要输入"F"（第一个），再重新指定第一个打断点。

（3）指定第二个打断点，如图 2-108a 所示，打断结果如图 2-108b 所示。

图 2-107　菜单栏"修改"→"打断"选项

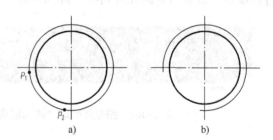

图 2-108　打断图形
a）打断前　b）打断后

执行"打断于点"命令的操作步骤如下。

（1）在"修改"面板中单击"打断于点"按钮。

（2）选择要打断的对象。

（3）指定打断点。

☆**小技巧**：如果需要在一点上将对象打断，并使第一个打断点和第二个打断点重合，则在输入第二个打断点时，输入一个"@"即可。另外，在拾取打断点的时候，可以将对象捕捉关闭，以免影响点的拾取。

示例：将如图2-109a所示P点左侧的直线修改成如图2-109b所示的虚线。

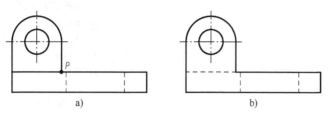

图2-109　打断于P点
a）打断前　b）打断后

作图过程为：首先用"打断于点"命令将直线在P点处断开，然后选择P点左侧的直线，再用"特性"面板上的"线型"选项修改直线线型。打断直线操作过程：单击"修改"面板的"打断于点"按钮 ，命令执行过程如下。

命令:BREAK ↙	//调用"打断"命令
选择对象：	//选择直线
指定第二个打断点或[第一点(F)]：F	//系统自动转入第一点(F)模式
指定第一个打断点：	//拾取P点作为打断点
指定第二个打断点:@	//系统自动输入@结束打断命令

★**注意**：在封闭的对象上进行打断时，打断部分按逆时针方向从第一点到第二点断开。

2.3.7　缩放

在工程设计中，对于图形结构相同、尺寸不同且长宽方向缩放比例相同的零件，在设计完成一个图形后，其余可通过比例缩放完成图形。可以直接指定缩放的基点和缩放的比例，也可以利用参照缩放指定当前的比例和新的比例长度。当比例因子大于1时，放大图形对象；比例因子介于0和1之间时，则缩小图形对象。缩放的源对象可以保留也可以删除。

1. 命令

调用"缩放"命令的方法有以下三种。

（1）命令行：输入SCALE（SC）↙。

（2）功能区：单击"默认"选项卡"修改"面板中的"缩放"工具按钮 ，如图2-110所示。

（3）菜单栏：选择"修改"→"缩放"，如图2-111所示。

2. 选项

（1）在执行"缩放"命令时，首先选择要缩放的对象，创建选择集，然后指定缩放的比例或参照方式缩放。

示例：对已知圆进行两次复制缩放，缩放比例因子为1.2。

图 2-110　功能区"默认"→
"修改"→"缩放"按钮

图 2-111　菜单栏"修改"→
"缩放"选项

命令执行过程如下。

```
命令:SCALE ↙                    //调用"缩放"命令
选择对象:                        //选择缩放对象圆
选择对象:↙                      //回车结束选择
指定基点:                        //激活对象捕捉的象限点,指定圆的最低象限点为缩放基点
指定比例因子或[复制(C)/参照(R)] <1.0000>: C ↙    //选择复制对象缩放,源对象保留,缩放一
                                                  组选定对象
指定比例因子或[复制(C)/参照(R)] <1.0000>: 1.2 ↙   //指定缩放比例,回车结束命令
```

　　重复执行"缩放"命令,选择刚放大的圆为缩放对象,其余操作同上,结果如图 2-112 所示。

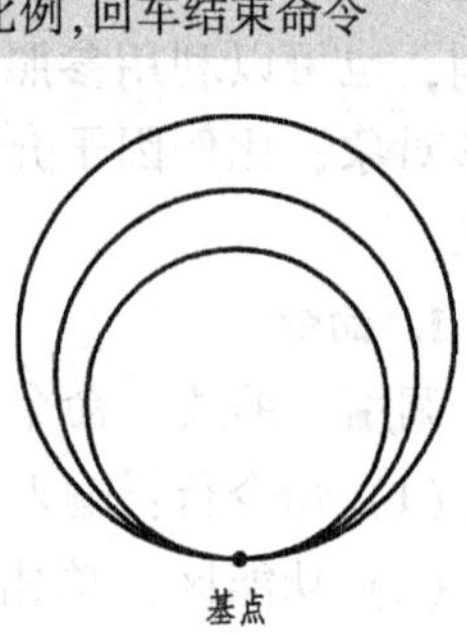

　　(2) 在不知道具体缩放比例时,可以采用参照方式缩放图形对象。只需选择要缩放的对象,指定缩放的基点,然后使用参照方式指定两段距离作为缩放比例即可。

　　示例:绘制如图 2-113a 所示图形。

　　提示:首先绘制任意大小的长宽比为 2∶1 的矩形(任意比例均可),然后用三点画圆方法绘制矩形外接圆,最后用"缩放"命令实现圆的直径为 60 mm。具体操作如下。

图 2-112　按比例缩放对象

　　1) 绘制矩形。

```
命令:RECTANG ↙                                        //调用"矩形"命令
指定第一个角点或[倒角(C)/标高(E)/圆角(F)/厚度(T)/宽度(w)]://拾取任一点为矩形左下角点
```

指定另一个角点或[面积(a)/尺寸(D)/旋转(R)]:@20,10　　//给定矩形对角点,也就是指定矩形
　　　　　　　　　　　　　　　　　　　　　　　　　　//长、宽值,在这里给任意值,只要保证长度为宽度2倍即可

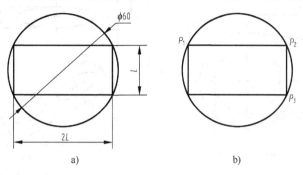

图 2-113　按参照方式缩放对象

2)绘制矩形外接圆。

命令:CIRCLE✓　　　　　　　　　　　　　　　　//调用"圆"命令
指定圆的圆心或[三点(3P)/两点(2P)/切点、切点、半径(T)]:3P 指定圆上的第一个点:
　　　　　　　　　　　　　　　　　　　　　　　　　　//拾取矩形 P_1 角点
指定圆上的第二个点:　　　　　　　　　　　　　　//拾取矩形 P_2 角点
指定圆上的第三个点:　　　　　　　　　　　　　　//拾取矩形 P_3 角点,如图 2-113b 所示

3)缩放实现圆直径为 60 mm。

命令:SCALE✓　　　　　　　　　　　　　　　　　//调用"缩放"命令
选择对象:　　　　　　　　　　　　　　　　　　　//用窗交方式选择整个图形
选择对象:✓　　　　　　　　　　　　　　　　　　//回车结束选择对象
指定基点:　　　　　　　　　　　　　　　　　　　//拾取圆心为基点
指定比例因子或[复制(C)/参照(R)]<1.0000>:R✓　　//选择参照方式缩放对象
指定参照长度<1.0000>:　　　　　　　　　　　　//拾取矩形对角点 P_1
指定第二点:　　　　　　　　　　　　　　　　　　//拾取矩形对角点 P_3
指定新的长度或[点(P)]<1.0000>:60✓　　//给定矩形对角点之间新的距离为 60 mm,回车结束命令

☆**小技巧**:如果不知道新的长度的具体值,而是知道参考长度,则在"指定新的长度或[点(P)]"提示下,输入 P,然后拾取参考长度的两个端点,确定新的长度值。

★**注意**:"缩放"命令和视图中的缩放是两个不同的概念,SCALE 命令是改变图形对象的尺寸大小,而视图中的缩放仅改变图形显示大小,图形对象的实际尺寸并没有改变。

➤ 技能训练

1. 绘制如图 2-114 所示图形,练习"多边形"命令的正确使用。
2. 绘制如图 2-115 所示图形,练习"多边形""矩形""椭圆"命令的正确使用。
3. 绘制如图 2-116 所示图形,练习"直线""复制"命令的正确使用。
4. 绘制如图 2-117 所示图形,练习"直线""阵列""镜像"命令的正确使用。
5. 绘制如图 2-118 所示图形,练习"直线""圆""圆弧""矩形阵列"命令的正确使用。

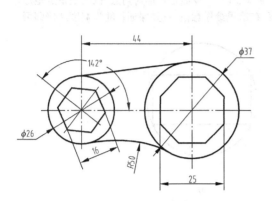

图 2-114 "多边形"命令练习

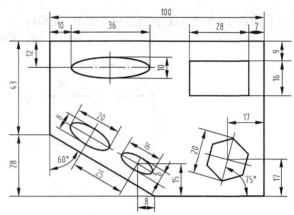

图 2-115 "多边形""矩形""椭圆"命令练习

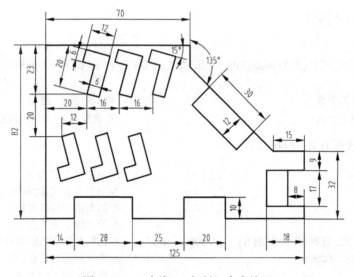

图 2-116 "直线""复制"命令练习

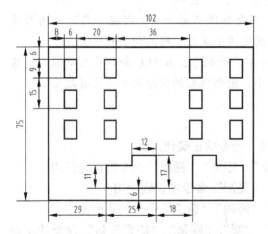

图 2-117 "直线""阵列""镜像"命令练习

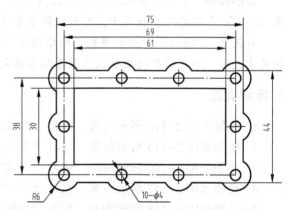

图 2-118 "直线""圆""圆弧"
"矩形阵列"命令练习

6. 绘制如图 2-119 所示图形，练习"直线"、"圆"、"圆弧"、"矩形阵列"、"环形阵列"命令的正确使用。

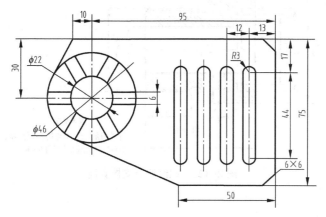

图 2-119 "直线""圆""圆弧""矩形阵列""环形阵列"命令练习

7. 绘制如图 2-120 所示图形，练习"直线"、"圆"、"矩形"、"环形阵列"、"路径阵列"命令的正确使用。

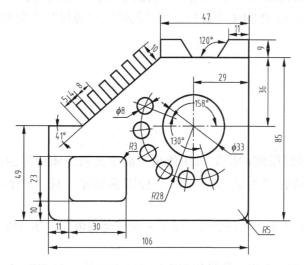

图 2-120 "直线""圆""矩形""环形阵列""路径阵列"命令练习

任务 2.4 绘制螺纹调节支撑套筒

➤ 任务提出

通过运用"直线""拉长""剪切"以及"倒角""镜像""图案填充"等命令完成如图 2-121 所示螺纹调节支撑套筒的绘制。

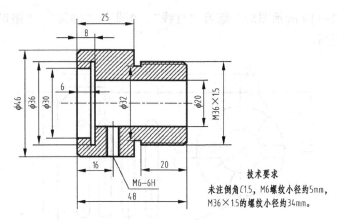

技术要求

未注倒角C1.5，M6螺纹小径约5mm，M36×1.5的螺纹小径约34mm。

图2-121　螺纹调节支撑套筒

➤ 任务分析

在工程上，很多机械零件属于对称结构或近似对称结构，并且在表达方式上采用剖视图。如图2-121所示的螺纹调节支撑套筒，就属于近似对称结构，并采用了全剖的表达方法。本节重点介绍AutoCAD 2016中如何运用"倒角"、"镜像"、"图案填充"等命令完成图形的绘制。

➤ 知识储备

2.4.1　图案填充

图案填充是一种以指定的图案或颜色来充满定义的封闭边界的操作。"图案"是由各种图线进行不同的排列组合而构成的一种图形元素，此类图形元素是一个独立的整体。

在AutoCAD 2016中不仅可以创建图案填充和渐变色填充，还可以对填充后的图案进行编辑。

在工程制图中，填充图案主要被用于表达各种不同的工程材料。通常在机械零件剖视图和断面图的剖面区域中均匀地填充45°的细实线（金属材料的表示法），以表示此处有材料并被剖切面通过。

1. 命令

调用"图案填充"命令的方法有以下三种。

（1）命令行：输入HATCH或BHATCH(BH或H)✓。

（2）功能区：单击"默认"选项卡"绘图"面板中的"图案填充"工具按钮，如图2-122所示。

（3）菜单栏：选择"绘图"→"图案填充"，如图2-123所示。

调用"图案填充"命令后，根据命令行提示可完成如图2-124所示的图案填充。

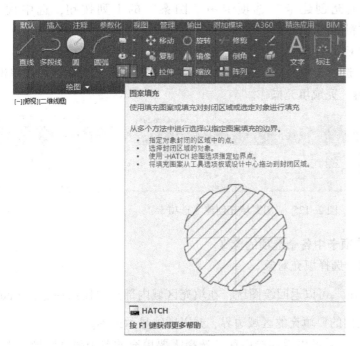

图 2-122　功能区"默认"→"绘图"→　　图 2-123　菜单栏"绘图"→
　　　　　"图案填充"按钮　　　　　　　　　　　"图案填充"选项

命令：_HATCH ↙
拾取内部点或［选择对象(S)/放弃(U)/设置(T)］：正在选择所有对象…　　//单击矩形框和五边形
　　　　　　　　　　　　　　　　　　　　　　　　　　　　　　　　//之间区域

正在选择所有可见对象…
正在分析所选数据…
正在分析内部孤岛…
拾取内部点或［选择对象(S)/放弃(U)/设置(T)］：↙　　　　　　　//退出命令

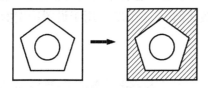

图 2-124　图案填充示例　　　　　　扫一扫观看视频

2. 选项

执行"图案填充"命令后，命令行中出现的各选项的含义如下。

（1）选择对象（S）：根据构成封闭区域的选定对象确定边界。

（2）放弃（U）：放弃对已经选择对象的操作。

（3）设置（T）：弹出"图案填充和渐变色"对话框。

3. 绘制预定义图案

步骤一：调用"图案填充"命令，功能区自动跳转至"图案填充创建"选项卡，如图 2-125 所示。

步骤二：单击"图案填充创建卡"选项卡中"图案"的下列按钮，选中代号为"ANSI31"的图案（金属材料的剖面符号）。

步骤三：设置填充角度和比例。

步骤四：单击"边界"选项卡中的 ，返回绘图区，在需要填充的封闭区域内单击。

步骤五：按〈Enter〉键，完成填充操作。

图 2-125　"图案填充创建"选项卡

4. "图案填充创建"选项卡中各个选项的含义

（1）"边界"面板：用于选择填充对象。

1）单击"拾取点"按钮可以返回绘图区，在填充区域内部拾取任意一点，AutoCAD 将自动搜索到包含拾取点在内的要填充的区域边界，并以虚线显示边界。

2）单击"选择"按钮可以返回绘图区，选择需要填充的单个闭合图形，作为填充边界。

3）单击"删除"按钮可以返回绘图区，取消位于选定填充区内但不填充的区域。

4）单击"重新创建"按钮可以取消已创建的边界，以便重新选择。

（2）"图案"面板：单击"图案"面板中的图案，或单击"图案"面板右下角的按钮，即可展开"图案"面板。在该面板中可以选择要填充的图案，金属材料选择代号为"ANSI31"的图案。图案类型如图 2-126 所示。

（3）"特性"面板：如图 2-127 所示，在该面板中可以设置填充图案的特效，包括图案填充类型、透明度、角度以及填充图案比例等。"角度"用于设置图案的倾斜程度，"比例"用于设置图案的填充比例。

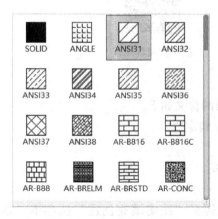

图 2-126　填充图案的类型

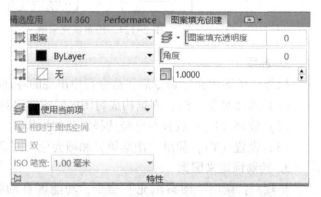

图 2-127　"图案填充创建"的"特性"面板

（4）"原点"面板：在该面板中可以设置图案填充的原点。

（5）"选项"面板：如图 2-128 所示，"选项"面板控制几个常见的图案填充模式或填充选项，它包含"关联"、"注释性"和"特性匹配"三项。

"关联"选项是用以确定填充图形与边界的关系。选中此项即表示关联填充，当使用编辑命令修改边界时，图案填充自动随边界做出关联的改变，以图案自动填充新的边界；反之，图案填充将不随边界改变而变化，仍保持原来的形状，如图 2-129 所示。

图 2-128 填充图案与边界的"关联"

 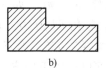 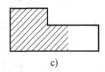

a) b) c)

图 2-129 填充图案与边界的"关联"

a) 原图 b) 关联填充 c) 非关联填充

"注释性"选项用于为图案添加注释特性。

"特性匹配"选项用于选择一个已使用的填充样式及其特性来填充指定的边界，即复制填充样式。

在"选项"面板的右下角有一个图案填充设置按钮，单击后出现如图 2-130 所示的"图案填充和渐变色"对话框。

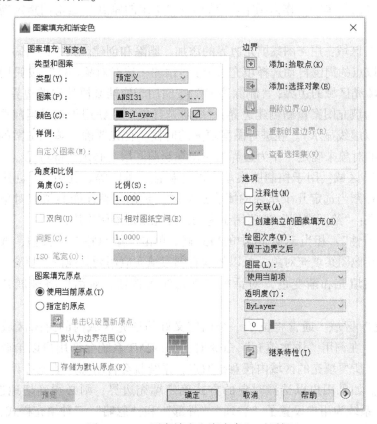

图 2-130 "图案填充和渐变色"对话框

1）"类型和图案"区域：用于设置填充图案的类型、样式及颜色等，各选项用途如下。

① "类型"下拉列表内包含"预定义""用户定义"和"自定义"3种图样类型。"预定义"图样只适用于封闭的填充边界；"用户定义"图样可以使用图形的当前线型创建填充图样；"自定义"图样就是使用自定义的PAT文件中的图样进行填充。

② "图案"下拉列表用于显示预定义类型的填充图案名称。用户可从下拉列表中选择所需的图案。

2）"角度和比例"区域：可以设置选定填充图案的旋转角度和比例、图线间距等参数，如图2-131所示，图2-131a所示图形填充角度为0，填充比例为1；图2-131b所示图形填充角度为45°，填充比例为2。

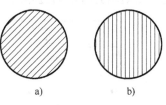

a)　　　　b)

图2-131　角度和比例

其中，"双向"复选框仅适用于用户定义图案，勾选该复选框，将增加一组与原图线垂直的线；"相对图纸空间"选项仅用于"布局"选项卡，它是相对于图纸空间单位进行图案的填充，运用此选项，可以根据适合于布局的比例显示填充图案；"间距"文本框可设置用户定义填充图案的直线间距，只有激活了"类型"下拉列表中的"用户自定义"选项，此选项才可用；"ISO笔宽"选项决定运用ISO剖面线图案的线与线之间的间隔，只有选择了ISO线型图案时才可用。

3）"图案填充原点"区域：用于控制填充图案生成的起始位置。其中，"使用当前原点"是指使用当前的单击点作为图案填充原点；"指定的原点"是指用指定新的图案填充原点来填充图形。

4）"边界"区域：用于图案填充边界的添加、删除和创建。其中，"添加：拾取点(K)"按钮用于在拾取点的周围自动选择填充边界；"添加：选择对象(B)"按钮用于选择某个图形对象来定义填充区域的边界；"删除边界"按钮用于取消某段选定的边界；"重新创建边界"按钮用于为填充图案重新创建边界；"查看选择集"按钮用于查看当前选择的作为填充边界的图线（以虚线显示）。在进行图案填充的时候，首先要确定填充图案的边界，边界由构成封闭区域的对象来确定，作为边界的对象在当前图层上必须全部可见。

5）"选项"区域：用于控制图案填充的注释性、关联等。其中，"创建独立的图案填充"选项用于控制当选定几个单独的闭合边界时，是创建整体图案填充对象，还是创建独立图案填充对象；"绘图次序"选项用于为图案填充指定绘图次序。

6）"继承特性"：相当于Word中的格式刷。单击"继承特性"按钮，选择源图案填充对象，再选择其他图案填充对象，可以将现有图案填充应用到其他图案填充对象上。

单击"图案填充和渐变色"对话框右下角的 ⊙ 按钮，对话框将被展开，如图2-132所示。

7）"孤岛"区域：通常将位于一个已定义好的填充区域内的封闭区域称为孤岛，如图2-133所示。在调用"图案填充"命令时，AutoCAD系统允许用户以拾取点的方式确定填充边界，即在所要填充的区域内任意拾取点，系统就会自动确定填充边界，同时也确定该边界内的孤岛。如果用户以选择对象的方式确定填充边界，则必须确切地选取这些孤岛。AutoCAD 2016系统为用户设置了"普通""外部"和"忽略"三种填充样式，如图2-13所示。此外，在使用"添加：拾取点"选项定义边界且有多个边界时，必须使用孤岛检测

图 2-132 "图案填充和渐变色"对话框

功能。

普通：如图 2-134a 所示，从外部边界向内填充。如果遇到内部孤岛，填充将关闭，直到遇到孤岛中的另一个孤岛。

外部：如图 2-134b 所示，从外部边界向内填充。此选项仅填充指定的区域，不会影响内部孤岛。

忽略：如图 2-134c 所示，忽略所有内部的对象，填充图案时将通过这些对象。

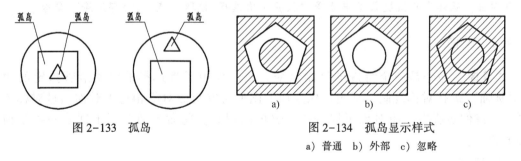

图 2-133 孤岛　　　　　　　图 2-134 孤岛显示样式
　　　　　　　　　　　　　　　a）普通　b）外部　c）忽略

8）"边界保留"区域：指定是否生成图案填充对象的边界，并确定生成边界的图线类型。"保留边界"复选框用于控制是否保留边界，默认为不勾选该复选框，即填充区域后删除边界；如果勾选该复选框，则可在下方的下拉列表框中选择将边界创建为面域或是多段线。

9）"边界集"区域：当使用"添加：拾取点"选项定义填充边界时，为找到围绕拾取点的闭合区域，系统将分析当前视口范围内的所有对象，如果对象特别多，将耗费较长的分析时间。

10)"允许的间隙":该选项用于设置填充边界的允许间隙值。间隙值默认为"0",即该区域必须是封闭区域才能填充。如果图案填充边界未完全闭合,AutoCAD 会检测到无效的图案填充边界,并用红色圆圈来显示问题区域的位置,如图 2-135 所示。此时退出 HATCH 命令后,红色圆圈仍处于显示状态,从而有助于用户查找和修复图案填充边界。当再次启动 HATCH 命令时,或者输入 REDRAW 或 REGEN 命令,红色圆圈将消失。

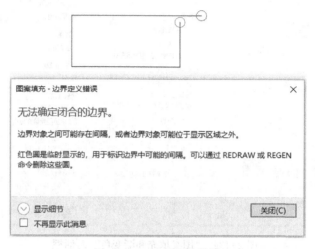

图 2-135   边界定义错误

如果间隙值大于 0,同时公差值接近间隙值,则处于间隙范围内的非封闭区域也可以被填充。

★**注意**:创建的关联填充图案可以修改为不关联,但是不关联的填充图案不可以修改为关联。若要将不关联的填充图案修改为关联,需要通过重新创建边界来实现。

☆**小技巧**:用户可以连续地拾取多个要填充的目标区域,如果选择了不需要的区域,此时可右击,从弹出的快捷菜单中选择"放弃上次选择/拾取"或"全部清除"命令。

2.4.2 镜像

"镜像"命令是一个特殊的复制命令。该命令用于将选择的对象沿着指定的两点(对称轴)进行对称复制,通过镜像生成的图形对象与源对象相对于对称轴呈对称的关系。在镜像过程中,源对象可以保留,也可以删除。此命令通常用于创建一些结构对称的图形。

1. 命令

调用"镜像"命令的方法有以下三种。

(1)命令行:输入 MIRROR(或 MI)✓。

(2)功能区:单击"默认"选项卡"修改"面板中的"镜像"工具按钮 ⚠ 镜像,如图 2-136 所示。

(3)菜单栏:选择"修改"→"镜像",如图 2-137 所示。

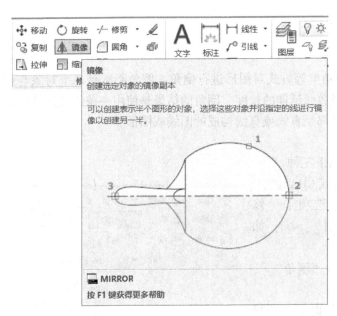

图 2-136　功能区"默认"→"修改"→"镜像"按钮 　　　图 2-137　菜单栏"修改"→
"镜像"选项

2. 选项

调用"镜像"命令后，如图 2-138 所示进行操作，命令行提示如下。

命令：_MIRROR ↙	//调用"镜像"命令
窗交(C) 套索　按空格键可循环浏览选项找到 12 个	//选择需要镜像的对象
选择对象：↙	//回车确定
指定镜像线的第一点：	//选择对称轴上的一个点
指定镜像线的第二点：	//选择对称轴上的另一个点
要删除源对象吗？[是(Y)/否(N)] <否>：↙	//回车，结束命令

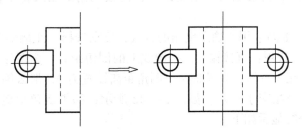

图 2-138　镜像对象

命令行提示"要删除源对象吗？[是(Y)/否(N)] <否>"，系统默认"否"时，按
〈Enter〉键，则镜像后保留源对象；若输入"Y"，按〈Enter〉键，则删除源对象。

★注意：在对文字、块属性等对象进行镜像时，MIRRTEXT 变量的值决定文字对象是否被具有可读性，在命令行输入"mirrtext"，可设置该变量的值，若变量值为 0，则文字只是被复制后平移，文字可读；若变量值为 1，文字是关于对称轴被翻转，不具有可读性。

☆**小技巧**：如果是水平或者竖直方向镜像图形，可以使用"正交"功能快速指定镜像图形。

2.4.3 倒角

"倒角"命令通过指定距离与角度等方式对图形进行倒角。倒角距离是每个对象与倒角相接或与其他对象相交，而进行修剪或延伸的长度。倒角的结果是使用一条线段连接两条非平行的图线。用于倒角的图线一般都是直线或直线构成的图线或图形。

1. 命令

调用"倒角"命令的方法有以下三种。

（1）命令行：输入 CHAMFER(或 CHA)↙。

（2）功能区：单击"默认"选项卡"修改"面板中的"倒角"工具按钮 [倒角]，如图 2-139 所示。

（3）菜单栏：选择"修改"→"倒角"。

2. 选项

调用"倒角"命令后，命令行提示"选择第一条直线或［放弃(U)/多段线(P)/距离(D)/角度(A)/修剪(T)/方式(E)/多个(M)］:"，其中各选项的含义如下。

图 2-139　功能区"默认"→"修改"→
"倒角"按钮

（1）"放弃(U)"选项：用于在不中止命令的前提下，撤销上一步操作。

（2）"多段线(P)"选项：将对所选的多段线进行整体倒角操作。使用该选项可以将一条多段线上的多个顶点按设置的距离同时倒角。

（3）"修剪(T)"选项：控制在倒角时是否将选定边修剪为倒角线端点。系统提供了"修剪(T)"和"不修剪(N)"两种倒角边的修剪模式，当输入"T"时，模式设置为"修剪"，此时被倒角的两条直线被修剪到倒角的端点，如图 2-140 所示；输入"N"时，模式设置为"不修剪"，此时倒角线绘制出来，而被倒角的图线将不被修剪，如图 2-141 所示。

（4）"方式(E)"选项：用于确定倒角的方式，要求选择"距离倒角"或"角度倒角"。

（5）"距离(D)"选项：直接输入两条图线上的倒角距离，为图形进行倒角。用于倒角的两个倒角距离值不能为负值，如果将两个倒角距离设置为 0，那么倒角的结果就是两条图线被修剪或延长，直至相交于一点，如图 2-142 所示；如果倒角距离不为 0，具体操作如图 2-143 所示，命令行显示如下。

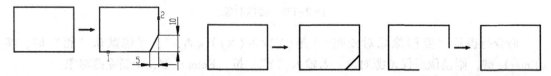

图 2-140　"修剪"模式下的倒角　　图 2-141　"不修剪"模式下的倒角　　图 2-142　距离为 0 的倒角

命令: _CHAMFER ↙   //调用"倒角"命令
("修剪"模式) 当前倒角距离 1 = 2.0000, 距离 2 = 4.0000
选择第一条直线或 [放弃(U)/多段线(P)/距离(D)/角度(A)/修剪(T)/方式(E)/多个(M)]:D ↙
                  //激活"距离"选项
指定第一个倒角距离 <2.0000>: 5 ↙   //设置第一个倒角距离
指定 第二个倒角距离 <5.0000>: 9 ↙   //设置第二个倒角距离

（6）"角度（A）"选项：通过设置图线的倒角长度和角度为图线进行倒角。具体操作如图 2-144 所示，命令行显示如下。

命令: _CHAMFER ↙   //调用"倒角"命令
("修剪"模式) 当前倒角距离 1 = 5.0000, 距离 2 = 9.0000
选择第一条直线或 [放弃(U)/多段线(P)/距离(D)/角度(A)/修剪(T)/方式(E)/多个(M)]:A ↙
                  //激活"角度"选项
指定第一条直线的倒角长度 <3.0000>: 10 ↙   //设置第一条直线的倒角长度
指定第一条直线的倒角角度 <45>: 60 ↙   //设置第一条直线的倒角角度

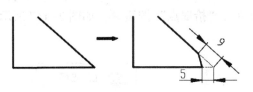

图 2-143　距离（D）倒角

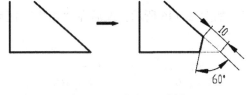

图 2-144　角度（A）倒角

（7）"多个（M）"选项：用于在执行一次命令时，可以对图线进行多次相同的倒角操作。CHAMFER 命令后只能进行一次倒角操作。当需要进行多次倒角操作且倒角的设置均相同时，可以选择此选项。

★注意：倒角时需注意，要进行倒角的线段长度必须大于设置的倒角距离，否则无法进行倒角；当设置了不同的距离进行倒角时，就需要注意选择倒角边的顺序。

☆小技巧：系统变量"Chammode"控制着倒角的方式：当"Chammode = 0"时，系统支持"距离倒角"；当"Chammode = 1"时，系统支持"角度倒角"模式。系统变量"Trimmode"控制倒角的修剪状态：当"Trimmode = 0"时，系统保持对象不被修剪；当"Trimmode = 1"时，系统支持倒角的修剪模式。

➤ 任务实施

通过分析螺纹调节支撑套筒的视图可知，套筒采用全剖视图绘制，总体结构近似上下对称，在局部结构上，左、右端面有倒角，下部有螺纹孔。所有线条均为直线。绘制套筒的具体步骤如下。

（1）新建文件，名称"螺纹调节支撑套筒"。

（2）建立"细实线"图层、"粗实线"图层、"中心线"图层和"图案填充"图层。

（3）绘制中心线，将"中心线"图层设置为当前层，调用"直线"命令，绘制套筒轴线，长度为 60 mm，如图 2-148a 所示。

（4）将"粗实线"图层设置为当前层。重复"直线"命令，绘制套筒的上部轮廓线，最后利用"拉伸"命令完善套筒上部轮廓线，如图 2-148b 所示。

（5）调用"倒角"命令，完成套筒左、右端倒角的绘制，如图 2-148c 所示。

（6）将"细实线"图层设置为当前层。调用"直线"命令，绘制套筒的上部螺纹 M36 的小径线。

（7）利用"镜像"命令，将下部轮廓对称画出。

（8）调用"直线"命令，绘制套筒下部螺纹孔 M6 的轴线，并利用"偏移"命令绘制螺纹孔大、小径线，偏移距离分别为 3 mm、2.5 mm，如图 2-148d 所示。

（9）最后利用"修剪"命令完善螺纹孔轮廓线的绘制，如图 2-148e 所示。

（10）调用"图案填充"命令，点选七处区域进行图案填充，最终完成套筒剖面线的绘制，如图 2-148f 所示，具体操作如下。

步骤一：单击"图案填充"工具按钮，功能区跳转为"图案填充创建"选项卡。

步骤二：在"图案填充创建"选项卡内依次在"图案"区域选择，如图 2-145 所示；在"特性"区域的"填充图案比例"项中输入"20"，如图 2-146 所示；最后在"边界"区域单击"拾取点"按钮，如图 2-147 所示。

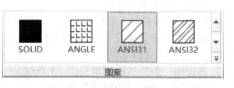

图 2-145　图案选择

图 2-146　输入填充比例

图 2-147　确定选择方式

步骤三：在绘图区单击需要填充的封闭区域，共七处，结果如图 2-148f 所示。

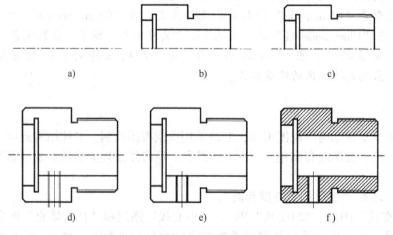

图 2-148　螺纹调节支撑套筒的绘制　　　扫一扫观看视频

a）调用"直线"命令绘制中心线　b）重复"直线"，并调用"拉伸"命令绘制各条线段　c）调用"倒角"命令完成倒角的绘制　d）调用""镜像"和"偏移"命令完成套筒下半部的绘制　e）调用"修剪"命令完成套筒各线条的绘制　f）调用"图案填充"命令完成剖面线绘制

➤ 知识扩展

2.4.4 旋转

"旋转"命令用于将图形对象围绕指定的基点进行一定角度的转动。

1. 命令

调用"旋转"命令的方法有以下三种。

（1）命令行：输入 ROTATE（或 RO）↙。

（2）功能区：单击"默认"选项卡"修改"面板中的"旋转"工具按钮 ⟳ 旋转，如图 2-149 所示。

（3）菜单栏：选择"修改"→"旋转"，如图 2-150 所示。

调用"旋转"命令后，图形经过逆时针旋转，结果如图 2-151 所示，命令行提示如下。

命令：_ROTATE ↙	//调用"旋转"命令
UCS 当前的正角方向： ANGDIR＝逆时针 ANGBASE＝0	
窗交（C）套索 按空格键可循环浏览选项找到 5 个	//旋转需要旋转的对象
选择对象：↙	//回车确定所选对象,结束选择
指定基点：	//单击三角形右上角的点作为旋转中心
指定旋转角度,或［复制（C）/参照（R）］<0>：	//鼠标逆时针向上 90°,单击确定

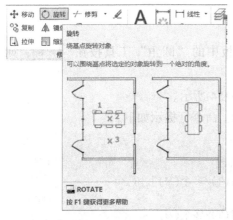

图 2-149 功能区"默认"→"修改"→
"旋转"按钮

图 2-150 菜单栏"修改"→
"旋转"选项

图 2-151 旋转对象

2. 选项

命令行中各选项含义如下。

（1）复制（C）：创建要旋转的对象的副本，即保留源对象，如图2-152所示。

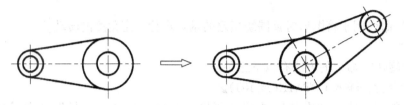

图2-152　复制旋转对象

（2）参照（R）：按参照角度和指定的新角度旋转对象。命令行提示如下。

命令：_ROTATE ↙	//调用"旋转"命令
UCS 当前的正角方向：　ANGDIR=逆时针　ANGBASE=0	
选择对象：指定对角点：找到 9 个	//窗选全部
选择对象：↙	//回车结束选择
指定基点：　<对象捕捉 开>	//单击大圆中心，确定旋转点
指定旋转角度，或［复制（C）/参照（R）］<0>：　C ↙	//激活"复制"选项
旋转一组选定对象。	
指定旋转角度，或［复制（C）/参照（R）］<0>：　−150 ↙	//输入旋转角度

★**注意**：在旋转对象时，输入的角度如果为正值，系统将按逆时针方向旋转；如果为负值，则按顺时针方向旋转。

2.4.5　圆角

圆角是按照指定的半径创建一条圆弧，或自动修剪、延伸要圆角的对象，并使二者光滑连接。

1. 命令

调用"圆角"命令的方法有以下三种。

（1）命令行：输入 FILLET（或 F）↙。

（2）功能区：单击"默认"选项卡"修改"面板中的"圆角"工具按钮 ⌐〇 圆角，如图2-153所示。

（3）菜单栏：选择"修改"→"圆角"，如图2-154所示。

调用"圆角"命令后，图形结果如图2-155所示，命令行提示如下。

命令：_FILLET ↙
当前设置：模式 = 修剪，半径 = 0.0000
选择第一个对象或［放弃（U）/多段线（P）/半径（R）/修剪（T）/多个（M）］：R ↙
指定圆角半径 <0.0000>：8 ↙
选择第一个对象或［放弃（U）/多段线（P）/半径（R）/修剪（T）/多个（M）］：
选择第二个对象，或按住〈Shift〉键选择对象以应用角点或［半径（R）］：

"圆角"命令行中的选项含义同"倒角"，这里不再赘述。

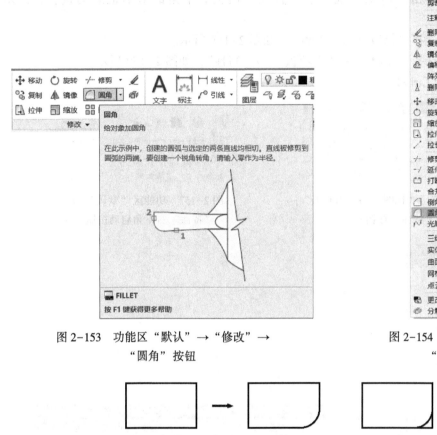

图 2-153　功能区"默认"→"修改"→
"圆角"按钮

图 2-154　菜单栏"修改"→
"圆角"选项

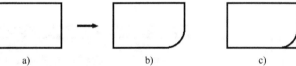

a)　　　　　　　 b)　　　　　　　 c)

图 2-155　"圆角"命令运用

a）原图　b）R8 圆角（修剪）　c）R8 圆角（不修剪）

2.4.6　对象特性、快捷特性和特性匹配

在 AutoCAD 中，绘制的每个对象都具有自己的特性，有些特性是基本特性，适用于大多数对象，例如图层、颜色、线型和打印样式；有些特性是专用于某个对象的特性，例如圆的特性包括半径和面积，直线的特性包括长度和角度等。改变对象的特性值，实际上就改变了相应的图形对象。对于已经创建好的对象，如果想要改变其特性，AutoCAD 也提供了方便的修改方法，主要是可以使用功能区特性面板、特性选项板、特性匹配工具和快捷特性等来进行修改。

1. 对象特性

调用"特性"命令的方法有以下七种。

（1）命令行：输入 PROPERTIES（或 PR）✓。

（2）功能区：单击"视图"选项卡"选项板"面板中的"特性"工具按钮▣，如图 2-156 所示。

（3）功能区：单击"默认"选项卡"特性"面板右下角的对话框启动按钮▣，如图 2-157 所示。

（4）菜单栏：选择"修改"→"特性"，如图 2-158 所示。

（5）菜单栏：选择"工具"→"选项板"→"特性"，如图 2-159 所示。

（6）快捷键：〈Ctrl+1〉。

图 2-156　功能区"视图"→"选项板"→
"特性"按钮

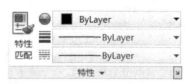

图 2-157　功能区"默认"→
"特性"右下角启动按钮

图 2-158　菜单栏"修改"→
"特性"选项

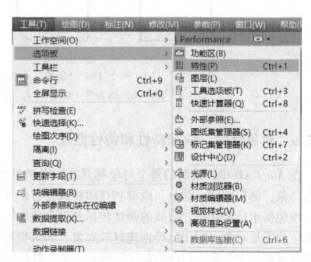

图 2-159　菜单栏"工具"→
"选项板"→"特性"选项

（7）选中某一对象，右击鼠标，绘图区将弹出快捷菜单，如图 2-160 所示，单击快捷菜单下方的"特性"选项将启动"特性"命令。

执行"特性"命令后，绘图区弹出"特性"面板，如图 2-161 所示。

图 2-160　快捷菜单中的"特性"选项

图 2-161　"特性"面板

"特性"面板中的内容根据选择实体的不同，列出的特性内容也不同。未选定任何对象时，仅显示常规特性的当前设置。右击"特性"窗口蓝色标题栏，弹出快捷菜单，可用来控制窗口的固定与浮动、隐藏等。各选项说明如下。

（1）顶部框格，特性面板的顶部框格显示已选择的对象，单击下拉按钮后可选择其他已定义的选择集。未选定任何对象时，显示为"无选择"，表示没有选择任何要编辑的对象。此时列表窗口显示了当前图形的特性，如图层、颜色、线型等。

（2）🔲按钮，切换系统变量"PICKADD"的值，即新选择的对象是添加到原选择集，还是替换原选择集。

（3）"快速选择"按钮🔳，用快速选择方式选择要编辑的选择集。

（4）"选择对象"按钮✛，用光标方式选择要编辑的对象。

在"特性"面板中，系统默认的五个选项组包括"常规""三维效果""打印样式""视图"和"其他"，这些选项分别用于控制和修改所选对象的各种特性。

下面通过图 2-162 说明"特性"命令使用方法的编辑技巧，操作步骤如下。

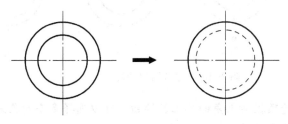

图 2-162　利用"特性"面板修改对象特性

步骤一：启动"特性"命令，绘图区弹出"特性"面板，如图2-161所示。

步骤二：单击"特性"面板右上方的"快速选择"按钮 ⊕，框选两条中心线，然后按〈Enter〉键，"特性"面板中的"视图"选项组转换为"几何图形"选项组，如图2-163所示。面板上方显示的"直线（2）"说明有两条直线被选中。

图2-163 直线的"特性"面板

图2-164 圆的"特性"面板

步骤三：在"特性"面板的"常规"选项组的"线型比例"一栏输入"4"，则中心线被放大（粗细不变），如图2-165b所示。按〈Esc〉键退出直线的特性编辑。

步骤四：按左键，单击图中小圆，如图2-165c所示。"特性"面板的"几何图形"选项组中显示出圆心坐标、半径等圆特有的属性，如图2-164所示。将粗实线改为比例合适的虚线需要修改图层等特性，单击"特性"面板的"常规"选项组的"图层"一栏的下拉按钮，选中"虚线"，然后在"线型比例"一栏输入"0.5"，最后在"几何图形"选项组的"半径"一栏输入"18"，半径为18的虚线圆修改完成，如图2-165d所示。按〈Esc〉键退出圆的特性编辑。

步骤五：单击"特性"面板左上角的"×"，退出"特性"命令。

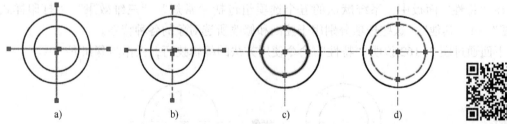

a) b) c) d)

图2-165 修改对象特性

扫一扫观看视频

☆**小技巧**：单击选项板右上角的各工具按钮，可以选择多个对象或创建符合条件的选择集，以便统一修改选择集的特性。

2. 快捷特性

直接双击要编辑的对象，或单击状态栏右方的"快捷特性"按钮，开启"快捷特性"之后选择图形，系统将自动弹出属性面板，如图2-166所示。也可以在"快捷特性"面板中快速了解和修改图形的颜色、图层、线型、长度、圆半径等属性，但无法修改线型比例。

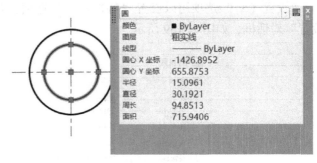

图2-166 快捷特性

★**注意**：可以在打开"特性"选项板之前选择对象，也可以在打开"特性"窗口之后选择对象。关闭"特性"选项板后，如果不显示编辑后的效果，可使用〈Ese〉键取消夹点，即可显示编辑后的效果。

3. 特性匹配

"特性匹配"命令用于将一个图形对象的某些或所有属性复制到另外一个对象上。可以复制的特性类型包括颜色、图层、线型、线型比例、线宽、透明度、打印样式和厚度等。在默认情况下，所有可应用的特性都会自动地从选定的第一个对象复制到选中的其他对象上。如果不希望复制某些特性，可使用"设置"选项禁止复制该特性。在执行该命令的过程中可以随时选择并修改"设置"选项。

调用"特性匹配"命令的方法有以下几种。

（1）命令行：输入 MATCHPRO（或 MA）✓。

（2）功能区：单击"默认"选项卡"特性"面板中的"特性匹配"工具按钮，如图2-167所示。

（3）菜单栏：选择"修改"→"特性匹配"。

调用"特性匹配"命令完成如图2-168所示的修改，命令行提示如下。

图2-167 功能区"默认"→"特性"→
"特性匹配"按钮

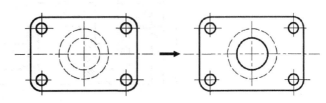

图2-168 "特性匹配"命令的运用

```
命令：_MATCHPROP ✓                              //调用"特性匹配"命令
选择源对象：                                    //单击图中粗实线外框
当前活动设置：颜色 图层 线型 线型比例 线宽 透明度 厚度 打印样式 标注 文字 图案填充 多段线
视口 表格材质 阴影显示 多重引线
选择目标对象或［设置(S)］：                      //单击小虚线圆，改为粗实线
选择目标对象或［设置(S)］：✓                    //回车,退出命令
```

命令行中的"选择源对象"是指拾取一个源对象，其特性可复制给目标对象。"选择目标对象"是指选择欲赋予特性的目标对象。

"设置（S）"选项用以设置"特性匹配"选项，若命令行中输入"S"，则弹出"特性设置"对话框，如图2-169所示。

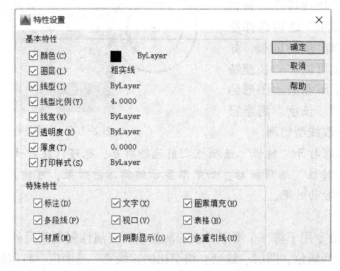

图2-169 "特性设置"对话框

在默认情况下，"特性设置"对话框中所有项目都被勾选，如果不需要复制某些特性，则可将这些特性清除。

★**注意**：源目标只能点选，不能用框选。

> **技能训练**

综合练习一：绘制如图2-170所示的支座（不标注尺寸）。

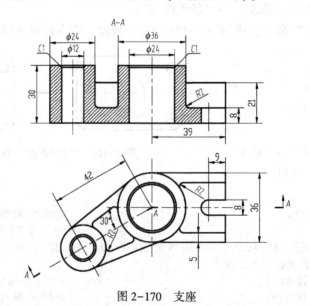

图2-170 支座

综合练习二：绘制如图2-171所示的箱体（不标注尺寸）。

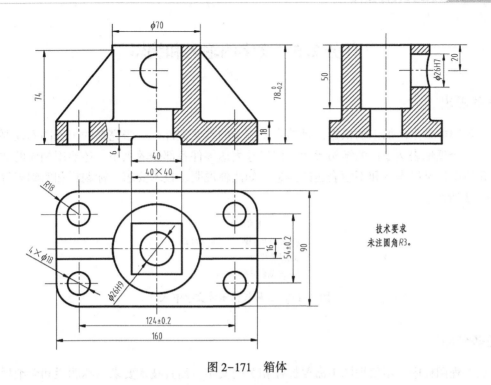

图 2-171　箱体

综合练习三：绘制如图 2-172 所示的拨叉（不标注尺寸）。

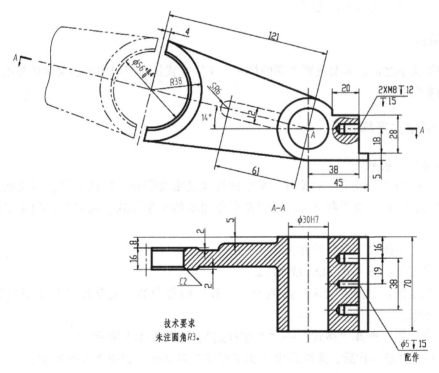

图 2-172　拨叉

任务 2.5　文字的输入和编辑

➢ 任务提出

工程图样是生产加工的依据，是技术交流中的重要文件。一张完整的工程图不仅要用视图正确、合理地表达零件的结构形状，用尺寸表达零件各部分的大小，还要用相应的文字表达出几何图形难以表达和不便表达的信息，如注释说明、技术要求、标题栏和明细表等，如图 2-173 所示。

技术要求

1. 未注公差尺寸按GB/T 1804-m加工。
2. 未注倒角C2。
3. φ3孔与底座φ3孔配作。

图 2-173　5 号长仿宋体文字输入

➢ 任务分析

在工程图样中，不仅视图中需要标注相关的文字，而且技术要求、标题栏和明细栏中都需要填入文字。这些文字不仅有英文字母、阿拉伯数字，还有汉字，以及一些特殊的符号；不仅有单行文字，还有多行文字。

➢ 知识储备

在添加文字之前，需要设置文字的样式，文字样式是在图形中添加文字的标准，是文字输入时的参照准则。

2.5.1　创建文字样式

1. 设置文字样式

在 AutoCAD 中创建文字对象时，文本的外观是由文字样式所决定的。系统默认的文字样式为"Standard"，绘图者也可以根据需要创建新的文字样式，或对已有的文字样式进行修改。

调用"文字样式"命令的方法有以下几种。

（1）命令行：输入 STYLE(或 ST)↙。

（2）功能区：单击"默认"选项卡"注释"面板中的"文字样式"工具按钮▨，如图 2-174 所示。

（3）菜单栏：选择"格式"→"文字样式"，如图 2-175 所示。

执行以上任意操作后，系统弹出"文字样式"对话框，如图 2-176 所示。

2. "文字样式"对话框中各选项的含义

（1）"样式"选项区域：列出了当前可以使用的文字样式，系统默认文字样式为"Standard"。

图 2-174 功能区"默认"→"注释"→
"文字样式"按钮

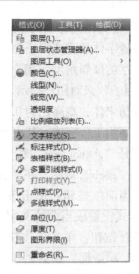

图 2-175 菜单栏"格式"→
"文字样式"选项

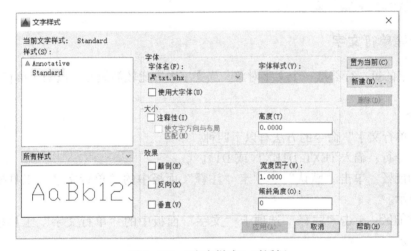

图 2-176 "文字样式"对话框

（2）"字体"选项区域：用于选择所需要的字体类型，如字体名、字体样式等。该区域对字体进行设置，各选项含义如下。

1）"字体名"下拉列表框：用于选择文字字体。可以在下拉列表中选择需要的 TrueType 字体或 SHX 字体。

2）"使用大字体"复选框：选中该复选框将激活右侧的"大字体"下拉列表框。

3）"字体样式"下拉列表框：用于选择字体样式，如常规、斜体、粗体等。选择 SHX 字体，并且选中"使用大字体"复选框后，该选项将变为"大字体"，用于选择大字体文件。

（3）"大小"选项区域：用于设置文字的高度值。系统默认的文字高度为 0。在默认高度下标注文字时，系统会要求用户指定文字的高度；如果在"高度"文本框中输入了高度值，则在标注文字时，系统不再提示指定文字高度，而是直接采用"高度"文本框中设置的值。因此，0 字高用于使用相同的文字样式来标注不同字高的文字对象。注意，文字高度不能设置为负数。

（4）"效果"选项区域：用于设置文字的显示效果，可以将字体设置成颠倒、反向、垂直等。同时可以设置字体的宽度因子和倾斜角度。只有使用"单行文字"命令输入的文字才能颠倒与反向。文字的倾斜角度，用户只能输入-85°~85°之间的角度值，超过这个区间角度值将无效。"宽度因子"只对用户提示"MTEXT"命令输入的文字有效。国家标准规定工程图样中汉字应采用长仿宋体，宽高比为0.7。在 AutoCAD 2016 中文版里，提供了中国用户专用的符合国标要求的中西文工程字体，其中有两种西文字体和一种中文长仿宋体工程字，两种西文字体的字体名分别是"gbenor. shx"和"gbeit. shx"，前者是直体，后者是斜体；中文长仿宋体工程字的字体名是"gbcbig. shx"，在"大字体"下拉列表的大字符集中可以设置。

（5）"置为当前"按钮：单击该按钮，可以将选择的文字样式设置成当前的文字样式。

（6）"新建"按钮：单击该按钮，系统弹出"新建文字样式"对话框，如图 2-177 所示。

（7）"删除"按钮：单击该按钮，可以删除所选的文字样式，但无法删除已经被使用了的文字样式和默认的 Standard 样式。

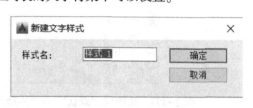

图 2-177　"新建文字样式"对话框

2.5.2　创建单行文字

单行文字的每一行都是一个文字对象，当文字内容比较简短时可以采用单行文字的方法输入。

1. 命令

调用"单行文字"命令的方法有以下四种。

（1）命令行：输入 TEXT/DTEXT(或 DT)✓。

（2）功能区：单击"默认"选项卡"注释"面板中的"单行文字"工具按钮 Ａ，如图 2-178 所示。

（3）功能区：单击"注释"选项卡"文字"面板中的"单行文字"工具按钮 Ａ，如图 2-179 所示。

（4）菜单栏：选择"绘图"→"文字"→"单行文字"。

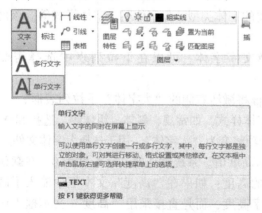

图 2-178　功能区"默认"→"注释"→
"单行文字"按钮

图 2-179　功能区"注释"→"文字"→
"单行文字"按钮

执行"单行文字"命令后,命令行提示如下。

```
命令:_TEXT↙
当前文字样式:"Standard" 文字高度:5 注释性:否 对正:左
指定文字的起点 或[对正(J)/样式(S)]:J
输入选项[左(L)/居中(C)/右(R)/对齐(A)/中间(M)/布满(F)/左上(TL)/中上(TC)/右上(TR)/
左中(ML)/正中(MC)/右中(MR)/左下(BL)/中下(BC)/右下(BR)]:C
指定文字的中心点:
指定高度<5>:2.5
指定文字的旋转角度<0>:↙↙
```

2. 选项含义

(1) 样式(S):用于选择文字样式,默认为 Standard。

(2) 对正(J):用于设置文字的对齐方式。AutoCAD 提供了 15 种文字对齐方式,其中常用的选项有对齐、布满和居中,其含义如下。

1) 对齐(A):可使生成的文字在指定的两点之间均匀分布,自动调整文字高度,宽高比不变。

2) 布满(F):可使生成的文字充满在指定的两点之间,文字宽度发生变化,但文字高度不变。

3) 居中(C):可使生成的文字以插入点为中心向两边排列。

★**注意**:倾斜角度是字体本身的倾斜角度;旋转角度是整行文字的基线倾角。"单行文字"命令可以在一次命令中输入多行文字,但是每行文字被单独看成一个对象。按〈Enter〉键将换行输入另一行文字。输入文字结束,要按两次〈Enter〉键。单行文字输入完之后,用户可以单击任意空白处重复输入单行文字。

☆**小技巧**:文字输入完成后,可以不退出命令,而直接在另一个要输入文字的地方单击鼠标,同样会出现文字输入框。在需要进行多次单行文字标注的图形中使用此方法,可以大大节省时间。

2.5.3 创建多行文字

"多行文字"命令常用于创建字数较多、字体变化较为复杂,甚至字号不一的文字标注。无论创建的文字有多少行、多少段,AutoCAD 都将其作为一个独立的对象。AutoCAD 可以对多行文字进行较复杂的编辑,如为文字添加下划线、设置文字段落对齐方式、为段落添加编号和项目符号等。

1. 命令

调用"多行文字"命令的方法有以下四种。

(1) 命令行:输入 MTEXT(或 T)↙。

(2) 功能区:单击"默认"选项卡"注释"面板中的"多行文字"工具按钮 A 多行文字。

(3) 功能区:单击"注释"选项卡"文字"面板中的"多行文字"工具按钮 A 多行文字。

(4) 菜单栏:选择"绘图"→"文字"→"多行文字"。

调用"多行文字"命令后,命令行提示如下。

```
命令：T↙
当前文字样式："standard"  文字高度：5.0000  注释性：否
指定第一角点：
指定对角点或［高度(H)/对正(J)/行距(L)/旋转(R)/样式(S)/宽度(W)/栏(C)］：H↙
指定高度 <5.0000>: 2.5 ↙
指定对角点或［高度(H)/对正(J)/行距(L)/旋转(R)/样式(S)/宽度(W)/栏(C)］：L↙
输入行距类型［至少(A)/精确(E)］<至少(A)>：↙
输入行距比例或行距 <1x>：↙
指定对角点或［高度(H)/对正(J)/行距(L)/旋转(R)/样式(S)/宽度(W)/栏(C)］：
```

2. 文字编辑器

系统先提示用户确定两个对角点，这两个点形成的矩形区域的左、右边界就确定了整个段落的宽度。然后弹出"文字编辑器"选项卡，如图 2-180 所示。

图 2-180 "文字编辑器"选项卡

在"文字编辑器"选项卡中可以设置文字的样式、字体、颜色、字高、对齐等文字格式。多行文字的"文字编辑器"主要选项的含义如下。

"样式"选项：可以设置多行文字的文字样式和字体的高度。

"格式"选项：可以设置多行文字的文字类型、文字效果，如上标、下标、堆叠等。

"段落"选项：可以设置多行文字的缩进、段落间距、段落行距等段落属性。

"插入"选项：用于插入一些常用或预设的字段和符号。

"拼写检查"选项：用于检查输入文字的拼写错误。

"关闭"选项：关闭"文字编辑器"选项卡。

（1）"堆叠"的应用。"堆叠"用于在多行文字对象和多重引线中堆叠分数和公差格式的文字。使用斜线（/）垂直堆叠分数，使用磅字符（#）沿对角方向堆叠分数，或使用插入符号（^）堆叠公差。使用时先选择需要堆叠的文字，然后单击"格式"选项中的"堆叠"按钮，字符左边的文字将被堆叠到右边文字的上面，三种堆叠效果见表 2-2。

堆叠和非堆叠之间可以单击"堆叠"按钮进行切换。

（2）添加特殊字符。在使用单行文字或多行文字的时候，通常需要输入一些特殊符号，如百分号"%"和度数"o"等。每一个特殊符号都有专门的代码，这些代码由字母、符号或数字组成，常用的特殊符号代码见表 2-3。

表 2-2 堆叠效果

键入的内容	堆叠效果
+0.02^-0.03	+0.02 -0.03
2/3	$\frac{2}{3}$
2#3	2/3

表 2-3 特殊符号代码

控 制 代 码	对 应 符 号
%%%	百分号（%）
%%D	度数符号（o）
%%P	正负公差符号（±）
%%C	直径符号（φ）

在单行文字中插入特殊符号时，可以通过输入该特殊符号的代码形式来插入符号；而在多行文字中插入特殊符号时，除了输入代码的方法外，还有以下两种方法。

1）在多行文字输入框中单击鼠标右键，在弹出的快捷菜单中选择"符号"命令，在弹出的子菜单中选择需要的符号，如图2-181所示。

2）在"文字编辑器"选项卡的"插入"面板中单击"符号"按钮，在弹出的下拉菜单中选择需要的符号选项即可，如图2-182所示。

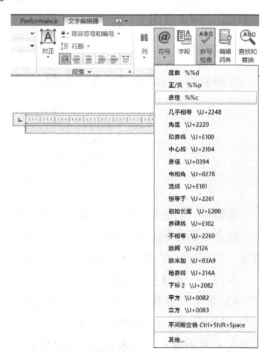

图2-181 输入框内右击→"符号"   图2-182 文字编辑器→"插入"选项→"符号"

注意：如果在"符号"子菜单中没有找到需要的符号，可以在该"符号"子菜单中选择"其他"命令，在弹出的"字符映射表"对话框中选择其他符号。

2.5.4 编辑文字

"编辑文字"命令用于修改编辑现有的文字对象内容。当现有的文字内容和样式不能达到用户要求时，就需要在原有文字基础上对文字对象进行编辑处理。

AutoCAD提供了两种对文字进行编辑修改的方法，一种是"文字编辑（DDEDIT）"命令，另外一种就是"特性"工具。

1. 命令

调用"编辑文字"命令的方法有以下几种。

（1）命令行：输入DDEDIT(或ED)↙。

（2）菜单栏：选择"修改"→"对象"→"文字"→"编辑"。

（3）双击需要编辑的文字。

2. 编辑文字

激活"文字编辑"命令后，AutoCAD对于单行文字和多行文字的响应是不同的。

编辑单行文字时，系统在现有文字的位置上将其转化为文字编辑框，输入正确内容即可，但是只能编辑内容，不能进行高度、大小、旋转角度、对正等特性的修改。如果要进行特性编辑，则需右击文字对象，调用"特性"命令，在特性对话框中进行修改。

编辑多行文字时，双击文字，系统将弹出"文字编辑器"对话框，可以对文字进行内容和特性的修改。也可以直接右击文字对象，调用"特性"命令，在特性对话框中进行修改。

➢ 任务实施

按照如图2-183所示，在AutoCAD中完成下面5号长仿宋体文字的输入。

技术要求

1. 未注公差尺寸按GB/T 1804-m加工。

2. 未注倒角C2。

3. φ3孔与底座φ3孔配作。

图2-183　文字输入　　　　　　　　扫一扫观看视频

步骤一：创建新图层，名称为"技术要求"。

在命令行中输入图层命令"LA"，回车，打开"图层特性管理器"面板。单击"新建图层"按钮，在名称栏中输入"技术要求"。

步骤二：创建文字样式。

1）单击"默认"选项卡"注释"面板中的"文字样式"工具按钮，弹出"文字样式"对话框。单击"新建"按钮 新建(N)... ，弹出"新建文字样式"对话框，在对话框的样式名文本框内输入"技术要求"，如图2-184所示。

图2-184　新建文字样式

2）在"技术要求"文字样式中，"字体名"设置为直体"gbenor. shx"，勾选"使用大字体"，并在"大字体"下拉列表的大字符集中选中"gbcbig. shx"，将汉字字体设置为长仿宋体。同时将"高度"设置为"5"，"宽度因子"设置为"0.7"，如图2-185所示。

步骤三：创建多行文字。

1）单击"默认"选项卡"注释"面板中的"多行文字"工具按钮 A 多行文字 ，在绘图区适当位置指定两个对角点，功能区处打开"文字编辑器"窗口。

2）在多行文字输入框中输入文字，然后选中"技术要求"，单击"段落"选项卡"居中"按钮，使文字"技术要求"居中。结果如图2-183所示。

图 2-185　设置文字样式

➤ 技能训练

1. 完成如图 2-186 所示标题栏的绘制，要求字体为 5 号长仿宋体。

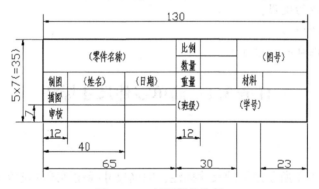

图 2-186　标题栏的绘制

2. 在 AutoCAD 2016 中完成下面技术要求的标注，要求字体为 3.5 号长仿宋体。

技　术　要　求

1. 在装配之前，用煤油清洗所有零件，滚动轴承用汽油清洗，箱体内不许有杂物。
2. 滚动轴承内圈必须紧贴轴肩，定位环用 0.005 的塞尺检查不得通过。
3. 滚动轴承的轴向间隙：输入轴 0.04～0.07，输出轴 0.05～0.10。
4. 齿面接触斑点沿齿高不小于 45%，沿齿长不小于 60%。

→项目 ③←

尺寸标注

❖ 教学目标

掌握尺寸标注样式的设置；

掌握尺寸公差、几何公差、引线的标注；

会应用尺寸标注的方法进行各类尺寸的标注；

掌握块及其属性的使用；

掌握设计中心的使用；

完成常用机械图样的尺寸标注。

任务 3.1 简单零件尺寸标注

➤ 任务提出

通过完成如图 3-1 所示螺钉的尺寸标注，明确尺寸标注样式的设置及基本标注。

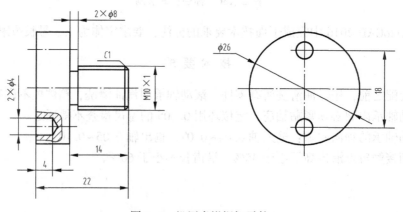

图 3-1 机用虎钳螺钉零件

➤ 任务分析

在工程设计中，尺寸标注是绘图工作中的一项重要内容，因为绘制图形的根本目的是反映对象的形状，并不能表达清楚图形的设计意图，而图形中各个对象的真实大小和相互位置只有经过尺寸标注后才能确定。AutoCAD 2016 包含了一套完整的尺寸标注命令和实用程序，可以轻松地完成设计中要求的尺寸标注。本任务将通过标注图 3-1 所示的机用虎钳螺钉零件的尺寸，介绍 AutoCAD 2016 中尺寸标注样式的设置、线性标注与对齐标注、直径标注与半径标注及尺寸标注的修改。

➤ 知识储备

3.1.1 标注样式的设置

1. 尺寸标注的组成和类型

（1）尺寸标注的组成。工程图中一个完整的尺寸标注一般由尺寸线、尺寸界线、尺寸箭头和尺寸数字四个部分组成，如图 3-2 所示。

1）尺寸线：用于表示尺寸标注的方向。

2）尺寸界线：用于表示尺寸标注的范围。

3）尺寸箭头：用于表示尺寸标注的起始和终止位置。

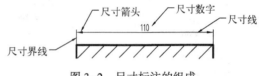

图 3-2　尺寸标注的组成

4）尺寸数字：用于表示尺寸位置的具体大小。

（2）尺寸标注的类型。AutoCAD 2016 提供了十多种尺寸标注类型，分别为：快速标注、线性、对齐、弧长、坐标、半径、折弯、直径、角度、基线、连续、标注间距、标注打断、多重引线、公差及圆心标记等。本章所涉及的"草图与注释"空间下"默认"选项卡中的"注释"面板如图 3-3 所示，"注释"选项卡中的"标注"面板如图 3-4 所示，"标注"下拉菜单如图 3-5 所示，列出了尺寸标注的各种类型。

图 3-3　"默认"选项卡中的
"注释"面板

图 3-4　"注释"选项卡中的
"标注"面板

2. 创建与设置标注样式

在 AutoCAD 2016 中，使用标注样式可以控制标注的格式和外观，建立强制执行的绘图标准，并有利于对标注格式及用途进行修改。

（1）调入"标注样式管理器"对话框。在 AutoCAD2016 中创建标注样式，有以下几种调入"标注样式管理器"的方法。

1）功能区：单击"默认"选项卡"注释"面板中的"标注样式"工具按钮 ⌨️。

2）功能区：单击"注释"选项卡"注释"面板中的"对话框启动程序"工具按钮 ⌄ 。

3）菜单栏：选择"标注（N）"→"标注样式（S）"选项 ⌨️ 。

4）命令行：输入 DIMSTYLE 或 DDIM ✓ 。

执行该命令后，AutoCAD 将弹出"标注样式管理器"对话框，如图 3-6 所示。

图 3-5 "标注"下拉菜单

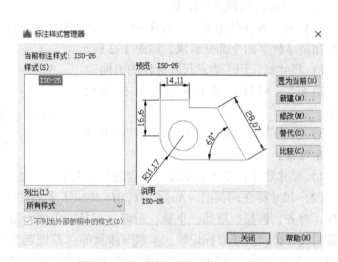

图 3-6 "标注样式管理器"对话框

对话框中的各选项功能如下。

① "当前标注样式"标签：用于显示当前使用的标注样式名称。

② "样式"列表框：用于列出当前图中已有的尺寸标注样式。

③ "列出"下拉列表框：用于确定在"样式"列表框中所显示的尺寸标注样式范围，可以通过列表在"所有样式"和"正在使用的样式"中选择。

④ "预览"框：用于预览当前尺寸标注样式的标注效果。

⑤ "说明"框：用于对当前尺寸标注样式的说明。

⑥ "置为当前"按钮：用于将指定的标注样式置为当前标注样式。

⑦ "新建"按钮：用于创建新的尺寸标注样式。单击"新建"按钮后，打开"创建新标注样式"对话框。

（2）设置新的尺寸标注样式。在 AutoCAD 2016 中进行图形标注，可根据标注需要设置新的尺寸标注样式。其操作过程如下。

1）激活"标注样式管理器"对话框。

2）在对话框中单击 新建(N)... 按钮，弹出"创建新标注样式"对话框，如图3-7所示。

3）在"创建新标注样式"对话框中输入尺寸标注样式名（如机械标注样式）、选择基础样式和适用类型。

4）单击 继续 按钮，将显示"新建标注样式"对话框，如图3-8所示。在"新建标注样式"对话框中设置新的尺寸样式。通过设置7个选项卡可实现对标注样式的修改，各选项卡内容简介如下。

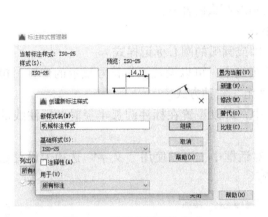

图3-7 设置新的标注样式　　　　　图3-8 "新建标注样式"对话框

① "线"选项卡。"线"选项卡用于设置尺寸线、尺寸界线的格式和属性，如图3-8所示。选项卡中各选项功能如下。

● "尺寸线"选项组。

"颜色"下拉列表框：用于设置尺寸线的颜色。

"线型"下拉列表框：用于设置尺寸界线的线型。

"线宽"下拉列表框：用于设置尺寸线的线宽。

"超出标记"文本框：当采用倾斜、建筑标记等尺寸箭头时，用于设置尺寸线超出尺寸界线的长度。

"基线间距"文本框：用于设置基线标注尺寸时，尺寸线之间的距离。

"隐藏"："尺寸线1"和"尺寸线2"复选框分别用于确定是否显示第一条或第二条尺寸线。

● "尺寸界线"选项组。该选项组用于设置尺寸界线的格式。

"颜色"下拉列表框：用于设置尺寸界线的颜色。

"尺寸界线1的线型"下拉列表框：用于设置尺寸界线1的线型。

"尺寸界线2的线型"下拉列表框：用于设置尺寸界线2的线型。

"线宽"下拉列表框：用于设置尺寸界线的宽度。

"超出尺寸线"文本框：用于设置尺寸界线超出尺寸的长度。

"起点偏移量"文本框：用于设置尺寸界线的起点与被标注对象的距离。

"隐藏"："尺寸界线1"和"尺寸界线2"复选框分别用于确定是否显示第一条尺寸界线或显示第二条尺寸界线。

"固定长度的尺寸界线"复选框：用于使用特定长度的尺寸界线来标注图形，其中在"长度"文本框中可以输入尺寸界线的数值。

②"符号和箭头"选项卡。在"新建标注样式"对话框中，使用"符号和箭头"选项卡可以设置箭头、圆心标记、弧长符号和半径折弯标注的格式与位置，如图3-9所示。

● "箭头"选项组。该选项组用于确定尺寸线起止符号的样式。

"第一个"下拉列表框：用于设置第一个尺寸线箭头的样式。

"第二个"下拉列表框：用于设置第二个尺寸线箭头的样式。

"引线"下拉列表框：用于设置引线标注时引线箭头的样式。

"箭头大小"文本框：用于设置箭头的大小。

● "圆心标记"选项组。该选项组用于确定圆或圆弧的圆心标记样式。

● "弧长符号"选项组。在"弧长符号"选项组中，可以设置弧长符号显示的位置，包括"标注文字的前缀""标注文字的上方"和"无"三种方式。

● 半径折弯标注。在"折弯角度"文本框中，可以设置在标注圆弧半径时，标注线的折弯角度大小。

③"文字"选项卡。在"新建标注样式"对话框中，可以使用"文字"选项卡设置标注文字的外观、位置和对齐方式，如图3-10所示。

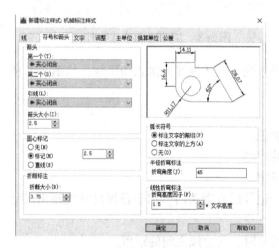

图3-9 "符号和箭头"选项卡

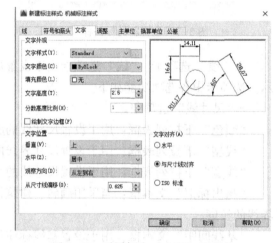

图3-10 对话框中"文字"选项卡

● "文字外观"选项组。该选项组用于设置尺寸文字的样式、颜色和大小等。

"文字样式"下拉列表框：用于选择尺寸数字的样式。

"文字颜色"下拉列表框：用于选择尺寸数字的颜色。

"文字高度"文本框：用于指定尺寸数字的字高。

"分数高度比例"文本框：用于设置公称尺寸中分数数字的高度。

"绘制文字边框"复选框：用于给尺寸数字绘制边框。

● "文字位置"选项组。该选项组用于设置尺寸文字的位置。

"垂直"下拉列表框：用于设置尺寸数字相对尺寸线垂直方向上的位置，有"居中""上""外部""下"和"日本工业标准（JIS）"5个选项。

"水平"下拉列框表：用于设置尺寸数字相对尺寸线水平方向上的位置。

"从尺寸线偏移"文本框：用于设置尺寸数字与尺寸线之间的距离。

④"调整"选项卡。在"新建标注样式"对话框中，可以使用"调整"选项卡设置标注文字、尺寸线和尺寸箭头的位置，如图3-11所示。

● "调整选项"选项组。"文字或箭头（最佳效果）"单选按钮：用于确定是否由系统自动移出尺寸数字和箭头，使其达到最佳的标注效果。

"箭头"单选按钮：用于确定当尺寸界线空间过小时是否移出箭头。

"文字"单选按钮：用于确定当尺寸界线空间过小时是否移出文字。

"文字和箭头"单选按钮：用于确定当尺寸界线空间过小时是否移出文字和箭头。

"文字始终保持在尺寸界线之间"单选按钮：用于确定是否将文字始终放置在尺寸界线之间。

"若不能放置在尺寸界线内，则消除箭头"复选框：用于确定当尺寸空间过小时，是否不显示箭头。

● "文字位置"选项组。

"尺寸线旁边"：用于确定是否将尺寸数字放在尺寸线旁边。

"尺寸线上方，带引线"单选按钮：用于确定当尺寸数字与箭头都不足以放到尺寸界线内时，是否可移动鼠标自动绘出一条引线标注尺寸数字。

"尺寸线上方不带引线"单选按钮：用于确定当尺寸数字与箭头都不足以放到尺寸界线内时，是否按引线模式标注尺寸数字，但不画出引线。

● "标注特征比例"选项组。该选项组用于设置尺寸特征的缩放关系。

"使用全局比例"单选按钮和文本框：用于设置全部尺寸样式的比例系数。

"将标注缩放到布局"单选按钮：用于确定比例系数是否用于图纸空间。

● "优化"选项组。该选项组用于确定在设置尺寸标注时，是否使用附加调整。

"手动放置文字"复选框：用于确定是否忽略尺寸数字的水平放置，将尺寸放置在指定的位置上。

"在尺寸界线之间绘制尺寸线"复选框：用于确定是否始终在尺寸界线内绘制尺寸线。

⑤"主单位"选项卡。在"新建标注样式"对话框中，可以使用"主单位"选项卡设置主单位的格式与精度等属性，如图3-12所示。

图3-11 "调整"选项卡

图3-12 "主单位"选项卡

- "线性标注"选项组。

"单位格式"下拉列表框：用于设置线性尺寸标注的单位。

"精度"下拉列表框：用于设置线性尺寸标注的精度。

"分数格式"下拉列表框：用于确定分数形式的标注格式。

"小数分隔符"下拉列表框：用于确定小数形式标注的分隔符形式。

"舍入"文本框：用于设置测量尺寸的舍入值。

"前缀"文本框：用于设置尺寸数字的前缀。

"后缀"文本框：用于设置尺寸数字的后缀。

"比例因子"文本框：用于设置尺寸测量值的比例。

"仅应用到布局标注"复选框：用于确定是否把现行比例系数仅应用到布局标注。

"前导"复选框：用于确定尺寸小数点前面的零是否显示。

"后续"复选框：用于确定尺寸小数点后面的零是否显示。

- "角度标注"选项组。

"单位格式"下拉列表框：用于设置角度标注的尺寸单位。

"精度"下拉列表框：用于设置角度标注尺寸的精度。

⑥"换算单位"选项卡。在"新建标注样式"对话框中，可以使用"换算单位"选项卡设置换算单位的格式，如图3-13所示。

- "显示换算单位"复选框。该选项框用于确定是否显示换算单位。
- "换算单位"选项组。该选项组用于在显示换算单位时，确定换算单位的单位格式、精度、换算单位乘数、舍入精度及前缀、后缀等。
- "消零"选项组。该选项组用于确定是否有消除换算单位的前导或后续零。
- "位置"选项组。该选项组用于确定换算单位的放置位置，包括"主值后"和"主值下"两个选项。

⑦"公差"选项卡。在"新建标注样式"对话框中，可以使用"公差"选项卡设置是否标注公差，以及用何种方式进行标注，如图3-14所示。

图3-13 "换算单位"选项卡

图3-14 "公差"选项卡

- "公差格式"选项组。

"方式"下拉列表框：用于设置公差标注的方式。

"精度"下拉列表框：用于设置公差值的精度。

"上偏差"、"下偏差"文本框：用于设置尺寸的上、下偏差值。

"高度比例"文本框：用于设置公差数字的高度比例。

"垂直位置"下拉列表框：用于设置公差数字相对公称尺寸的位置，可以通过下拉列表框进行选择。"顶"：公差数字与公称尺寸数字的顶部对齐。"中"：公差数字与公称尺寸数字的中部对齐。"下"：公差数字与公称尺寸数字的下部对齐。

"前导"、"后续"复选框：用于确定是否消除公差值的前导和后续零。

- "换算单位公差"选项组，该选项组用于设置换算单位的公差样式。在选择了"公差格式"选项组中的"方式"选项时，可以使用该选项。

3. 修改标注样式

（1）修改线性标注样式。在"标注样式管理器"对话框的"样式"选项组中选中"机械标注样式"，单击"新建"按钮，弹出"创建新标注样式"对话框，在"用于"下拉列表中选中"线性标注"选项，如图 3-15 所示。

单击"继续"按钮，弹出"新建标注样式"对话框，打开"文字"选项卡，在"文字对齐"选项组中选中"与尺寸线对齐"单选按钮，如图 3-16 所示。

图 3-15　选择适用的标注

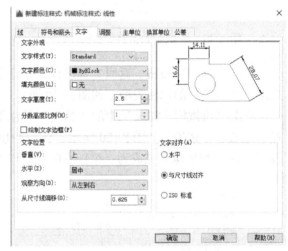

图 3-16　设置"线性标注"的对齐方式

单击"确定"按钮，返回"标注样式管理器"对话框，在"机械标注样式"中增加了适用于"线性"的标注类型。

（2）创建角度标注样式。国家标准规定角度标注文字应水平书写，既可以在尺寸线外侧，也可以在尺寸线中断处，但为了和线性尺寸标注样式统一，角度标注方式一般设置在尺寸线外部。如果在延长线内标注不下文字，可以用引线引出并标注在水平线上。

创建角度标注样式与修改线性标注样式一样，可以利用"标注样式管理器"中的"新建"按钮，在"机械标注样式"中创建适用于角度的标注类型，再将其重新命名，成为一个独立的标注样式。

如图 3-15 所示，在"用于"下拉列表中选中"角度标注"选项。单击"继续"按钮，弹出"新建标注样式"对话框，打开"文字"选项卡，在"文字位置"的"垂直"下拉列表中选中"外部"，在"文字对齐"选项组中选中"水平"单选按钮，即将角度标注文字位于尺寸线外部水平书写。"文字"选项卡的设置如图 3-17 所示。

打开"调整"选项卡，在"文字位置"选项卡中选中"尺寸线上方，加引线"单选按钮，即当尺寸文字在延伸线内放不下时，将其置于一条水平引线上。"调整"选项卡的设置如图 3-18 所示。

图 3-17　设置角度标注的对齐方式　　　　图 3-18　设置调整选项卡

单击"确定"按钮，返回"标注样式管理器"对话框，在"机械标注样式"中增加了适用于"角度"的标注类型，如图 3-19 所示。

右击"机械标注样式"中的"角度"标注类型，在弹出的"标注样式"快捷菜单中选择"重命名"选项，如图 3-20 所示。将"角度"标注类型重新命名为"角度标注样式"，按〈Enter〉键后该样式成为一个独立的标注样式，如图 3-21 所示。

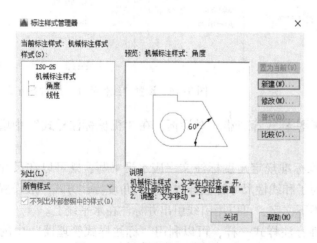

图 3-19　创建适用于"线性"和　　　　图 3-20　"标注样式"快捷菜单
　　"角度"的标注类型

（3）创建"径向标注补充样式"。创建"径向标注补充样式"需要先创建"标注替代样式"，然后重新命名。

在"标注样式管理器"对话框的"样式"选项栏中选中"机械标注样式"，单击"置为当前"按钮，将"机械标注样式"置为当前样式。单击"替代"按钮，弹出"替代当前样式"对话框后，打开"调整"选项卡，在该选项卡的"调整选项"选项组中选中"文字"单选按钮，即当标注文字在延伸线内放不下时将置于延伸线外，此时如果箭头能在延伸线内放下就被置于延伸线内，否则置于延伸线外；在"调整"选项卡中勾选"手动放置文字"复选框并取消勾选"在尺寸界线之间绘制尺寸线"复选框，即在放置标注文字时可根据具体情况人工调整其位置。"调整"选项卡的设置如图3-22所示。

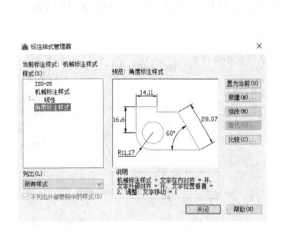

图3-21　创建"角度标注样式"

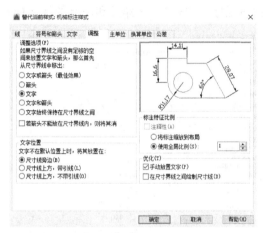

图3-22　标注替代样式调整选项卡

单击"确定"按钮，返回"标注样式管理器"对话框，在样式列表框中显示出"样式替代"。选中"样式替代"使其高亮显示后右击，在弹出的快捷菜单中选择"重命名"选项，如图3-23所示。将"样式替代"重新命名为"径向标注补充样式"，该样式和原有的标注样式并列显示在样式列表框中，如图3-24所示。

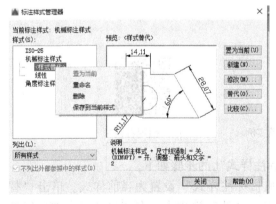

图3-23　创建"样式替代"

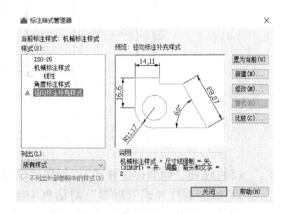

图3-24　创建"径向标注补充样式"

（4）创建"线性直径标注样式"。在机械图样中，直径尺寸经常标注在非圆的视图上，这就需要利用"线性标注"命令或"对齐标注"命令进行标注。如果利用这两个命令中的

"单行"或"多行"选项在尺寸文字前面添加字母"φ",就显得过于繁琐。因此,我们可以创建一个"线性直径标注样式",直接利用该样式在非圆视图上标注直径尺寸。

在"标注样式管理器"对话框中将"机械标注样式"设置为当前样式。单击"替代"按钮,弹出"替代当前样式"对话框后,打开"主单位"选项卡,在该选项卡的"前缀"文本框中用英文输入"%%c",如图 3-25 所示。

由于在非圆视图上标注直径尺寸为线性尺寸,所以其文字的对齐方式和线性标注相同。打开"文字"选项卡,在"文字对齐"选项组中选中"与尺寸线对齐"单选按钮,如图 3-16 所示。

单击"确定"按钮,在"标注样式管理器"对话框中,将"样式替代"重命名为"线性直径标注样式",该样式和原有的标注样式并列显示在样式列表框中,如图 3-26 所示。

图 3-25　在"主单位"选项卡中添加前缀

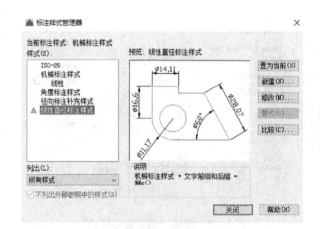

图 3-26　创建非圆视图直径标注样式

示例: 用"线性直径标注样式"标注如图 3-27 所示尺寸,利用该样式可以快速地标注出图中的直径 φ60、φ44。长度尺寸 30 和 70 是用"机械标注样式"标注。

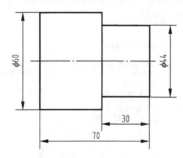

图 3-27　"线性直径标注样式"标注直径实例

扫一扫观看视频

(5) 创建"隐藏标注样式"。创建"隐藏标注样式"的步骤如下。

1) 在"标注样式管理器"对话框中将"机械标注样式"设置为当前样式。单击"替代"按钮,弹出"替代当前样式"对话框后,打开"线"选项卡,在"尺寸线"选项组的"隐藏"选项中勾选"尺寸线 2"复选框,在"尺寸界线"选项组的"隐藏"选项中勾选"尺寸界线 2"复选框,即同时隐藏第二个箭头和第二个尺寸界线,如图 3-28 所示。

2) 单击"确定"按钮,返回到"标注样式管理器"对话框,将"样式替代"重新命名为"隐藏标注样式"，该样式和原有的标注样式并列显示在样式列表框中，如图 3-29 所示。

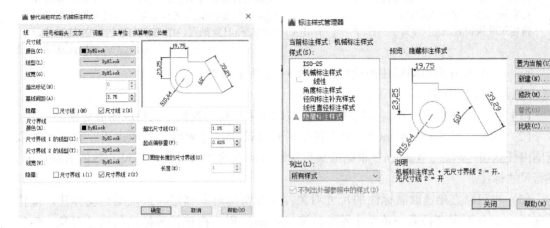

图 3-28　选择隐藏选项　　　　　　　图 3-29　创建"隐藏标注样式"

示例：用"隐藏标注样式"方式完成如图 3-30 所示的尺寸标注。

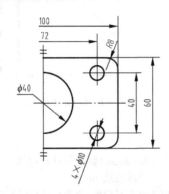

图 3-30　利用"隐藏标注样式"标注尺寸实例　　　扫一扫观看视频

3.1.2　线性标注与对齐标注

AutoCAD 2016 提供了多种标注尺寸的方式，包括线性尺寸标注方式、径向型尺寸标注方式、角度型尺寸标注方式、坐标型尺寸标注方式和旁注型尺寸标注方式等。AutoCAD 2016强大的标注尺寸功能，可以根据用户的需要完成尺寸标注。

1. 标注线性尺寸

该功能用于线性尺寸的水平、垂直和旋转标注。调用"线性标准"命令的方法如下。

（1）选项卡："默认"选项卡→"注释"面板→"线性"按钮┠┤或"注释"选项卡→"标注"面板→"线性"按钮┠┤。

（2）菜单："标注（N）"→"线性（L）"选项┠┤。

（3）工具栏："标注"→"线性标注"按钮┠┤。

（4）命令行：DIMLINEAR。

采用以上方法激活"线性标注"命令后，AutoCAD 出现如下提示。

指定第一条尺寸界线起点或〈选择对象〉：　　　//采用目标捕捉方法指定第一条尺寸界线起点 A
指定第二条尺寸界线起点：　　　　　　　　//采用目标捕捉方法指定第二条尺寸界线起点 B
指定尺寸线位置或[多行文字(M)/文字(T)/角度(A)/水平(H)/垂直(V)/旋转(R)]：//指定尺寸位
　　　　　　　　　　　　　　　　　　　　　　　置或选项

AutoCAD 2016 将自动标注测量值，如图 3-31 所示水平标注。

"线性标注"命令说明如下。

（1）为了准确标注尺寸，在选择尺寸界线时可采用目标捕捉方式拾取图形对象。

（2）当标注尺寸时，AutoCAD 要求指定两点来确定尺寸界线。一般来讲，在图形界限范围内任意指定两点，AutoCAD 根据后续操作和这两点的几何参数计算尺寸数值的默认值，进行尺寸标注。

（3）也可以直接选取需标注的尺寸对象，一旦所选对象确定，系统则自动标注。操作时在 AutoCAD 要求选择第一条尺寸界线时按〈Enter〉键，再选择需标注的尺寸对象，然后确定尺寸线的位置并完成标注，如图 3-32 所示。AutoCAD 2016 操作过程如下。

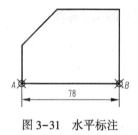

图 3-31　水平标注

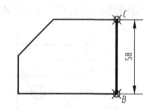

图 3-32　选取对象指定尺寸界线

命令：DIMLINEAR ↙
指定第一条尺寸界线起点或〈选择对象〉：　　　//按〈Enter〉键准备选择对象
选择标注对象：　　　　　　　　　　　　　//选取直线 BC
指定尺寸线位置或[多行文字(M)/文字(T)/角度(A)/水平(H)/垂直(V)/旋转(R)]：
　　　　　　　　　　　　　　　　//用鼠标拾取直线 BC 外合适的点作为尺寸线位置
标注文字 = 58

（4）指定尺寸线的提示行及各选项功能介绍如下。

① 多行文字(M)选项：按多行文字的方式输入尺寸文本，将弹出多行文字的"在位文字编辑器"，在文本框内出现"反色"尺寸标注文本的默认值。替换或增加文本，即可替换或增加尺寸标注时的 AutoCAD 默认尺寸文本。

② 文字（T）选项：按单行文本的方式输入尺寸文本，输入的文本替换 AutoCAD 默认的尺寸文本，AutoCAD 的对话过程如下。

指定尺寸线位置或[多行文字(M)/文字(T)/角度(A)/水平(H)/垂直(V)/旋转(R)]：T
输入标注文字〈32〉：φ32h7(输入的新文本替换自动测量的尺寸文本)

③ 角度（A）：改变尺寸文本与 WCS 或 UCS 系统 x 轴方向夹角的默认值。

④ 水平（H）：标注一水平尺寸。

⑤ 垂直（V）：标注一垂直尺寸。

★注意：在实际应用中，可以不用选择"水平(H)"或"垂直(V)"选项来指定进行水平或垂直尺寸标注。当尺寸界线定义点倾斜时，通过鼠标拖动尺寸线即可实现水平标注或垂直标注。

⑥ 旋转(R)：按指定的角度旋转尺寸，"旋转(R)"选项一般用于倾斜结构倾斜角度为已知的情况。当倾斜结构倾斜角度未知时，可以通过捕捉倾斜结构上的两点自动计算倾斜角度，AutoCAD 2016 对话过程如下。

```
命令:DIMLINEAR↙
指定第一条尺寸界线起点或〈选择对象〉：          //拾取点 D
指定第二条尺寸界线起点:(拾取点 E)
指定尺寸线位置或[多行文字(M)/文字(T)/角度(A)/水平(H)/垂直(V)/旋转(R)]:R
                              //通过拾取倾斜结构上 D、E 两点指定倾斜角度
指定尺寸线的角度〈0〉:(拾取点 D)
指定第二点:(拾取点 E)
指定尺寸线位置或[多行文字(M)/文字(T)/角度(A)/水平(H)/垂直(V)/旋转(R)]:
                              //指定尺寸线位置位于 F 点处
标注文字:40
```

AutoCAD 自动标注倾斜结构尺寸，如图 3-33 所示。

对于倾斜结构尺寸标注，往往使用 DIMALIGNED 命令进行对齐标注，而不用 DIMLINEAR 命令的"旋转（R）"选项。

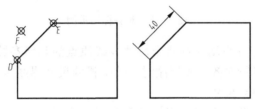

图 3-33 旋转标注

示例：应用线性尺寸的水平、垂直标注和旋转标注方式完成如图 3-34 所示尺寸的标注。

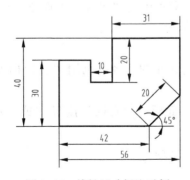

图 3-34 线性尺寸标注示例

扫一扫观看视频

2. 标注对齐尺寸

对齐尺寸是指尺寸线与两个尺寸界线起点连线平行的尺寸。使用 DIMALIGNED 命令可以标注对齐尺寸。调用"对齐标注"命令的方法如下。

（1）选项卡："默认"选项卡→"注释"面板→"对齐"按钮或"注释"选项卡→

"标注"面板→"对齐"按钮↘。

（2）菜单："标注（N）"→"对齐（G）"↘。

（3）工具栏："标注"→"对齐"按钮↘。

（4）命令行：DIMALIGNED。

采用以上方法激活"对齐标注"命令后，AutoCAD出现如下提示。

指定第一条尺寸界线起点或〈选择对象〉:(拾取点 A)
指定第二条尺寸界线起点:(拾取点 B)
指定尺寸线位置或[多行文字(M)/文字(T)/角度(A)]:(拾取点 C)
指定尺寸线的角度〈0〉:(拾取点 D)
标注文字:64

AutoCAD 2016 对齐标注倾斜结构尺寸示例，如图 3-35 所示。

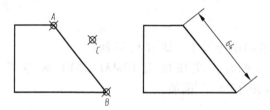

图 3-35　对齐标注示例

★注意：（1）AutoCAD 自动计算两个尺寸界线原点的几何参数，尺寸线与两个尺寸界线原点的连线平行。在进行对齐尺寸标注时，若选择的尺寸界线定义点呈水平或垂直状态，则标注的尺寸为水平或垂直尺寸。

（2）若在提示"选择第一条尺寸界线原点"时，按〈Enter〉键，AutoCAD 将会要求直接选择一个图形对象进行对齐标注。

3.1.3　直径标注与半径标注

在 AutoCAD 2016 中，可以使用"标注"菜单中的"半径""直径"与"圆心"命令，标注圆或圆弧的半径尺寸、直径尺寸及圆心位置。

1. 标注直径尺寸

使用 DIMDIAMETER 命令可以标注圆或圆弧的直径。调用"直径标准"命令的方法如下。

（1）选项卡："默认"选项卡→"注释"面板→"直径"按钮◯或"注释"选项卡→"标注"面板→"直径"按钮◯。

（2）菜单："标注（N）"→"直径（D）"选项◯。

（3）工具栏："标注"→"直径"按钮◯。

（4）命令行：DIMDIAMETER。

采用以上方法激活"直径标注"命令后，AutoCAD出现如下提示。

选择圆弧或圆：　　　　　　　　　　　　　　//圆上任意拾取点 A,选择圆为标注对象
标注文字=34
指定尺寸线位置或[多行文字(M)/文字(T)/角度(A)]:　//拾取点 B,指定尺寸线位置

结束命令，AutoCAD 完成圆的直径标注。修改标注样式，完成如图 3-36 所示各种圆的直径标注。

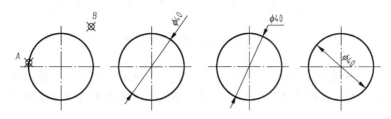

图 3-36　标注圆的直径示例

★注意：（1）当选择圆或圆弧为标注对象时，AutoCAD 会自动测量出该圆或圆弧的直径值并将其作为尺寸标注的默认值，在注写圆或圆弧的直径值时会自动地将默认值加上前缀"φ"。

（2）在标注圆或圆弧直径的对话过程中并未要求指定尺寸界线，AutoCAD 会自动把圆或圆弧的轮廓线作为尺寸界线，而尺寸线则为对话过程中指定尺寸线位置定义点上的径向线。

（3）圆的"直径标注"命令只能标注圆形图形的直径。在机械图样中，一般要求在圆柱体的非圆视图中标注圆的直径，这时可以使用"线性标注"或"对齐标注"命令进行标注，在 AutoCAD 出现"指定尺寸线位置或［多行文字（M）/文字（T）/角度（A）/水平（H）/垂直（V）/旋转（R）］："的提示时选择"文字（T）"选项用手动输入尺寸文字：φ32 或 φ42，如图 3-37 所示。

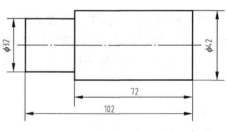

图 3-37　标注圆的直径示例

如选择"多行文字（M）"选项，则使用多行文字的"在位编辑器"还可进行公差与配合的标注。

2. 标注半径尺寸

使用 DIMRADIUS 命令可以标注圆弧的半径。调用"半径标注"命令的方法如下。

（1）选项卡："默认"选项卡→"注释"面板→"直径"按钮 或"注释"选项卡→"标注"面板→"直径"按钮 。

（2）菜单："标注（N）"→"直径（D）"选项 。

（3）工具栏："标注"→"直径"按钮 。

（4）命令行：DIMRADIUS 。

采用以上方法激活"半径标注"命令后，AutoCAD 出现如下提示。

```
选择圆弧或圆：                              //圆弧上任意拾取点 A,选择圆弧为标注对象
标注文字=27
指定尺寸线位置或［多行文字(M)/文字(T)/角度(A)］://拾取点 B,指定尺寸线位置
```

结束命令，AutoCAD 2016 完成圆弧的半径标注。修改标注样式，完成如图 3-38 所示各种圆弧的半径标注。

图 3-38　标注圆弧半径示例

★**注意**：（1）当选择圆或圆弧为标注对象时，AutoCAD 会自动测量出该圆或圆弧的半径值并将其作为尺寸标注的默认值，在注写圆或圆弧的半径值时会自动地将默认值加上前缀"R"。

（2）在半径标注对话过程中并未要求指定尺寸界线，AutoCAD 会自动把圆或圆弧的轮廓线作为一条尺寸界线，而尺寸线则为对话过程中指定尺寸线位置定义点上的径向线。

（3）"半径标注"命令只能标注圆形图形的半径。在机械图样中，半径尺寸标注在投影为圆的视图中，一般情况下圆弧包心角大于 180 度时标注直径，同心对称的圆弧标注直径，其他圆弧标注半径。

➢ **任务实施**

分析螺钉的尺寸标注，设置文字样式（仿宋）和图层，并按照 3.1.1 标注样式的设置方法完成机用虎钳螺钉零件的标注样式设置，如图 3-39 所示。

（1）利用"机械标注样式"完成线性尺寸标注，如图 3-40 所示。

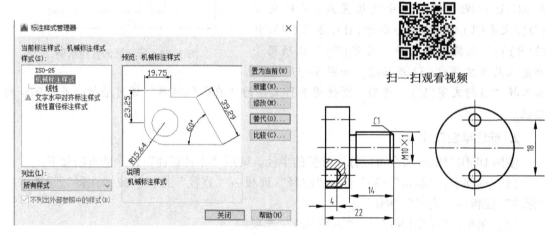

扫一扫观看视频

图 3-39　机用虎钳螺钉零件标注样式设置　　图 3-40　机械标注样式标注螺钉线性尺寸

（2）利用"线性直径标注样式"完成螺钉非圆直径尺寸标注（2×φ8，2×φ4），如图 3-41 所示。

（3）利用"文字水平对齐标注样式"标注圆的直径（φ26），如图 3-42 所示。

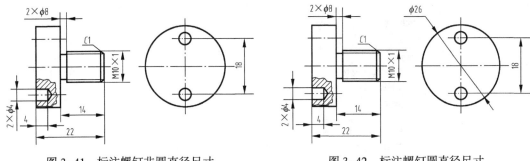

图 3-41 标注螺钉非圆直径尺寸   图 3-42 标注螺钉圆直径尺寸

> **知识拓展**

3.1.4 修改尺寸标注

利用编辑标注命令可以在不删除已标注尺寸的情况下对尺寸进行修改，编辑标注命令包括 "标注编辑" 命令和 "标注文字编辑" 命令。当用户需要修改已经存在的尺寸时，可以使用多种方法。例如，使用 DIMSTYLE 命令能够编辑和修改某一类型的尺寸样式；使用特性管理器（PROPERTIES 命令）能够方便地管理和编辑尺寸样式中的一些参数；使用 TEXTEDIT 命令能够修改尺寸注释的内容等。

1. 利用特性管理器编辑尺寸特性

特性管理器（PROPERTIES 命令）使用 "特性" 选项板以列表的方式列出所选择尺寸对象的参数，以便对其进行编辑和修改，如图 3-43 所示。

尺寸对象的 "特性" 选项包括用于编辑和修改尺寸颜色、图层、线型、线型宽度等常规特性的基本类特性和用于编辑和修改尺寸样式参数的直线和箭头类、文字类、调整类、主单位类、换算单位类和公差类特性。这些参数是按树形结构组织的，展开某一类特性时将显示此类下各子特性项，并在右侧对应表格内显示各子特性项参数的当前值。编辑和修改的方法与 DIMSTYLE 命令类似，主要方法如下。

（1）直接修改参数值：对于点的坐标、尺寸对象的高度值等数值型的特性项，用户可以直接修改参数值。例如，修改箭头的大小值就可以直接修改，如图 3-43 所示。操作方法如下。

1）选择 "直线和箭头" 类展开各子特性项。

2）选择 "箭头大小" 子特性项。

3）在 "箭头大小" 子特性项右侧对应表格内填入新的箭头大小值，完成对尺寸箭头大小值的修改。

（2）通过下拉列表框修改：对于一些具有多种选择项的特性项，用户可以在含有各选择项的下拉列表中选择相应的参数值。例如，箭头的形式可以在下拉列表中进行选择，如图 3-44 所示。

（3）通过对话框修改：对于一些有复杂参数值的自定义特性项，用户可以在对话框中设置参数值。例如，颜色、多行文本等都是通过对话框方式修改参数值的。

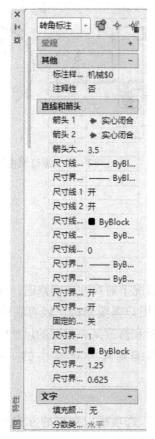

图 3-43 选中尺寸标注时的　　　　图 3-44 选中尺寸标注时的
"特性"选项板　　　　"特性"选项板"直线和箭头"子特性项

2. 修改尺寸数值

使用 TEXTEDIT 命令可以修改尺寸数值。调用"编辑文字"命令的方法如下。

(1) 菜单:"修改(M)"→"对象(O)"→"文字(T)"→编辑(T) 。

(2) 工具栏:"文字"→"编辑"按钮 。

(3) 命令行:TEXTEDIT✓。

采用以上方法激活"编辑文字"命令后,AutoCAD 出现如下提示。

选择注释对象或〈放弃(U)〉:　　　　　　　　　　　//选择某一尺寸或文字

AutoCAD 将打开多行文字的"在位文字编辑器"以便用户进行编辑修改。在对话框中修改尺寸文本后,在尺寸文本区域外单击关闭编辑器。

☆小技巧:鼠标双击选中尺寸标注对象,也可打开多行文字的"在位文字编辑器"以便用户进行编辑和修改尺寸标注。

3. 编辑尺寸文本和尺寸界线 (DIMEDIT 命令)

利用 DIMEDIT 命令可以移动、旋转和替换现有尺寸注释,调整尺寸界线与尺寸线的夹角。调用"编辑标注"命令的方法如下。

(1) 选项卡:"注释"选项卡→"标注"面板→相应按钮。

（2）工具栏："标注"→"编辑标注"按钮。

（3）命令行：DIMEDIT✓。

采用以上方法激活"编辑标注"命令后，AutoCAD出现如下提示。

```
［多行文字（M）/文字（T）/角度（A）］：
输入标注编辑类型［默认（H）/新建（N）/旋转（R）倾斜（O）］〈默认〉：O
选择对象：                            //选择尺寸标注对象,按〈Enter〉键结束选择
输入倾斜角度（按〈Enter〉键表示无）：60    //输入尺寸界线与尺寸线的夹角值
```

结束DIMEDIT命令后的尺寸界线如图3-45所示。

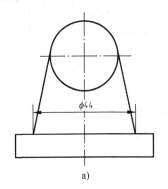
a)

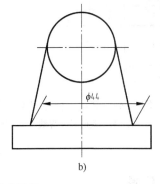
b)

扫一扫观看视频

图3-45 编辑尺寸界线
a）原始尺寸界线 b）编辑结果

各选项的介绍如下。

（1）"默认（H）"选项：为默认选项，将尺寸文本按当前DIMSTYLE命令所定义的位置和方向重新放置。

（2）"新建（N）"选项：将打开多行文本的"在位文字编辑器"重新创建尺寸标注的文本。

（3）"旋转（R）"选项：可以对尺寸注释进行旋转，并需要输入旋转角。

（4）"倾斜（O）"选项：可以对尺寸界线进行旋转，并需要输入旋转角。

4. 调整间距（DIMSPACE命令）

AutoCAD 2016新增加了"标注间距"命令，使用该命令可以自动调整图形中现有的平行线性标注和角度标注，以使其间距相等或在尺寸线处相互对齐。调用"标注间距"命令的方法如下。

（1）选项卡："注释"选项卡→"标注"面板→"标注间距"按钮。

（2）工具栏："标注"→"标注间距"按钮。

（3）命令行：DIMSPACE✓。

采用以上方法激活"标注间距"命令后，AutoCAD出现如下提示。

```
选择基准标注：              //选择要用作基准标注的标注,尺寸13
选择要产生间距的标注：       //选择要对齐的下一个标注,尺寸25
选择要产生间距的标注：       //选择要对齐的下一个标注,尺寸60
选择要产生间距的标注：✓      //按〈Enter〉键结束选择
输入值或"自动（A）］〈自动〉：✓//按〈Enter〉键,选择自动选项,将两个尺寸的间距调整为10mm,也可
                          //输入需要设置的间距值
```

用同样的方法将尺寸50、90间距调整为10，未修改的尺寸界线如图3-46a所示，修改后的尺寸界线如图3-46b所示。

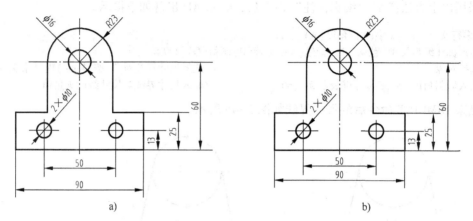

图3-46　利用"标注间距"命令调整尺寸间距
a）未修改的尺寸界线　b）修改后的尺寸界线

3.1.5　修改尺寸文字位置

利用"编辑标注文字"命令调整标注文字的位置。调用"编辑标注文字"命令的方法如下。

（1）选项卡："注释"选项卡→"标注"面板→相应按钮。

（2）菜单："标注(N)"→"对齐文字(X)"选项。

（3）工具栏："标注"→"编辑标注文字"按钮 A|。

（4）命令行：DIMTEDIT ✓。

采用以上方法激活"编辑标注文字"命令后，AutoCAD出现如下提示。

> 选择标注：　　　　　　　　　　　　　　//选择某一尺寸
> 为标注文字指定新位置或[左对齐(L)/右对齐(R)/居中(C)/默认(H)/角度(A)]：
> 　　　　　　　　　　　　　　//用鼠标拖动确定尺寸线及尺寸文本的位置

执行"编辑标注文字"命令后，指定尺寸线时各选项的介绍如下。

（1）"左对齐（L）"选项：更改尺寸文本沿尺寸线左对齐，此选项只适用于线性和径向尺寸标注。

（2）"右对齐（R）"选项：更改尺寸文本沿尺寸线右对齐，此选项只适用于线性和径向尺寸标注。

（3）"默认（H）"选项：将尺寸文本按当前DIMSTYLE命令所定义的位置和方向重新放置。

（4）"角度（A）"选项：旋转所选择的尺寸文本，并需要输入旋转角。

"编辑标注文字"命令各选项对尺寸的影响如图3-47所示。

图 3-47　"编辑标注文字"命令各选项对尺寸的影响

➤ 技能训练

1. 根据下列要求，创建机械制图标注样式：基线标注尺寸线间距为 7 mm；尺寸界线的起点偏移量为 1 mm，超出尺寸线的距离为 2 mm；箭头使用"实心闭合"形状，大小为 2.0 mm；标注文字的高度为 3 mm，位于尺寸线的中间，文字从尺寸线偏移距离为 0.5 mm；标注单位的精度为 0.0。

2. 绘制如图 3-48 所示垫圈并标注尺寸。

3. 按对称画法绘制如图 3-49 所示对称零件并标注尺寸。

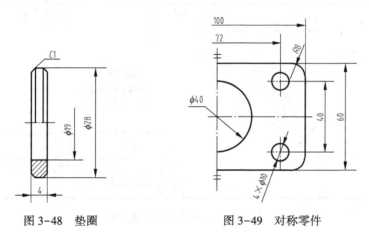

图 3-48　垫圈　　　　　　　　图 3-49　对称零件

4. 绘制如图 3-50 所示导套并标注尺寸（标注间距 10 mm）。

5. 绘制如图 3-51 所示弯板并标注尺寸。

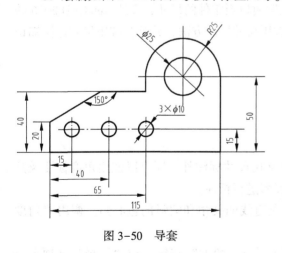

图 3-50　导套

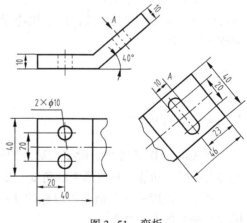

图 3-51　弯板

任务 3.2　复杂零件尺寸标注

➤ 任务提出

通过完成如图 3-52 所示钳口板的尺寸标注，掌握 AutoCAD 2016 的尺寸标注样式的设置及基本标注。

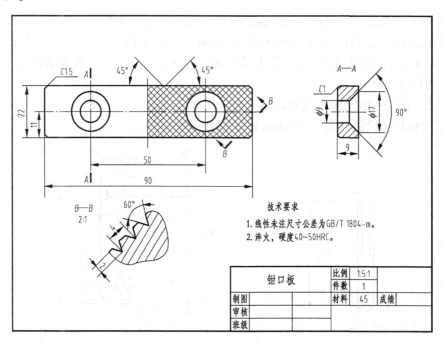

图 3-52　机用虎钳钳口板零件

➤ 任务分析

本任务将通过标注如图 3-52 所示的机用虎钳钳口板零件的尺寸，介绍 AutoCAD 2016 的角度标注、基线标注与连续标注、快速标注等常用尺寸标注方法，并综合应用尺寸标注知识完成零件标注。

➤ 知识储备

3.2.1　角度标注

在 AutoCAD 2016 中，除了前面介绍的几种常用尺寸标注外，还可以使用角度标注及其他类型的标注功能，对图形中的角度、坐标等元素进行标注。

利用"角度标注"命令可以标注相交的两条直线的夹角和圆弧的包心角。调用"角度标注"命令的方法如下。

（1）选项卡："默认"选项卡→"注释"面板→"角度"按钮△或"注释"选项卡→

"标注"面板→"角度"按钮△。

（2）菜单栏："标注（N）"→"角度（A）"选项△。

（3）工具栏："标注"→"角度"按钮△。

（4）命令行：DIMANGULAR✓。

采用以上方法激活"角度标注"命令后，AutoCAD 出现如下提示。

```
选择圆弧、圆、直线或〈指定顶点〉：                          //拾取点 A 选择圆弧作为标注对象
指定标注弧线位置或[多行文字（M）/文字（T）/角度（A）/象限点（Q）]：//拾取点 B 指定尺寸线位置
标注文字=153
```

AutoCAD 测量值为 153，并以此测量值标注圆弧包心角，如图 3-53a 所示。

★**注意：**（1）在"角度标注"命令操作过程中选择圆弧作为标注对象时，AutoCAD 2016 以圆弧的圆心为角度中心和圆弧的两个端点计算、标注圆弧包心角。注写角度尺寸数值时会自动地在角度数值后面加上后缀"°"。

（2）在"角度标注"命令操作过程中选择直线作为标注对象时，会提示选择第二条直线。AutoCAD 把两条直线或它们延长线的交点作为角度中心，计算和标注两条直线的夹角。其命令过程如下。

```
选择圆弧、圆、直线或〈指定顶点〉：                          //拾取点 A 选择第一条直线
选择第二条直线：                                        //拾取点 B 选择第二条直线
指定标注弧线位置或[多行文字（M）/文字（T）/角度（A）/象限点（Q）]：//拾取点 C
标注文字=48
```

AutoCAD 测量值为 48，并以此测量值标注两条直线的夹角，如图 3-53b 所示。

（3）如果按〈Enter〉键回答"选择圆弧、圆、直线或〈指定顶点〉："的主提示，则可以创建基于指定三点的标注，进一步的命令序列如下。

```
指定角的顶点：：                                        //拾取点顶点 A
指定角的第一个端点：                                    //拾取点 B
指定角的第二个端点：                                    //拾取点 C
指定标注弧线位置或[多行文字（M）/文字（T）/角度（A）/象限点 Q）]：//拾取点 D
标注文字=88
```

AutoCAD 测量值为 88，并以此测量值标注角度，如图 3-53c 所示。

（4）尺寸文字的书写方向一般是和尺寸线的方向对齐的，而我国《机械制图》国家标准规定，机械图样中的角度尺寸数值以标题栏为准水平书写，需要用户使用 DIMSTYLE 命令设置相应的角度标注样式。

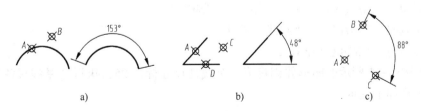

图 3-53 "角度标注"示例

a）标注圆弧包心角　b）标注两直线的夹角　c）指定三点标注角度

3.2.2 弧长标注

弧长标注用于测量圆弧或多段线圆弧上的距离。弧长标注的尺寸界线可以正交或径向。在标注文字的上方或前面将显示圆弧符号。调用"弧长标注"命令的方法如下。

（1）选项卡："默认"选项卡→"注释"面板→"弧长"按钮⌒或"注释"选项卡→"标注"面板→"弧长"按钮⌒。

（2）菜单："标注(N)"→"弧长(H)"选项⌒。

（3）工具栏："标注"→"弧长"按钮⌒。

（4）命令行：DIMARC↙。

采用以上方法激活"弧长标注"命令后，AutoCAD出现如下提示。

选择弧线段或多段线圆弧段：　　　　　　　　　　　　　　　　　　//拾取点A选择圆弧
指定弧长标注位置或[多行文字(M)/文字(T)/角度(A)/部分(P)/引线(L)]：
　　　　　　　　　　　　　　　　　　　　　　　//拾取点B指定尺寸线位置标注文字=49

"弧长标注"示例如图3-54所示。

★注意：AutoCAD在标注圆弧长度时会自动加注圆弧弧长符号"⌒"。

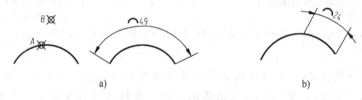

图3-54 "弧长标注"示例
a）标注圆弧长度　b）标注部分圆弧长度

3.2.3 基线标注与连续标注

1. 标注基线尺寸（DIMBASELINE命令）

基线尺寸标注（又称"并联标注"）是指所有要标注的尺寸都具有相同的第一条尺寸界线，只是第二条尺寸界线不同。在机械图样上的定位尺寸是从定位基准出发进行标注的，这实际上就是基线标注。调用"基线标注"命令的方法如下。

（1）选项卡："注释"选项卡→"标注"面板→"基线"按钮⊢。

（2）菜单："标注(N)"→"基线(B)"选项⊢。

（3）工具栏："标注"→"基线"按钮⊢。

（4）命令行：DIMBASELINE↙。

绘制如图3-55所示的图形并创建第一个线性尺寸标注25，执行"基线标注"命令后，AutoCAD出现如下提示。

指定第二条尺寸界线原点或[放弃(U)/选择(S)]〈选择〉：　　　　　//拾取点A
标注文字=50
指定第二条尺寸界线原点或[放弃(U)/选择(S)]〈选择〉：　　　　　//拾取点B

标注文字=70
指定第二条尺寸界线原点或[放弃(U)/选择(S)]〈选择〉： //拾取点 C
标注文字=90
指定第二条尺寸界线原点或[放弃(U)/选择(S)]〈选择〉：//按〈Enter〉键结束第二条尺寸界线的选择
选择基准标注：(按〈Enter〉键结束基线尺寸标注命令)

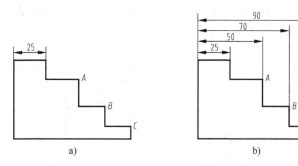

图 3-55 基线标注示例

a）预先标注一个基准尺寸 b）标注其余尺寸

★**注意**：（1）在进行基线尺寸标注时，应先标注一个线性尺寸，然后用"基线"命令将 N 个尺寸由同一个基点标注，即所有要标注的尺寸都具有相同的第一条尺寸界线，只是第二条尺寸界线不同。

（2）可在提示"指定选择第二条尺寸界线原点"时按〈Enter〉键，然后重新指定一条尺寸界线作为基线尺寸标注的第一条尺寸界线，并从该尺寸界线开始标注。

（3）在使用"基线"命令标注尺寸时，其尺寸数值只能为 AutoCAD 的默认值，两尺寸线的距离由 DIMSTYLE 命令设置。

2. 标注连续尺寸（DIMCONTINUE 命令）

连续尺寸是指尺寸线平齐、首尾相连的一组线性尺寸，后一个标注自动以前一个尺寸的第二条尺寸界线作为新尺寸的第一条尺寸界线。调用"连续标注"命令的方法如下。

（1）选项卡："注释"选项卡→"标注"面板→"连续"按钮。

（2）菜单："标注(N)"→"连续(C)"选项。

（3）工具栏："标注"→"连续"按钮。

（4）命令行：DIMCONTINUE↙。

先绘制如图 3-56 所示的图形并创建第一个线性尺寸标注 25，执行"连续标注"命令后，AutoCAD 出现如下提示。

指定第二条尺寸界线原点或[放弃(U)/选择(S)]〈选择〉： //拾取点 A
标注文字=25
指定第二条尺寸界线原点或[放弃(U)/选择(S)]〈选择〉： //拾取点 B
标注文字=20
指定第二条尺寸界线原点或[放弃(U)/选择(S)]〈选择〉： //按〈Enter〉键结束第二条尺寸界线的选择
选择连续标注： //按〈Enter〉键结束连续尺寸标注命令

★**注意**：（1）使用"连续"标注命令前必须先标注一个线性尺寸，然后执行"连续"

标注命令将一串连续尺寸排成一行（或列），AutoCAD 自动以前面一个尺寸标注的第二条尺寸界线作为新尺寸标注的第一条尺寸界线。

（2）可在提示"指定选择第二条尺寸界线原点"时按〈Enter〉键，然后重新指定一条尺寸界线作为连续尺寸标注的第一条尺寸界线，并从该尺寸界线开始标注。

（3）在使用"连续"标注命令标注连续尺寸时，其尺寸数值只能为 AutoCAD 的测量值，小尺寸的尺寸数值的位置、箭头等有时会出现问题，可以使用有关尺寸标注的编辑命令来修改尺寸文本、尺寸界线终端等尺寸元素。

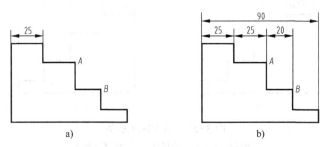

图 3-56　连续标注示例

a）预先标注一个尺寸　　b）标注其余尺寸

➢ **任务实施**

1. 利用机械标注样式完成线性尺寸标注，利用"线性直径标注样式"完成钳口板非圆直径尺寸标注（ϕ9、ϕ17），如图 3-57 所示。

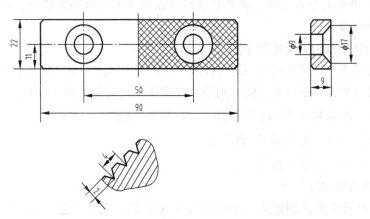

图 3-57　标注钳口板线性尺寸与非圆直径尺寸

扫一扫观看视频

2. 利用"角度标注样式"完成钳口板角度尺寸标注，如图 3-58 所示。

3. 利用"机械标注样式"完成钳口板倒角、剖切符号等标注，检查、完善钳口板的所用标注，结果如图 3-52 所示。

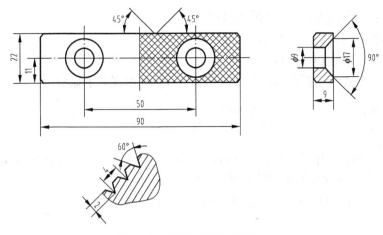

图 3-58　标注钳口板角度尺寸

➤ 知识拓展

3.2.4　快速标注

快速标注（QDIM）命令是一个能标注各种类型尺寸、功能强大的命令，它通过命令选项将前面的各个标注尺寸命令功能组合在一起。其详细操作步骤请读者参考前面各标注命令。调用"快速标注"命令的方法如下。

（1）选项卡："注释"选项卡→"标注"面板→"快速"按钮 。

（2）菜单："标注(N)"→"快速标注(Q)"选项 。

（3）工具栏："标注"→"快速标注"按钮 。

（4）命令行：QDIM ↙。

采用以上方法激活"快速标注"命令后，AutoCAD 出现如下提示。

> 选择要标注的几何图形：　　　　　//选择要标注的几何对象
> 选择要标注的几何图形：　　　　　//按〈Enter〉键结束对象选择
> 指定尺寸线位置或[连续(C)/并列(S)/基线(B)/坐标(O)/半径(R)/直径(D)/基准点(P)/编辑(E)/设置(T)]〈当前值〉：

★注意：（1）在使用"QDIM"命令标注时，系统可以自动查找所选几何体上的端点，并将它们作为尺寸界线的始末点进行标注。用户可以选择"编辑"选项来增加或减少这些端点的数目。

（2）选择圆或圆弧可以标注其半径、直径，但不能标注其圆心。

3.2.5　折弯标注

折弯标注可以标注圆和圆弧的半径。该标注方式与半径标注方式基本相同，但需要指定一个位置代替圆或圆弧的圆心。调用"折弯标注"命令的方法如下。

（1）选项卡："默认"选项卡→"注释"面板→"折弯"按钮 或"注释"选项卡→"标注"面板→"折弯"按钮 。

（2）菜单："标注（N）"→"折弯（J）"选项⟲。

（3）工具栏："标注"→"折弯"按钮⟲。

（4）命令行：DIMJOGGED ⤶。

采用以上方法激活"折弯标注"命令后，AutoCAD 出现如下提示。

选择圆弧或圆：　　　　　　　 //单击圆弧
指定中心位置替代：　　　　　　 //指定尺寸线起点位置
标注文字＝60
指定尺寸线位置或 [多行文字（M）/文字（T）/角度（A）]：　　　 //移动鼠标指定位置或选项
指定折弯位置：（滑动鼠标指定位置后结束命令）。

结束命令，AutoCAD 2016 完成圆弧折弯标注，结果如图 3-59 所示。

图 3-59　折弯标注示例

3.2.6　标注圆心标记

调用"圆心标记"命令的方法如下。

（1）选项卡："注释"选项卡→"标注"面板→"圆心"按钮⊕。

（2）菜单："标注（N）"→"圆心标记（M）"选项⊕。

（3）命令行：DIMCENTER ⤶。

采用以上方法激活"圆心标记"命令后，即可标注圆和圆弧的圆心。此时只需要选择待标注其圆心的圆弧或圆即可。

➢ 技能训练

1. 绘制如图 3-60 所示从动轴的零件图并标注尺寸。

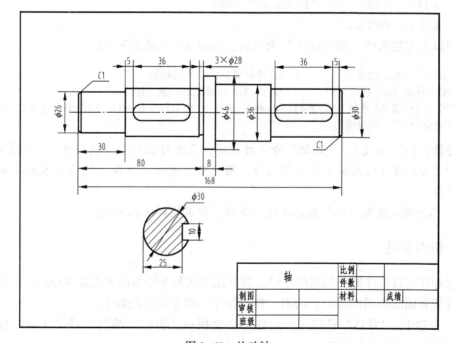

图 3-60　从动轴

2. 绘制如图 3-61 所示螺纹支承杆的零件图并标注尺寸。

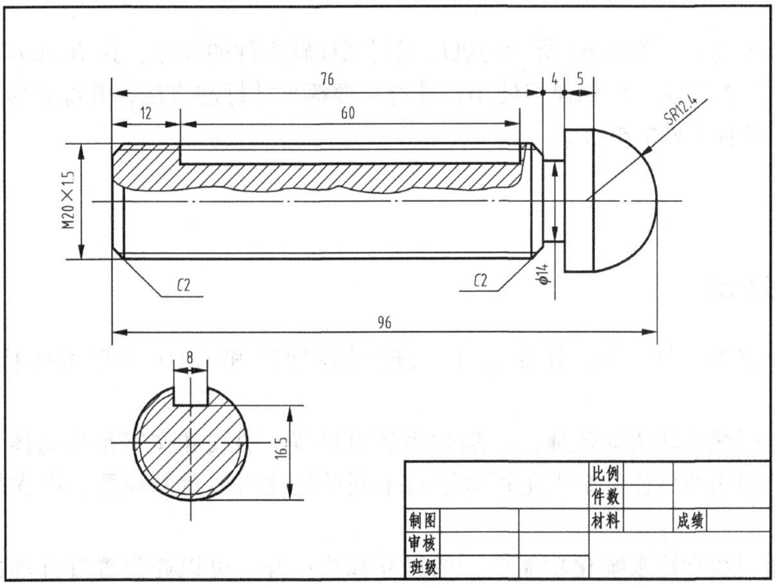

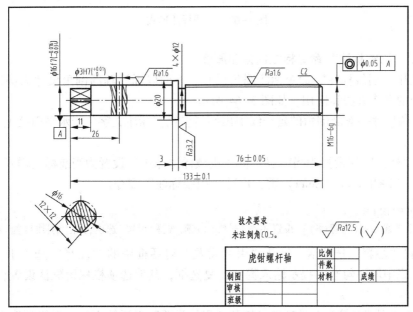

图 3-61　螺纹支承杆

任务 3.3　特殊零件尺寸标注

➤ 任务提出

通过完成如图 3-62 所示机用虎钳螺杆轴零件的尺寸标注，掌握 AutoCAD 2016 的尺寸公差、几何公差的标注方法及引线标注方法和块的创建与使用。

图 3-62　机用虎钳螺杆轴零件

➢ 任务分析

本任务将通过标注图3-62所示的机用虎钳螺杆轴零件的尺寸，介绍AutoCAD 2016的引线标注、几何公差标注、块创建与使用、外部参照等尺寸标注方法，并综合应用尺寸标注相关知识完成螺杆轴零件的标注。

➢ 知识储备

3.3.1 引线标注

AutoCAD 2016引线标注分为CAD快速引线标注和CAD多重引线标注两种标注方法。

CAD快速引线标注快速便捷，可随时用随时设置，引线和文字是分离体，是一种尺寸标注。CAD快速引线标注的缺点是每次进行不同的标注时要重新设置，在大规模制图时工作量会增加。

CAD多重引线标注系统化功能全，像尺寸标注一样，可以先设置好标注的样式，使用时直接调用。CAD多重引线标注的缺点是在小规模制图中使用不便捷。

利用"引线标注"命令可以从图形中指定的位置引出指引线，并在指引线的端部加注文字注释。在绘制零件图时，利用"引线标注"命令可以标注倒角和薄板类零件的厚度；在绘制装配图时，利用"引线标注"命令可以标注序号，也可以标注几何公差。常用的引线标注形式如图3-63所示。

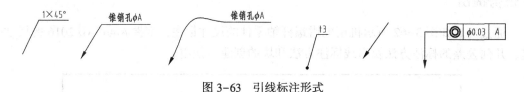

图3-63　引线标注形式

1. 利用"引线标注"命令标注倒角和厚度

（1）利用"引线标注"命令标注倒角尺寸。下面以标注轴的倒角尺寸为例说明"引线标注"命令的操作方法和应用，如图3-64所示。

标注倒角尺寸一般沿倒角的延长线引出倾斜引线，标注文字位于水平引线上。操作过程如下。

1）将"标注"层设置为当前层，将"机械标注样式"设置为当前标注样式。在命令行中输入QLEADLER后按〈Enter〉键，启动"引线标注"命令。

> 命令：QLEADLER ✓
> 指定一个引线点或[设置(S)]〈设置〉://按〈Enter〉键，选择"设置"选项，弹出"引线设置"对话框

2）设置"注释"选项卡。打开"引线设置"对话框中的"注释"选项卡，在"多行文字"选项栏中取消勾选"提示输入宽度"复选框，其他选项栏保留默认设置，如图3-65所示。

3）设置"引线和箭头"选项卡。打开"引线设置"对话框中的"引线和箭头"选项卡，

在"箭头"下拉列表中选择箭头的样式为"无",其他选项栏保留默认设置,如图 3-66 所示。

图 3-65 "注释"选项卡

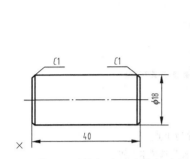

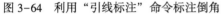

图 3-64 利用"引线标注"命令标注倒角

4)设置"附着"选项卡。打开"引线设置"对话框中的"附着"选项卡,勾选"最后一行加下划线"复选框,如图 3-67 所示。

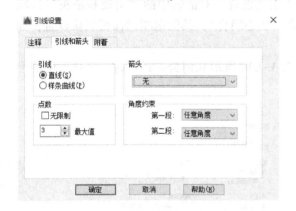

图 3-66 "引线和箭头"选项卡

图 3-67 "附着"选项卡

完成设置"引线设置"对话框中的三个选项卡后,单击"确定"按钮。用设置好的引线标注完成倒角尺寸的标注。

(2)利用"引线标注"命令标注厚度尺寸。薄板类零件的厚度尺寸也是用"引线标注"命令标注的,倾斜引线的端点处是小圆点。标注文字位于水平引线上,其中字母"t"表示厚度。

标注厚度尺寸时,"注释"选项卡和"附着"选项卡的设置与倒角相同。在设置"引线和箭头"选项卡时,在"箭头"下拉列表中选择箭头的样式为"小点",其他选项保留默认设置,如图 3-68 所示。

2. 利用"引线标注"命令标注几何公差

利用"引线标注"命令可以方便地标注零件的几何公差。在命令行中输入 QLEADLER 后按〈Enter〉键,启动"引线标注"命令。

命令: QLEADLER ✓
指定一个引线点或[设置(S)]〈设置〉:   //按〈Enter〉键,选择"设置"选项,弹出"引线设置"对话框

图 3-68　将引线的箭头样式设置为小点

a）厚度标注示例　b）厚度尺寸"引线和箭头"选项卡设置

（1）设置"注释"选项卡。打开"引线设置"对话框中的"注释"选项卡，勾选"公差（T）"选项栏，其他选项栏保留默认设置，如图 3-69a 所示。

（2）设置"引线和箭头"选项卡。打开"引线设置"对话框中的"引线和箭头"选项卡，在"箭头"下拉列表中选择箭头的样式为"实心闭合"，其他选项栏保留默认设置，如图 3-69b 所示。

（3）应用设置好的"引线标注"完成如图 3-69d 所示几何公差的标注。（软件中的形位公差为几何公差旧称。）

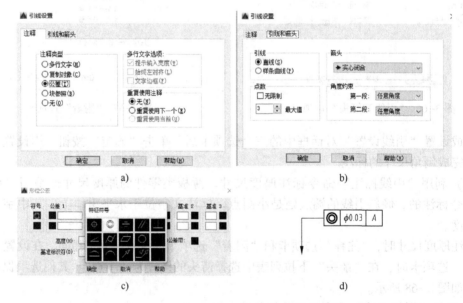

图 3-69　利用"引线标注"命令标注几何公差

a）"注释"选项卡　b）"引线和箭头"选项卡　c）标注几何公差　d）标注结果

示例：利用"引线标注"命令完成如图 3-70 所示尺寸标注。

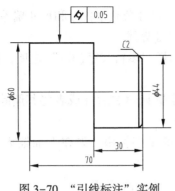

图 3-70 "引线标注"实例   扫一扫观看视频

3.3.2 标注尺寸公差与配合

在工程制图中，零件图和装配图都需要标注尺寸公差与配合，以确定零件的精度，保证零件具有互换性。在装配图中，需要标注相关零件的配合代号；在零件图中需要标注尺寸公差。尺寸公差可以标注成尺寸偏差的形式或尺寸公差带代号的形式，也可以标注成尺寸公差带代号与尺寸偏差的组合形式。常用的标注形式如图 3-71 所示。

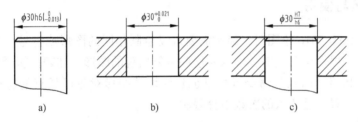

图 3-71 尺寸公差与配合常用的标注形式

a) 标注尺寸公差和偏差   b) 标注尺寸偏差   c) 标注尺寸配合代号

使用 AutoCAD 2016 标注尺寸公差与配合的方法有两种：一种是通过 DIMSTYLE 命令设置；另一种是通过各种尺寸标注命令中的"多行文字(M)"选项设置。

1. 使用"标注样式"命令（DIMSTYLE）

如前面"3.1.1 标注样式的设置"中所介绍的，可以在"新建标注样式"对话框的"公差"选项卡中设置尺寸偏差的样式和偏差值，但这种方法所标注的各个尺寸都具有相同的尺寸偏差值。如果要标注新的尺寸偏差，则需要重新设置尺寸样式，这给实际的标注带来了困难，所以不建议使用。

2. 使用多行文字的"在位文字编辑器"进行公差与配合的标注

在使用"尺寸标注"命令的过程中选择"多行文字(M)"选项，在打开的多行文字"在位文字编辑器"中，输入含有字符堆叠控制码的字符串，选择该字符串并单击"字符堆叠"按钮，就可以实现零件图和装配图中尺寸公差和配合的标注。

★**注意**：可以使用下列三种字符堆叠控制码。

（1）"/"字符堆叠成分式的形式，用于标注配合尺寸。

（2）"#"字符堆叠成比值的形式，用于标注配合尺寸，如 H7/k6。

（3）"^"字符堆叠成上下排列的形式，用于标注尺寸偏差值。

使用字符堆叠控制码标注尺寸偏差值、尺寸公差带代号和尺寸偏差值操作过程如下。

1）执行"尺寸标注"命令，并指定尺寸界线。

2）当提示要求指定尺寸线位置时，选择"多行文字(M)"选项，打开多行文字的"在位文字编辑器"。

3）在"反色"文本框中设置尺寸文本默认值之后（或者将其删除），输入含有字符堆叠控制码的字符串，如"%%c30+0.021^ 0"。

4）在输入的字符串中选择需要堆叠的子字符串，如在上面输入的字符串中选择"+0.021^ 0"。

5）单击"字符堆叠"按钮 ，按照"^"方式堆叠。

6）单击"文字编制器"选项卡→"关闭"面板→"关闭文字编辑器"按钮 ，退出"在位文字编辑器"。

7）完成"尺寸标注"命令的其余操作。

★**注意**：直接使用"多行文字"命令（MTEXT），或者在"尺寸标注"命令执行完后，使用 TEXTEDIT 命令编辑已有的尺寸文字，同样可以打开多行文字的"在位文字编辑器"进行尺寸公差与配合的标注或修改。

3.3.3 块创建与使用

在利用 AutoCAD 2016 绘图时，经常需要重复绘制相同的图形或符号，为了避免绘图的重复，节省空间，提高绘图效率，可以将这些重复出现的图形，如表面粗糙度符号、基准符号等创建为块。利用"插入"命令可将已创建为块的图形对象以任意的比例和方向插入到其他图形的任意位置，且插入的次数不受限制。

1. 块的定义

用"块的定义"命令（BLOCK）可以将当前图形中指定的图形对象创建为块定义。调用"块的定义"命令的方法如下。

（1）选项卡："默认"选项卡→"块"面板→"创建块"按钮 或"插入"选项卡→"块定义"面板→"创建块"按钮 。

（2）菜单："绘图(D)"→"块(K)"→"创建(M)"选项 。

（3）命令行：BLOCK(缩写名:B)↙。

采用以上方法激活"块的定义"命令后，AutoCAD 将弹出如图 3-72 所示的"块定义"对话框，说明如下。

（1）"名称(N)"下拉列表：输入将要定义的块的名称，或从当前图形中的所有块名列表中选择一个。块名可长达 255 个字符，名称中可包含字母、数字、空格和"$""-"等在Windows 和 AutoCAD 中无其他用处的特殊字符。

单击向下的角按钮，将显示当前图形中所有已经定义的块的名称。

（2）"基点"选项组。用户可以在该选项组中指定块插入时的基点：可以直接在基点区的 X、Y 和 Z 文本框中输入基点的坐标值；也可以单击"拾取点(K)"按钮 退出对话框，返回到屏幕编辑状态，在"指定插入基点:"的提示下指定一个点作为块插入的基点后，再重新返回到"块定义"对话框；用户也可以选中"在屏幕上指定"复选框，在关闭对话框

图 3-72 "块定义"对话框

时，根据系统的提示指定基点。

★**注意**：块插入的基点，既是块插入时的基准点，也是块插入时旋转或缩放的中心点。为了作图方便，基点一般选在块的中心位置点、左下角点或其他特征位置点。

（3）"对象"选项组。指定定义成块的对象及其处理方式如下。

1）"选择对象（T）"按钮 ✛。单击此按钮，AutoCAD 将暂时退出"块定义"对话框，返回到屏幕编辑状态，用户可用各种对象选择方法选择要定义成块的对象。选择结束后，按〈Enter〉键返回到当前"块定义"对话框。

2）"快速选择"按钮 ▦。单击此按钮，AutoCAD 将弹出"快速选择"对话框并通过它来构造一个选择集。

3）"在屏幕上指定"复选框。用户可以选中该复选框，在关闭对话框时，根据系统的提示选择要定义成块的图形对象。

4）"保留（R）"单选按钮。单击此按钮，AutoCAD 将所选对象定义为块后，保留所选原始对象不变。

5）"转换为块（C）"单选按钮。单击此按钮，AutoCAD 将所选对象定义为块后，将原始对象转换为所定义块的一个引用。

6）"删除（D）"单选按钮：单击此按钮，AutoCAD 将所选对象定义为块后，删除原始对象，被删除的原始对象可用 OOPS 命令恢复。

（4）"方式"选项组。

1）"注释性（A）"复选框：选中该复选框，即可建立注释性的块。

2）"按统一比例缩放（S）"复选框：块在插入时可以使用 X、Y 和 Z 方向不同的比例因子。选中此复选框，可以指定块在插入时 X、Y 和 Z 方向使用相同的比例因子进行缩放。

3）"允许分解（P）"复选框：一般情况下，块在插入图形以后是被当作单一的对象，不允许被分解。选中此项，可以指定块在插入图形以后可以被分解成组成块的各个图形元素。

（5）"设置"选项。

1）"块单位（U）"下拉列表框：用以指定块插入时的单位。

2）"超链接（L）"按钮 单击此按钮，弹出"插入超链接"对话框，可以使用该对话框将某个超链接与块定义相关联。

（6）"说明"选项组：用户可以在此选项组中输入一些与块相关的描述信息，供显示和查找使用。

完成所有设置后，单击   确定   按钮将关闭"块定义"对话框并完成块的建立。

★ 注意：

① 利用 BLOCK 命令建立的块仅存入建立块的图形中，且块只能在该图中被引用。如需将块插入到其他图形中，就要用 WBLOCK 命令将块的定义写入磁盘文件，或者将块复制到其他图形中。

② 在"0"层上定义图块时，插入后块对象将与所插入到的图层的颜色和线型一致；在非"0"层上的块对象将仍保持该层的特性，即使是块被插入到另外的层上块对象也不变。

③ 块可以嵌套定义，若一个块里包含对其他块的引用，则称之为块的嵌套。块的嵌套除了不允许自引用以外，其深度是无限的，当把嵌套的块写入磁盘文件时，它所引用的块定义也被写入该文件。当插入一个这样的图形文件时，该图形中的所有块定义也被复制到当前图形中。

下面以图 3-73 所示定义块名为"五角星"的块为例，介绍块定义的具体操作步骤。

（1）画出块定义所需的图形（五角星）。

（2）调用 BLOCK 命令（缩写名：B），弹出块定义对话框。

（3）输入块名为"五角星"。

（4）单击"拾取点"按钮，在图形中拾取基准点（如 A 点），也可以直接输入坐标值。

（5）单击"选择对象"按钮，在图形中选择定义块的对象，对话框中显示块成员的数目。

（6）若选中"保留"单选按钮，则块定义后保留原图形，否则原图形将被删除。

（7）单击"确定"按钮，完成"五角星"块的定义，它将保存在当前图形中。

扫一扫观看视频

图 3-73　创建"五角星"图块

a）绘制五角星　b）设置基准点　c）"五角星"块定义

2. 块的插入

"块插入"命令（INSERT）用于将已经定义的图块插入到当前图形文件中，在插入的同时还可以改变插入图形的比例因子和旋转角度。调用"块插入"命令的方法如下。

（1）选项卡："默认"选项卡→"块"面板→"插入块"按钮 🔲 或"插入"选项卡→"块定义"面板→"插入块"按钮 🔲。

（2）菜单："插入(I)"→"块(B)"选项。

（3）命令行：INSERT（缩写名：I）↙。

执行"块插入"命令后，则弹出"插入"对话框，如图3-74所示。可以将块或另一个图形文件按指定位置插入到当前图形中。

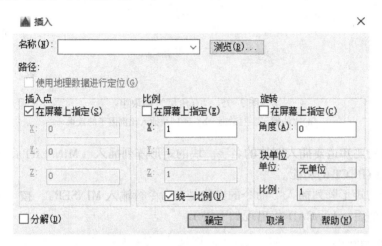

图3-74　"插入"对话框

对话框说明如下。

（1）"名称(N)"下拉列表用于指定要插入的块名或图形文件名。用户可以单击右侧的向下三角按钮从当前图形已经定义的块名列表中指定要插入的图块的名称；或者单击"浏览(B)"按钮，搜索要插入到当前图形中的图形文件，同时以该名字创建一个新的图块的定义，插入该块。实现有块的定义时插入块，无块的定义时插入同名的磁盘文件。

（2）"插入点"选项组用于指定块的插入点。可以在X、Y和Z文本框中直接输入块插入点的X、Y和Z坐标值；也可以选中"在屏幕上指定(S)"复选框，在图形区域中直接指定块的插入点。

（3）"比例"选项组用于指定块插入时X、Y和Z方向的比例因子。如果选中"统一比例(U)"复选框，则在三个方向上采用相同的比例因子；如果选中"在屏幕上指定(E)"复选框，则可在关闭对话框时根据系统的提示输入不同方向的比例因子。

（4）"旋转"选项组用以指定块插入时的旋转角度。可在"角度"文本框中输入旋转角度值；也可以选中"在屏幕上指定(C)"复选框，输入角度数值或者在图形区域中指定点，该点与插入点连线同X轴正方向的夹角即为块插入时的旋转角。

（5）"块单位"选项组用于显示有关块单位的信息。

（6）"分解(D)"复选框：若选中该复选框，则块在插入的同时被分解。

示例：按要求插入"五角星"块，结果如图3-75所示。

3. 块的矩形阵列插入（MINSERT 命令）

块的矩形阵列插入（多重插入块），就是可以设置行列数量、间距的一个矩形排列的图块矩阵，这些图块是一个整体。多重插入块的参数，包括块名都是在命令行输入的，所以在

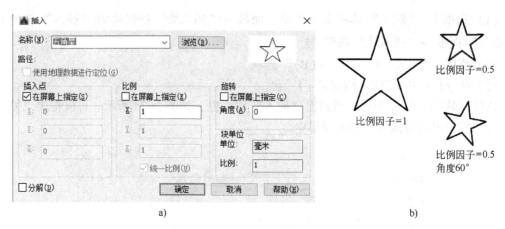

图 3-75 "五角星"图块组

a)"块插入"对话框 b)不同块插入比例因子的效果

操作之前，首先要知道要插入图块的名字。块的矩形阵列插入（MINSERT 命令）综合了 IN-SERT 和 ARRAYRECT 的功能。

调用"块的矩形阵列插入"命令的方法是在命令行输入 MINSERT，按〈Enter〉键。

执行该命令后，AutoCAD 将出现如下提示。

命令行：MINSERT ↙。
输入块名或[?]〈五角星〉：   //按〈Enter〉键接受当前值
单位:毫米 转换：1.0000
指定插入点或[基点(B)/比例(S)/旋转(R)]:(指定插入点)
指定插入点或[基点(B)/比例(S)/旋转(R)]:指定比例因子〈1〉： //按〈Enter〉键接受当前值
指定插入点或[基点(B)/比例(S)/旋转(R)]:指定旋转角度〈0〉： //按〈Enter〉键接受当前值
输入行数(--) <1>: 3
输入列数(111) <1>: 3
输入行间距或指定单位单元(---):60
指定列间距(111)：70

示例： 使用 MINSERT 命令将名为"五角星"的图块插入到图形中，结果如图 3-76 所示。

图 3-76 块的阵列插入

a)块"五角星" b)块的矩形阵列 c)块的环形阵列

★**注意：** 如果想要得到所插入图块的环形阵列形式，可以先将块插入一次，然后再使用 ARRAYPOLAR 命令完成块的环形阵列。

3.3.4 块编辑与修改

插入图形中的块被认为是一个整体，不能用通常的图形编辑命令进行修改。要修改插入图形中的块，根据具体情况可分别采用以下的方法。

1. 修改插入的单个图块

在块插入时，于"插入"对话框中选中"分解（D）"复选框或者在块插入以后使用 EXPLODE 命令或按"分解"按钮 ⬚ 将块分解，即可对组成块的各个对象进行单独的编辑和修改。

2. 利用"块编辑器"命令统一修改插入当前图形中的块

调用"块编辑器"命令的方法如下。

（1）选项卡："默认"选项卡→"块"面板→"块编辑器"按钮 ⬚ 或"插入"选项卡→"块定义"面板→"块编辑器"按钮 ⬚。

（2）菜单："工具（T）"→"块编辑器（B）"选项。

（3）命令行：BEDIT ↙。

采用以上方法激活"块编辑器"命令后，AutoCAD 将弹出如图 3-77a 所示的对话框。选中块"五角星"→按 确定 按钮→进入"块编辑器"面板→绘制内接于圆的五角星→单击关闭"块编辑器"按钮 ✖→选择"→将更改保存到五角星（S）"→当前图形中插入该块的所有实例都自动更新为内接于圆的五角星（如图 3-78 所示）。

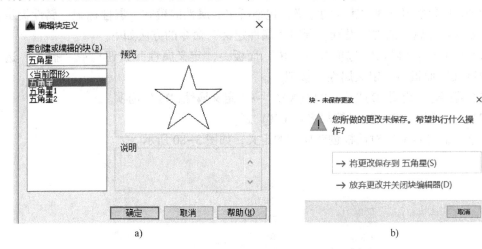

图 3-77 "块编辑器"对话框

a)"块编辑器"对话框　b)保存对"块编辑器"的修改

3. 统一修改插入当前图形中的块的多个实例

以图 3-76 中插入的名为"五角星"的块为例，欲将图 3-76b 中所有五角星改为内接于圆的五角星，只需将该块插入的一个实例分解并编辑或者重新绘制内接于圆的五角星，如图 3-78a 所示，再用 BLOCK 命令将其重新定义名为"五角星"的块，当出现如图 3-79 所示的提示时单击"重新定义块"，则当前图形中插入该块的所有实例都自动更新为内接于圆的五角星，结果如图 3-78b 所示。

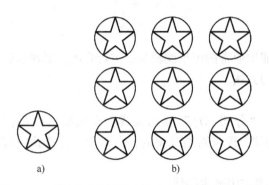

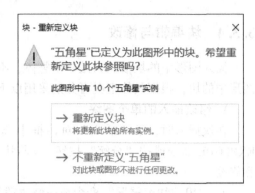

图3-78 对插入当前图形中的多个实例进行统一修改
a) 块"五角星"的新定义 b) 块的矩形阵列

图3-79 "块–重新定义块"警告信息提示框

3.3.5 定义块属性

1. 属性的概念

属性是从属于块的非图形信息，它是块的一个组成部分，也可以说属性是块中的文本对象，即"块=若干图形对象+属性"。

属性从属于块，它与块组成了一个整体。当用 ERASE 命令删除块时，包括在块中的属性也被擦去；当用图形编辑命令改变块的位置与转角时，其属性也随之移动和转动。

2. 属性的定义（ATTDEF 命令）

ATTDEF 命令用于创建属性的定义，包括所定义属性的模式、属性标记、属性提示、属性值、插入点和属性的文字设置。调用"属性定义"命令的方法如下。

（1）选项卡："默认"选项卡→"块"面板→"定义属性"按钮✎或"插入"选项卡→"块定义"面板→"定义属性"按钮✎。

（2）菜单："绘图（D）"→"块（K）"→"定义属性（D）"选项。

（3）命令行：ATTDEF（缩写名：ATT）↙。

通过"属性定义"对话框创建属性的定义，如图3-80所示。

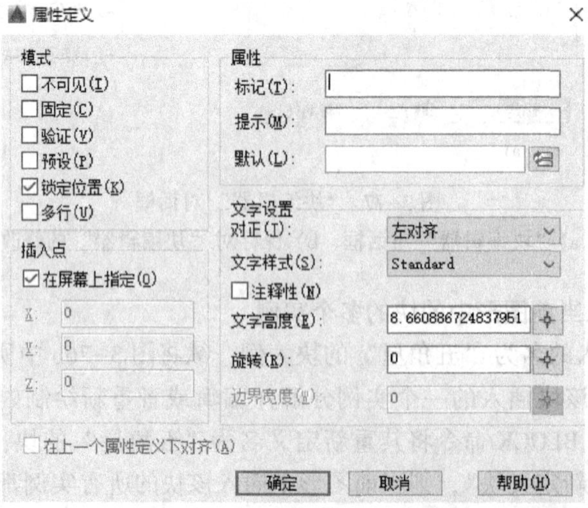

图3-80 "属性定义"对话框

示例：以如图3-81所示为例，布置一个办公室，办公桌应注明编号、姓名、年龄等说明，则可以使用带属性的块定义，然后在插入块时为属性赋值。

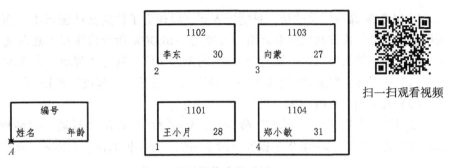

扫一扫观看视频

图3-81 使用属性的操作步骤示例

1）使用属性的操作步骤如下。

① 画出相关的图形。

② 调用 ATTDEF 命令，弹出属性定义对话框。

③ 在"模式"选项组中，规定属性的特性，如属性值可显示为"可见"或"不可见"，属性值可以是"固定"或"非常数"等。

④ 在"属性"选项组中，输入属性标记（如"编号"）、属性提示（若不能指定则用属性标记）和属性值（属性缺省值，可不指定）。

⑤ 在"插入点"选项组中，指定字符串的插入点，可用"在屏幕上指定"按钮在图形中定位，或直接输入插入点的 X、Y 和 Z 坐标值。

⑥ 在"文字设置"选项组中，指定字符串的对正、文字样式、文字高度和旋转角。

⑦ 按"确定"按钮即定义了一个属性，此时在图形相应位置会出现该属性的标记"编号"。

⑧ 同理，重复②~⑦步可定义属性"姓名"和"年龄"。

⑨ 调用"块定义"命令，把办公桌及三个属性定义为块"办公桌"，其基准点为 A（如图3-81所示）。

2）属性赋值的步骤如下。

① 调用 DDINSERT 命令，指定插入块"办公桌"。

② 在图3-81中，指定插入基准点为1，指定插入的 X、Y 比例，旋转角为0，由于块"办公桌"带有属性，系统将出现属性提示（"编号""姓名"和"年龄"）应依次赋值，在插入基准点1处插入块"办公桌"。

③ 同理，再调用 DDINSERT 命令，在插入基准点2、3、4处依次插入块"办公桌"，即完成如图3-81所示示例。

3）关于属性操作的其他命令如下。

ATTDEF：在命令行中定义属性。

ATTDISP：控制属性值显示可见性。

DDATTE：通过对话框修改一个插入块的属性值。

DDATTEXT：通过对话框提取属性数据，生成文本文件。

3.3.6　块存盘

用 BLOCK 命令定义的块，只能插入到已经建立了块定义的图形中，而不能被其他图形调用。为了能使块被其他图形调用，可使用 WBLOCK 命令将块写入磁盘文件。用 WBLOCK 命令写入磁盘的文件也是扩展名为 .dwg 的图形文件。调用"写块"命令的方法如下。

（1）选项卡："插入"选项卡→"块定义"面板→"写块"按钮🔲。

（2）命令行：WBLOCK（缩写名：W）↙。

采用以上方法激活"写块"命令后，AutoCAD 将弹出"写块"对话框，如图 3-82 所示。其中的"源"选项组将根据发出命令前的三种不同状况，显示不同的默认设置。

图 3-82　"写块"对话框

（1）"源"选项组：在该选项组中，用户可以指定要输出的图形对象或图块。各选项说明如下。

1）"块（B）"单选按钮：将图形中的图块写入磁盘文件，此时可在右侧的下拉列表中选择一个要写入磁盘文件的图块名称。

2）"整个图形（E）"单选按钮：将整个当前图形写入磁盘文件。

3）"对象（O）"单选按钮：从当前图形中选择图形对象写入磁盘文件。

（2）"基点"选项组和"对象"选项组：与"块定义"对话框相同，此处不再赘述。

（3）"目标"选项组，各选项说明如下。

1）"文件名和路径（F）"文本框：指定要输出的文件名称和文件的保存路径。

2）显示标准文件选择对话框 ⋯ ：单击此按钮，将弹出"浏览图形文件"对话框。在此对话框中，用户可直接指定文件要保存的路径。

3）"插入单位（U）"下拉列表框：指定建立的文件作为块插入时的单位。

➤ 任务实施

（1）绘制机用虎钳螺杆轴的零件图。

（2）设置文字样式，执行"格式"→"文字样式"菜单命令，创建名为"机械"的文字样式，字体为"仿宋_GB2312"。

（3）设置标注样式，利用机械标注样式完成线性尺寸标注，利用线性直径标注样式完成机用虎钳螺杆轴零件非圆直径的尺寸标注，如图3-83所示。

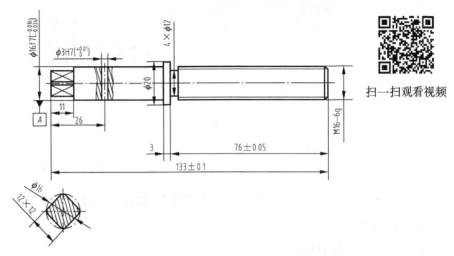

扫一扫观看视频

图3-83　标注机用虎钳螺杆轴零件线性尺寸与非圆直径尺寸

（4）利用引线标注完成机用虎钳螺杆轴零件倒角、几何公差的标注，并创建粗糙度块、基准图块完成图纸相应的标注要求，结果如图3-62所示。

> **知识拓展**

3.3.7　多重引线标注

在机械制图中，零件图的几何公差和装配图的序号等都需要使用指引线将注释文本和符号与图形对象连接在一起。在 AutoCAD 2016 中，可使用 MLEADER 命令标注指引线和注释，使用 TOLERANCE 命令标注几何公差。本节介绍设置指引线样式、注释文本样式、几何公差样式以及标注指引线和注释等内容。

1. 多重引线样式管理器（MLEADERSTYLE 命令）

标注指引线时应首先设置指引线和注释的样式，包括指引线的形状、指引线终端、注释文本及位置等内容。使用 MLEADERSTYLE 命令可以设置指引线和注释的样式。调用"多重引线样式"命令的方法如下。

（1）选项卡："默认"选项卡→"注释"面板→"多重引线样式"按钮 或"注释"选项卡→"引线"面板→"对话框启动程序"按钮 。

（2）菜单："格式(O)"→"多重引线样式(I)"选项 。

（3）工具栏："多重引线"→"多重引线样式"按钮 。

（4）命令行：MLEADERSTYLE ✔。

采用以上方法激活命令后，AutoCAD 将弹出"多重引线样式管理器"对话框，如图3-84所示。单击 新建(N)... 按钮可以设置新的多重引线样式，单击 修改(M)... 按钮可以编辑已有的多重引线样式。在"样式(S)"列表框内选择某一尺寸样式后，单击 置为当前(U) 按钮将其设置为当前多重引线样式。

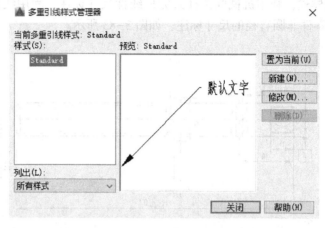

图 3-84　"多重引线样式管理器"对话框

对话框说明如下。

（1）标注样式信息区。

1）"当前多重引线样式"信息框：显示当前使用的多重引线样式名。

2）"样式(S)"列表框：显示已定义好的多重引线样式名。若用户尚未设置尺寸样式AutoCAD 将自动创建默认的 Standard 样式。用户可以按照引线标注需要设置几种不同的多重引线样式，然后按照需要选择某一样式为当前样式。

右击多重引线样式名，弹出快捷菜单，通过选择其中选项既可以将所选多重引线样式置为当前，也可以进行重命名或删除等操作。

3）"列出(L)"下拉列表：控制在"样式(S)"列表框中显示哪些多重引线样式名称。

①"所有样式"：显示所有多重引线样式。

②"正在使用的样式"：只显示图形中标注所使用的多重引线样式。

4）"预览"显示框：显示在"样式(S)"列表框中选择的多重引线样式的示例图。

（2）单击 新建(N)... 按钮，即可创建新的多重引线样式。系统将弹出"创建新多重引线样式"对话框，如图 3-85 所示。对话框中各选项含义如下。

1）"新样式名(N)"文本框：用于输入新的多重引线样式名。默认的新的多重引线样式名与在"基础样式(S)"下拉列表框所选择的多重引线样式名有关。

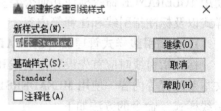

图 3-85　"创建新多重引线样式"对话框

2）"基础样式(S)"下拉列表框：为新创建的多重引线样式选择一个与新要求最接近的已定义的多重引线样式作为样板。

3）继续(O) 按钮：单击此按钮，系统将弹出"修改多重引线样式"对话框，用户可以在其中对新建样式进行设置，如图 3-86 所示。

（3）单击 修改(M)... 按钮，系统将弹出"修改多重引线样式"对话框。该对话框用于编辑和修改在"样式(S)"列表框中所选择的多重引线样式。"创建新多重引线样式"对话框

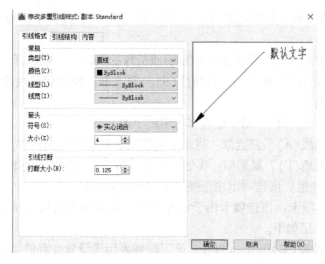

图 3-86　"修改多重引线样式"对话框

和"修改多重引线样式"对话框中的选项和操作方法完全一致，下面以"修改多重引线样式"对话框为例进行说明，如图 3-86 所示。

"修改多重引线样式"对话框包括"引线格式""引线结构"和"内容"三个选项卡。

（1）"引线格式"选项卡：该选项卡用来设置引线的类型、颜色、线型、线宽、箭头类型和大小等，其中各选项的介绍如下。

1）常规选项组：该选项组中的"类型"下拉列表用于设置指引线的样式，包括"直线""样条线"和"无"三个选项。

2）箭头选项组：该选项组用于设置指引线终端的形式，在"符号"和"大小"下拉列表中有多种形式的箭头，其选择方法与 DIMSTYLE 命令设置尺寸终端相同。在标注装配图序号时，一般使用实心箭头和实心圆点。

（2）"引线结构"选项卡：该选项卡用来设置最大引线点数、转折角度、是否包含基线、文本与基线间距等，如图 3-87 所示。其中各选项的介绍如下。

图 3-87　"引线结构"选项卡

1）"约束"选项组：该选项组用于控制在标注指引线过程中，绘制指引线的点数和角度。

①"最大引线点数（M）"数值框：控制引线折弯的点数，一般选择"3"。

②"第一段角度（E）"和"第二段角度（S）"复选框：控制用折线绘制指引线时，指引线上两条线段间的角度。

2）"基线设置"选项组：用于设置多重引线中的基线。

①"自动包含基线（A）"复选框：将水平基线附着到多重引线内容。

②"设置基线距离（F）"复选框：确定多重引线折弯点至附着内容的固定距离。

3）"比例"选项组：该选项组用于控制多重引线的缩放。

（3）"内容"选项卡：该选项卡用于设置多重引线类型和引线连接方式，如图3-88所示。其中各选项的介绍如下。

1）"多重引线类型（M）"下拉列表：该下拉列表用于设置注释的类型，不同的类型将影响MLEADER命令的提示信息和操作过程。

①"多行文字"：设置多行文本注释。

②"块"：设置块引用作为注释。

③"无"：设置无注释的指引线。

2）"文字选项"选项组：该选项组用于控制多行文字的外观。

3）"引线连接"选项组：该选项组用于控制多重引线连接方式，引线可以水平或垂直连接。

①"水平连接（O）"单选按钮：水平连接是将引线插入到文字内容的左侧或右侧。水平连接包括文字和引线之间的基线。

a）"连接位置-左（E）"下拉列表：控制文字位于引线右侧时基线连接到文字的方式，一般选择"第一行加下划线"。

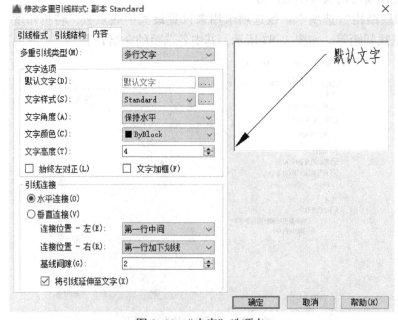

图3-88　"内容"选项卡

b）"连接位置-右（R）"下拉列表：控制文字位于引线左侧时基线连接到文字的方式，一般选择"第一行加下划线"。

c）"将引线延伸至文字（X）"复选框：将基线延伸到附着引线的文字行边缘（而不是多行文本框的边缘）处的端点。多行文本框的长度由文字的最长行的长度（而不是边框的长度）来确定。

② "垂直连接（V）"单选按钮：垂直连接是将引线插入到文字内容的顶部或底部。垂直连接不包括文字和引线之间的基线。

a）"连接位置-上（T）"下拉列表：将引线连接到文字内容的中上部。单击下拉菜单可以在引线连接和文字内容之间插入上划线。

b）"连接位置-下（B）"下拉列表：将引线连接到文字内容的底部。单击下拉菜单可以在引线连接和文字内容之间插入下划线。

c）"基线间隙（G）"微调按钮：指定基线和文字之间的距离。

2. 标注多重引线（MLEADER 命令）

使用 MLEADER 命令可以标注多重引线，可标注装配图的序号。"多重引线"命令配合 TOLERANCE 命令可标注零件图的几何公差，配合 MLEADERALIGN 命令对齐多重引线。调用"多重引线"命令的方法如下。

（1）选项卡："默认"选项卡→"注释"面板→"引线"按钮 ⁄⃝ 或"注释"选项卡→"引线"面板→"引线"按钮 ⁄⃝ 。

（2）菜单："标注（N）"→"多重引线（E）"选项 ⁄⃝ 。

（3）工具栏："多重引线"→"多重引线"按钮 ⁄⃝ 。

（4）命令行：MLEADER ↙ 。

下面举例说明使用"多重引线"命令标注引线的方法。

1）标注装配图的序号。采用以上方法激活"多重引线"命令后，AutoCAD 出现如下提示。

指定引线箭头的位置或[引线基线优先(L)/内容优先(C)/选项(O)]〈选项〉：	//拾取点 A,在装配图一零件轮
	//廓范围内指定指引线起点
指定下一点：	//拾取点 E,在螺纹调节支承杆的左方垂直辅助线上指定指引线的第二点
指定引线基线的位置：	//拾取点 C

系统将自动打开多行文字的"在位文字编辑器"，输入序号"1"，然后在文字输入框外单击，就可以标注该零件序号，按〈Enter〉键再次调出"多重引线"命令完成其余序号标注，结果如图 3-89 所示。

★**注意**：① 可事先绘制好辅助线以作为创建多重引线的参考线，待多重引线绘制完成后，即可将其删除。

② 可以利用"多重引线"命令配合"多重引线对齐"命令（"多重引线对齐"按钮 ⿴，命令 MLEADERALIGN）对齐已有的多重引线。

激活"多重引线对齐"命令后，AutoCAD 出现如下提示。

选择多重引线：	//选择序号 2、3、4、5
选择多重引线：	//按〈Enter〉键结束选择
选择要对齐到的多重引线或[选项(O)]：	//选择要对齐的序号 1
指定方向：	//使用鼠标确定为垂直方向对齐

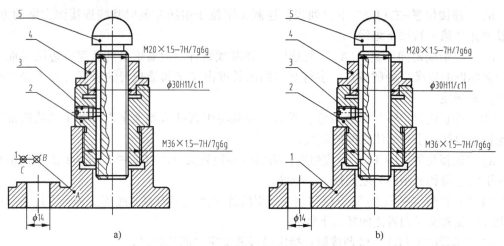

图 3-89　螺纹调节支承杆序号标注

a）利用"多重引线"命令标注序号　b）利用"多重引线对齐"命令对齐序号

利用"多重引线对齐"命令将螺纹调节支承杆主视图序号对齐，结果如图 3-89b 所示。

2）标注几何公差。使用"多重引线"命令（MLEADER）创建一个不带文字的引线标注，并使用 TOLERANCE 命令设置和标注零件图的几何公差。

执行"多重引线"命令（MLEADER）标注几何公差的指引线，如图 3-90a 所示，然后单击"注释"选项卡→"标注"面板→"公差"按钮⊕⬛ 或者"标注"工具栏→"公差"按钮⊕⬛，完成几何公差的标注，结果如图 3-90b 所示。

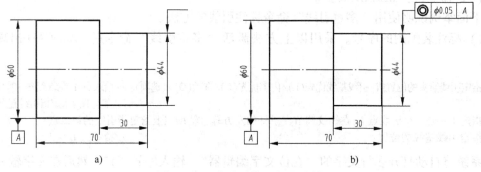

图 3-90　"多重引线"标注示例

a）创建不带文字的引线标注　b）完成几何公差的标注

3.3.8　外部参照

外部参照与块有相似的地方，但又不同于图块插入。外部参照是把已有的图形文件像块一样插入到图形中。被插入的图形文件信息并不直接加到当前的图形文件中，当前图形只是记录了引用关系（被插入文件的路径记录）。

外部参照涉及图形信息的关联，一个图形中可能会存在多个外部参照图形，所以了解外部参照的各种信息，才能对含有外部参照的图形进行有效的管理。系统的"外部参照"选项板可以组织、显示并管理参照文件。

执行"插入"→"外部参照"菜单命令（EXTERNALREFERENCES），将打开"外部参照"选项板。在选项板上方单击"附着DWG"按钮，或在"参照"工具栏中单击"附着外部参照"按钮，都可以打开"选择参照文件"对话框。选择参照文件后，将打开如图3-91所示的"附着外部参照"对话框，利用对话框可以将图形文件以外部参照的形式插入到当前图形中。

从图3-91可以看出，在图形中插入外部参照的方法与插入块的方法相同，只是在"附着外部参照"对话框中多了几个特殊的选项。

在"参照类型"选项区域中可以确定外部参照的类型，包括"附着型"和"覆盖型"两种类型。如果选择"附着型"单选按钮，将显示出嵌套参照中的嵌套内容；选择"覆盖型"单选按钮，则不显示嵌套参照中的嵌套内容。

在AutoCAD 2016中，可以使用相对路径附着外部参照，它包括"完整路径""相对路径"和"无路径"三种类型。各选项的功能如下。

(1)"完整路径"选项。当使用完整路径附着外部参照时，外部参照的精确位置将保存到主图形中。此选项的精确度最高，但灵活性最小，如果移动工程文件夹，AutoCAD 2016将无法融入任何使用完整路径附着的外部参照。

图3-91 "附着外部参照"对话框

(2)"相对路径"选项。当使用相对路径附着外部参照时，将保存外部参照相对于主图形的位置。此选项的灵活性最大，如果移动工程文件夹，AutoCAD 2016仍可以融入使用相对路径附着的外部参照，只要此外部参照相对主图形的位置未发生变化。

(3)"无路径"选项。在不使用路径附着外部参照时，AutoCAD 2016首先在主图形的文件夹中查找外部参照。当外部参照文件与主图形位于同一个文件夹时，此选项非常有用。

示例：使用如图3-92所示的图形文件创建图形。图形文件名称分别为"圆.dwg"和"五角星.dwg"，其中心点都是坐标原点(0,0)。图形创建过程如下。

1)执行"文件"→"新建"菜单命令，新建一个文件。

2)执行"插入"→"外部参照"菜单命令，打开"外部参照"选项板，单击选项板上方的"附着DWG"按钮，打开"选择参照文件"对话框，选择"圆.dwg"文件，然后单击"打开"按钮。

3)打开"附着外部参照"对话框，在"参照类型"选项区域中选择"附着型"单选按钮，在"插入点"选项区域中确认当前坐标 *X*、*Y*、*Z* 均为 0，然后单击"确定"按钮，将外部参照文件"圆 . dwg"插入到文档中。

4）重复步骤 2）和 3），将外部参照文件"五角星 . dwg"插入到文档中，结果如图 3-93 所示。

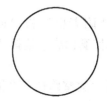  

图 3-92　外部参照文件圆和五角星　　　　图 3-93　插入外部参照文件的结果

使用块时，除了利用插入的模式外，使用外部参照也是个好方法。插入是将块插入到图形里，会增加图形文件的大小，而外部参照则是在工作时暂时看到图形而已，并不会增加图形文件的大小。

3.3.9　设计中心

AutoCAD 2016 的设计中心（Design Center）类似于 Windows 的资源管理器，具有很强的图形信息管理功能，可以在本机或网络上浏览、查找已有的图形文件及其内部定义，并将它们统一控制在当前的交互环境中，以便用户通过简单的拖放操作，就可以实现图形信息的重用和共享。

用户通过联机设计中心可以访问互联网上数以万计的预先绘制的符号、制造商信息以及内容集成商站点。调用"设计中心"命令的方法如下。

（1）选项卡："视图"选项卡→"选项板"面板→"设计中心"按钮▥或"插入"选项卡→"内容"面板→"设计中心"按钮▥。

（2）菜单："工具(T)"→"选项板"→"设计中心(D)"选项▥。

（3）工具栏："标准"→"设计中心"按钮。

（4）命令行：ADCENTER ✓。

　　　　　　　ADCNAVIGATE ✓（显示设计中心，并按指定路径浏览）。

　　　　　　　ADCCLOSE ✓（关闭设计中心）。

（5）快捷键：〈Ctrl+2〉

采用以上方法可以激活"设计中心"，AutoCAD 2016 的设计中心如图 3-94 所示，各部分功能介绍如下。

1. 设计中心窗口界面

（1）标题栏：位于设计中心窗口的左侧，当设计中心固定时，整个设计中心窗口缩为一矩形标题条。固定在屏幕左侧或右侧，仅有"关闭""自动隐藏"和"特性"三个按钮。

（2）工具栏：实现显示内容切换、内容查找等各种操作的命令按钮。

（3）状态行：在设计中心窗口的底部，显示有关源的内容。

（4）工具栏和状态行之间部分被分成左、右两列，左列为树状图，右列分为上、中、下三个区域。

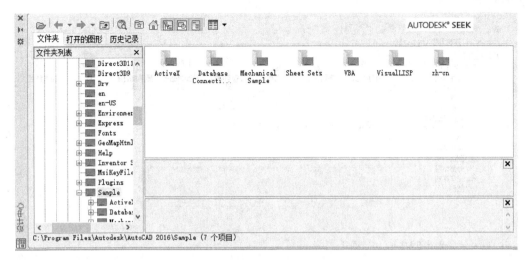

图 3-94　AutoCAD 2016 的设计中心

（5）树状图：位于左侧窗格，用于浏览指定资源的层次结构，并将选定项目的内容装入内容区域。

（6）内容区域：位于右侧窗格，以大、小图标，列表或详细说明等方式显示树状图中选定项目的内容。

（7）图像框：在内容区域的下边，显示在内容区域中所选内容的图像。

（8）说明框：在图像框的下边，显示在内容区域中所选内容的描述信息。

（9）"AUTODESK SEEK"提供 Autodesk Seek Web 页中的内容，包括块、符号库、制造商内容和联机目录。现在仅提供英文版本的 Autodesk Seek。

2. 观察内容

使用设计中心窗口的树状图和内容区域可以方便地浏览各类资源中的项目，并将需要的内容拖放到当前图形中。

（1）使用树状图。设计中心窗口左侧的树状图和三个选项卡可以帮助用户查找内容并将内容加载到内容区域中。在工具栏上单击 ，可以打开或关闭树状图。

树状图打开后，将在其中列出所选源的内容和层次结构。单击（+）或减号（-）（或双击项目本身）可以打开显示或折叠隐藏相关项目的下层结构。选择树状图中的项目，在内容区域中显示相应内容。树状图中各选项卡介绍如下。

1）"文件夹"选项卡：显示本地或网络驱动器列表、所选驱动器中的文件夹和文件列表。用户可在此选定图形的块表、层表和线型表等定制内容。

2）"打开的图形"选项卡：列出当前在 AutoCAD 中打开的图形，如图 3-95 所示。

3）"历史记录"选项卡列出设计中心最近访问的 20 个位置。

（2）使用内容区域。内容区域用于显示树状图中所选项目的内容。当在树状图中选择图形的块表、层表、线型表、尺寸样式表以及文字样式表时，内容区域将对应显示该表定义的详细内容。预览图像和描述用于帮助插入前识别其内容。可以在内容区域中将项目添加到图形文件或工具选项板中。

在工具栏单击"加载"按钮 ，在随即弹出的"加载"对话框中选择资源，即可将它

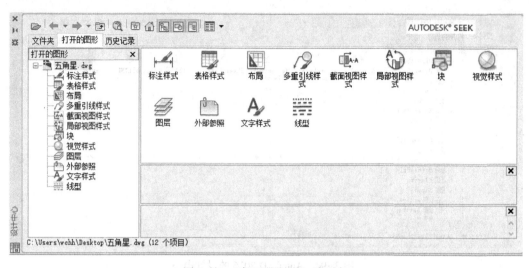

图 3-95 "打开的图形"选项卡

所包含的内容装入内容区域。

3. 使用设计中心打开图形文件

在设计中心中，可以采用直接打开或拖放两种方式打开选定的图形文件。

（1）用拖放方式打开选定的图形，步骤如下。

1）单击当前已打开图形文件窗口右上角的"最小化"按钮，将图形窗口最小化，或选择 AutoCAD "窗口（W）"菜单的"层叠（C）"选项，以层叠方式排列各个打开的图形窗口，使 AutoCAD 空白的图形区域可见。

2）在设计中心中，将选定的图形文件拖放到 AutoCAD 空白的图形区域即可打开该图形。

★**注意**：拖放时要确保 AutoCAD 空白的图形区域可见，不要将图形文件拖放到另一个已打开的图形文件中。如果把图形文件拖放到已打开的图形区域，将引发插入块的对话过程，并将选定的图形文件作为块插入到已打开的图形文件中。

（2）直接打开方式，在设计中心直接打开选定的图形文件的步骤如下。

1）在树状图中选取准备打开的图形文件所在目录。

2）在内容区域中准备打开的图形文件的图标（或名称上）上右击，在弹出的快捷菜单中选择"在应用程序窗口打开"选项。

4. 使用设计中心查找内容

使用设计中心的"搜索"功能，可以搜索图形文件，还可以对图形中定义的块、图层、尺寸样式、文本样式等各种内容进行查找并定位。"搜索"对话框中提供了多种条件来缩小搜索范围，包括最后修改的时间、块定义描述和在图形"属性"对话框指定的任一区域中的文本。例如，当不记得图形文件名时，可以用摘要中的关键词作为搜索条件；当忘记一个块是保存在一个图形文件中，还是作为单独的图形文件保存时，可以选择查找类型为"图形和块"，在指定的范围内搜索图形文件和块。

在设计中心中，单击工具栏上的"搜索"按钮 ；或右击树状图、内容区域的背景，从弹出的快捷菜单中选择"搜索（S）"选项，均可弹出如图 3-96 所示的"搜索"对话框。

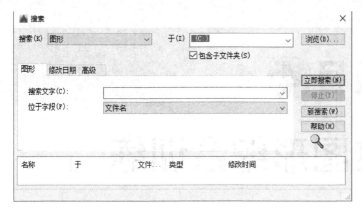

图 3-96 "搜索"对话框

➤ 技能训练

1. 创建如图 3-97 所示的表面粗糙度符号块和如图 3-98 所示的基准符号块。

图 3-97 表面粗糙度符号块　　　图 3-98 基准符号块

★**注意**：国标规定了 3 种基本的粗糙度符号，其中当字体高度为 5 时，H_1 为 7，H_2 为 15。

2. 绘制如图 3-99 所示虎钳的活动钳身并标注尺寸。

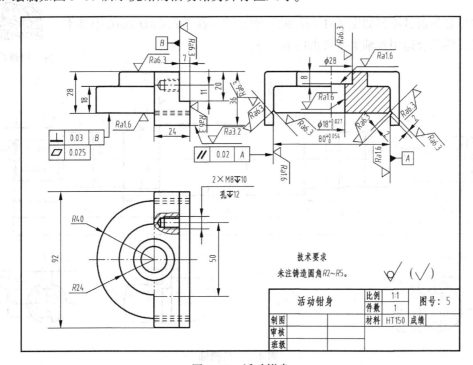

图 3-99 活动钳身

二维图形综合训练

❖ **教学目标**

熟练掌握各种绘图命令的使用；
熟练运用所学的尺寸标注方法对图形进行标注。

任 务 4.1　绘 制 主 轴

➤ **任务提出**

本任务将通过绘制如图 4-1 所示的主轴来学习在 AutoCAD 2016 中基本绘图工具的综合运用及轴类零件的绘制方法。

扫一扫观看视频

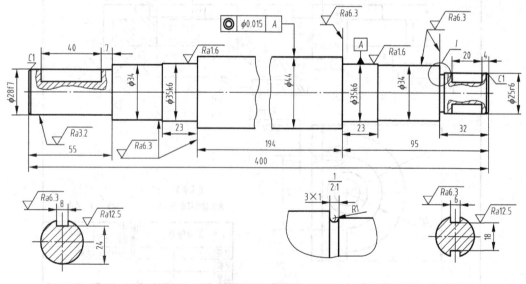

图 4-1　阶梯轴

> **任务分析**

轴类零件一般都是回转体，是组成机器或部件的最基本零件之一。其零件的工程图通常只需一个主视图，在有键槽和孔的地方，增加必要的局部剖视图或断面图，对某些退刀槽、中心孔等较小的结构，可以采用局部放大图的方法来准确地表达形状尺寸。

> **任务实施**

4.1.1 新建并保存文件

打开 AutoCAD 2016，新建文件并保存为"主轴.dwg"。

4.1.2 新建图层

建立"细实线"图层、"粗实线"图层和"中心线"图层；打开"正交"与"捕捉"模式；创建文字样式及标注样式，具体操作步骤和参数设置可参考之前的内容。

4.1.3 绘制中心线

在"中心线"图层上画出主轴的轴线。

4.1.4 绘制主视图

（1）在"粗实线"图层上，用"直线"命令绘制主轴轮廓线的上半部分，结果如图 4-2 所示。

图 4-2　主轴轮廓线的上半部分

（2）用"直线"命令绘制各轴段的垂直线，结果如图 4-3 所示。

图 4-3　各轴段的垂直线

（3）利用"镜像"命令完成主轴的下半部分，得到主轴的主体轮廓，结果如图 4-4 所示。

图 4-4　完成主轴的主体轮廓

（4）分别绘制主轴左端和右端的键槽。

（5）在"细实线"图层上，用样条曲线绘制剖视图与轴假想折断的边界。

（6）进行图案填充，结果如图4-5所示。

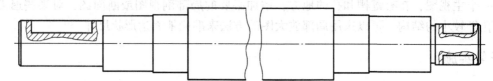

图4-5　绘制主视图中的键槽

4.1.5　绘制断面图和局部放大图

（1）绘制左侧断面图。

（2）绘制右侧断面图。

（3）填充断面图。

（4）绘制局部放大图，结果如图4-6所示。

★注意：在绘制局部放大图时，该视图中的所有尺寸均需按实际尺寸放大两倍来画。如果按真实尺寸1:1绘制，那么就要用"缩放"命令，将图形放大两倍。

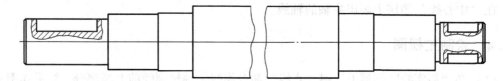

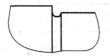

图4-6　绘制断面图与局部放大图

4.1.6　标注轴向尺寸

其结果如图4-7所示。

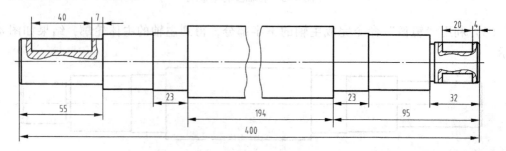

图4-7　轴向尺寸标注结果

4.1.7 标注径向尺寸

其结果如图 4-8 所示。

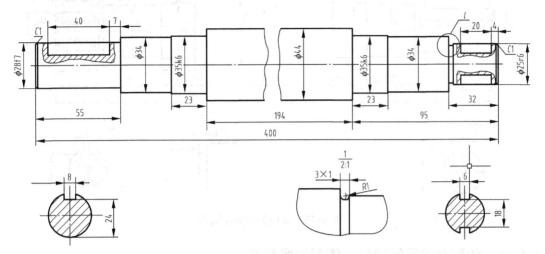

图 4-8 径向尺寸标注结果

4.1.8 标注表面粗糙度

其结果如图 4-9 所示。

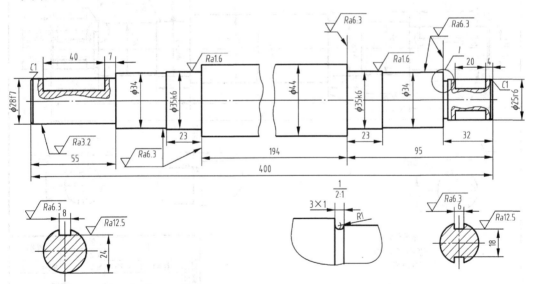

图 4-9 表面粗糙度标注结果

4.1.9 标注几何公差

其结果如图 4-10 所示。

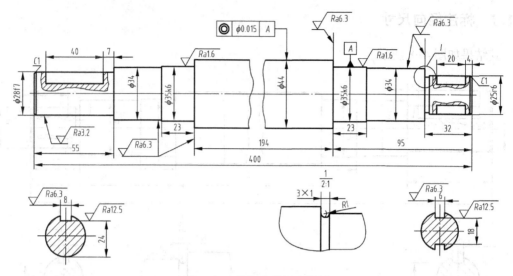

图 4-10   几何公差标注结果

4.1.10   绘制并填写标题栏，填写技术要求

其结果如图 4-11 所示。

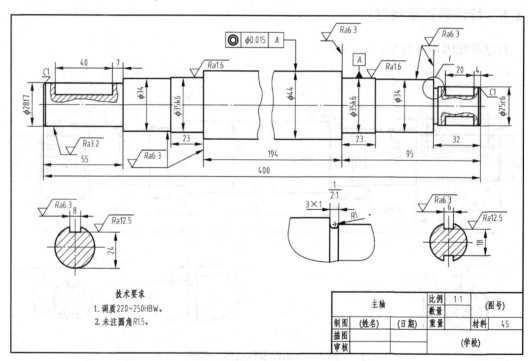

技术要求

1. 调质220~250HBW。

2. 未注圆角R1.5。

主轴		比例	1:1	（图号）
		数量		
制图	（姓名）	（日期）	重量	材料	45
描图					
审核			（学校）	

图 4-11   绘制并填写标题栏结果

➤ 技能训练

运用所学知识完成如图 4-12 所示阶梯轴的绘制并标注尺寸。

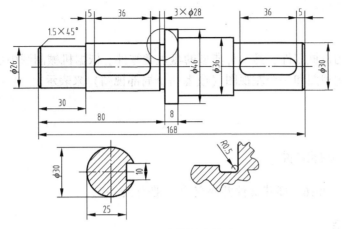

图 4-12 阶梯轴零件图

任务 4.2 绘制带轮

> ## 任务提出

本任务通过绘制如图 4-13 所示的带轮，介绍在 AutoCAD 2016 中带轮的绘制方法以及相应的标注方法。

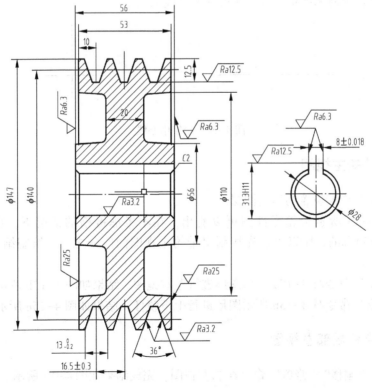

图 4-13 带轮

扫一扫观看视频

➤ 任务分析

带轮是重要的机械零件，是一种典型的盘盖类零件。依据机械制图中的相关规范，表达带轮一般用一个主视图和一个左视图（或者一个局部视图）来表示。

➤ 任务实施

4.2.1　新建并保存文件

打开 AutoCAD 2016，新建文件并保存为"带轮 . dwg"。

4.2.2　新建图层

建立"细实线"图层、"粗实线"图层和"中心线"图层，打开"正交"与"捕捉"模式，创建文字样式及标注样式，具体操作步骤和参数设置可参考之前的内容。

4.2.3　绘制中心线

将"中心线"图层设置为当前图层，绘制中心线，主视图水平中心线的长度可定为 62 mm，左视图水平中心线的长度可定为 34 mm，垂直中心线的长度可定为 37.5 mm，如图 4-14 所示。

★注意：两视图的水平中心线应在同一水平线上。

图 4-14　绘制中心线

4.2.4　绘制带轮主视图

将"粗实线"图层设置为当前图层。

根据如图 4-13 所示带轮零件图可以看出，在不考虑键槽的情况下，带轮主视图是左、右和上、下对称的，所以可以先绘制出带轮主视图的四分之一，绘制结果如图 4-15a 所示。

利用"镜像"命令对 4-15a 所示图形进行左右镜像，结果如图 4-15b 所示。

利用"镜像"命令对 4-15b 所示图形进行上下镜像，结果如图 4-15c 所示。

4.2.5　绘制带轮局部左视图

利用"圆""偏移""修剪"命令绘制左视图，完成结果如图 4-16 所示。

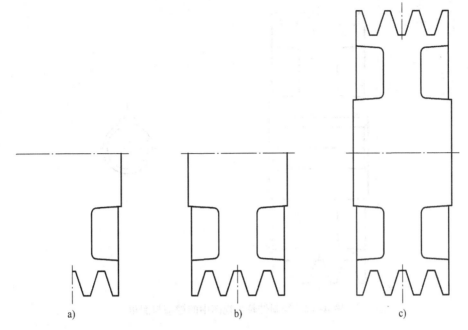

图 4-15　绘制主视图

a）绘制四分之一轮廓　b）左右镜像　c）上下镜像

图 4-16　绘制左视图

a）绘制圆、偏移直线　b）修剪、删除直线　c）指定键槽到粗实线层

4.2.6　绘制带轮主视图中的键槽与倒角

注意与左视图相应结构对齐，结果如图 4-17 所示。

4.2.7　图案填充

（1）设置"细实线"图层为当前图层。

（2）执行"图案填充"命令，打开"图案填充和渐变色"对话框，设置"图案填充"参数（见图 4-18），然后单击"添加：拾取点"按钮，分别填充带轮主视图中需要填充的区域，填充结果如图 4-19 所示。

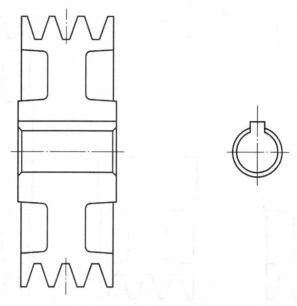

图 4-17　绘制带轮主视图中的键槽与倒角

图 4-18　绘制"图案填充"参数设置

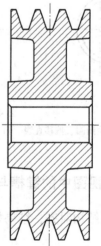

图 4-19　图案填充结果

4.2.8　标注带轮尺寸

带轮尺寸标注结果如图 4-20 所示。

★**注意**：主视图上的尺寸 φ147、φ140、φ56、φ110、16.5±0.3 和左视图中的尺寸 31.3H11 用"线性"命令进行标注，然后双击尺寸数字进行修改，加注相应符号。

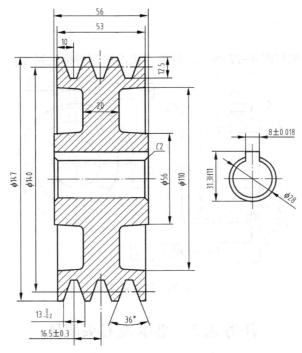

图 4-20　带轮尺寸标注

4.2.9　标注带轮表面结构要求

（1）绘制表面粗糙度符号并定义块（具体过程参见任务 3.3）。

（2）标注表面粗糙度，结果如图 4-21 所示。

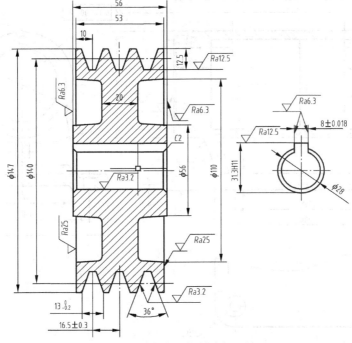

图 4-21　带轮表面粗糙度标注结果

➤ 技能训练

运用所学知识完成如图 4-22 所示齿轮零件图的绘制并标注尺寸。

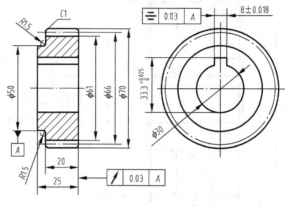

图 4-22　齿轮零件图

任务 4.3　绘制铣刀头座体

➤ 任务提出

本任务将通过绘制如图 4-23 所示的座体来学习在 AutoCAD 2016 中基本绘图工具的综合运用及箱体类零件的绘制方法。

扫一扫观看视频

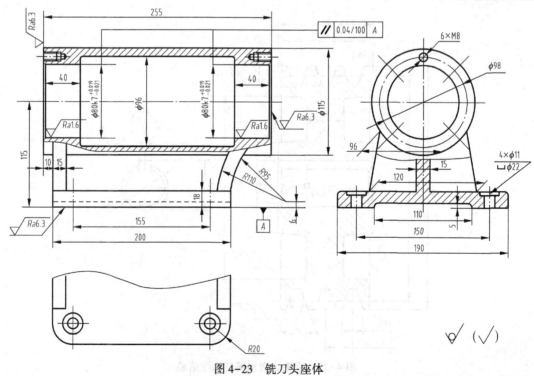

图 4-23　铣刀头座体

➤ 任务分析

箱体类零件一般包括各种阀体、泵体、壳体、箱体和机座等，是机器和部件的主体零件。箱体类零件用来容纳、支撑、密封和固定其他零件，常有内腔、轴承孔、凸台、肋板、安装板、光孔和螺纹孔等结构。箱体类零件一般需要两个以上的基本视图表达，多用通过主要支撑孔轴线的剖视图表达其内部结构，局部结构通常用局部视图、局部剖视图或断面图等来表达。尺寸标注通常以轴孔中心线、对称平面、安装结合面和较大的加工平面为主要尺寸基准。定位尺寸较多，有些定位尺寸常有公差要求。如各孔的中心线和轴线之间的距离，轴承孔轴线与安装面的垂直距离应该直接标出。轴孔、结合面及重要表面，在尺寸精度、表面结构和几何公差等方面都有严格的要求。

➤ 任务实施

4.3.1　新建并保存文件

打开 AutoCAD 2016，新建文件并保存为"座体. dwg"。

4.3.2　新建图层

建立"粗实线"图层、"中心线"图层、"细实线"图层、"虚线"图层、"填充"图层和"标注"图层。

4.3.3　绘制中心线

在"中心线"图层上画出中心线，进行合理布图，结果如图 4-24 所示。

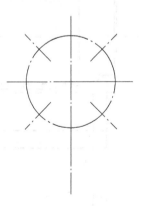

图 4-24　中心线绘制结果

4.3.4　绘制铣刀头座体三个视图

（1）在"粗实线"层绘制可见轮廓线。
（2）在"虚线"层绘制不可见轮廓线。

（3）在"细实线"层绘制局部剖视图与局部视图的边界线，结果如图 4-25 所示。

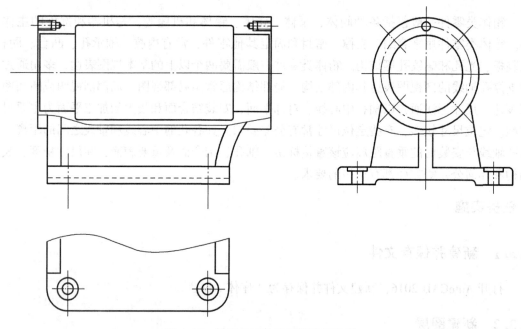

图 4-25 铣刀头座体三视图绘制结果

4.3.5 填充

在"填充"层上对剖切结构进行填充，结果如图 4-26 所示。

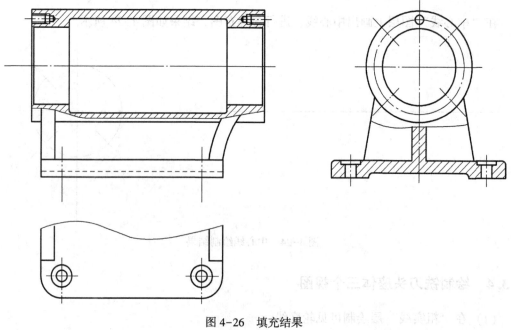

图 4-26 填充结果

4.3.6　标注

（1）将"标注"层置为当前层。

（2）标注尺寸。

（3）标注表面粗糙度。

（4）标注几何公差与基准。

标注结果如图 4-27 所示。

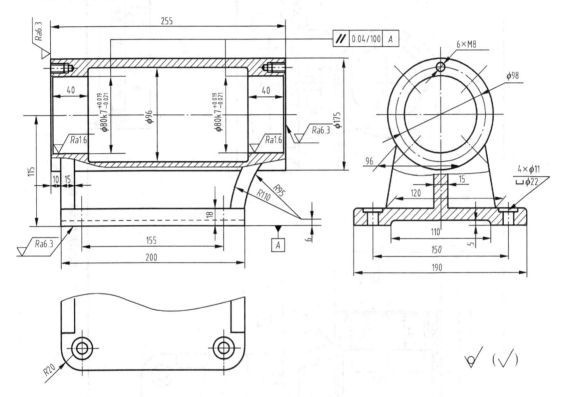

图 4-27　标注结果

4.3.7　绘制并填写标题栏

结果如图 4-28 所示。

4.3.8　填写技术要求

结果如图 4-29 所示。

➤ 技能训练

完成如图 4-30 所示固定钳身零件图的绘制与标注。

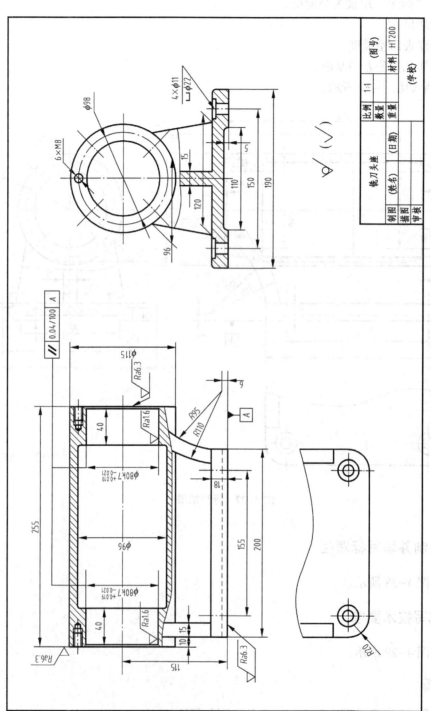

图4-28　绘制并填写标题栏

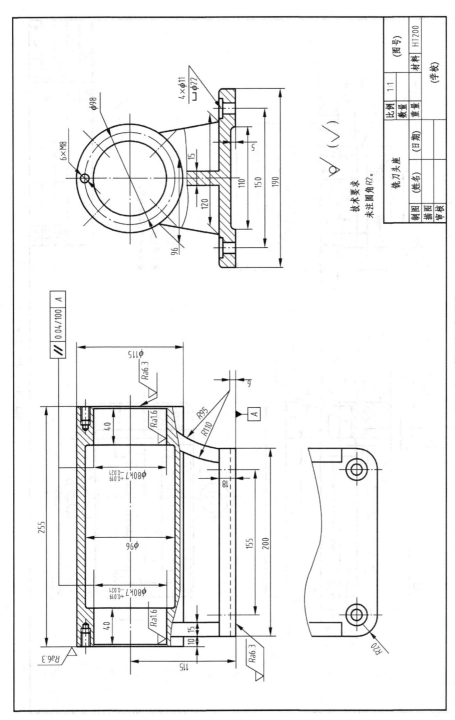

图4-29 填写技术要求

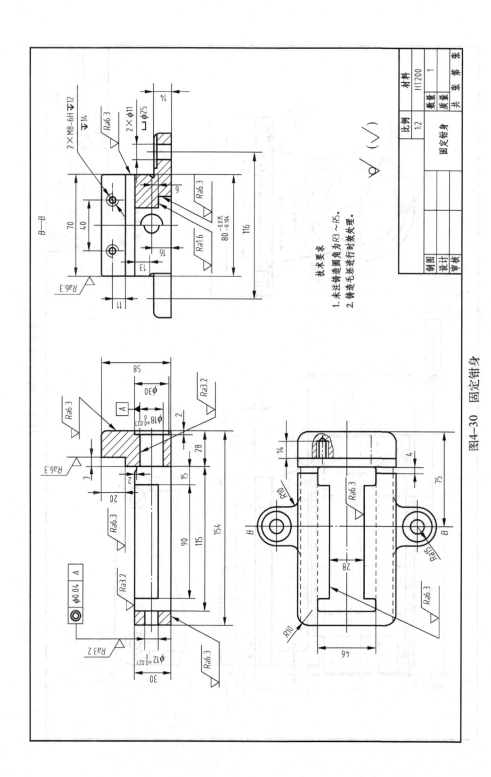

图4-30 固定钳身

任务 4.4　绘制铣刀头装配图

➤ 任务提出

本任务将以如图 4-31 所示的铣刀头装配图为例介绍在 AutoCAD 2016 中装配图的绘制方法。

扫一扫观看视频

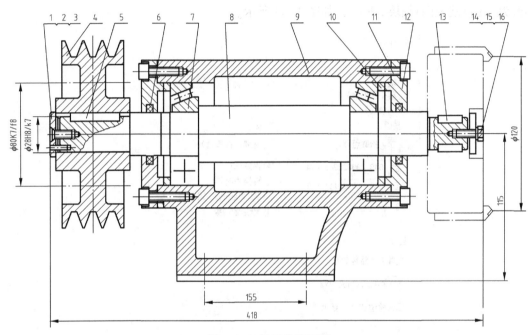

图 4-31　铣刀头装配图

➤ 任务分析

装配图是用于表达部件或机器的工作原理、零件之间的装配关系和相互位置，以及装配、检验、安装所需要的尺寸数据的技术文件。在设计过程中，一般都先绘制出装配图，再由装配图所提供的结构形式和尺寸拆画零件图；也可以先绘制零件图，再根据零件图来拼画装配图。装配图的绘制涉及已介绍过的各种零件图的绘制方法。

➤ 任务实施

4.4.1　绘制零件并制作装配块

（1）制作主轴装配块。

步骤一：参照如图 4-11 所示尺寸绘制主轴图形，中间不采用折断画法。

步骤二：执行"直线"命令，分别捕捉如图 4-32 所示的线段 a 和线段 b 的中点绘制辅助中心线。

步骤三：在命令行中输入 WBLOCK 命令，按下〈Enter〉键，系统弹出"写块"对话框。

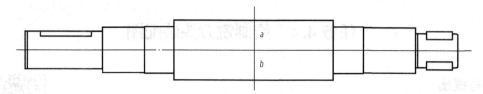

图 4-32　绘制辅助中心线

步骤四：将"写块"对话框中"目标"选项区域中的"文件名和路径"编辑框内的内容改为"F：\装配图\轴块 . dwg"，如图 4-33 所示。

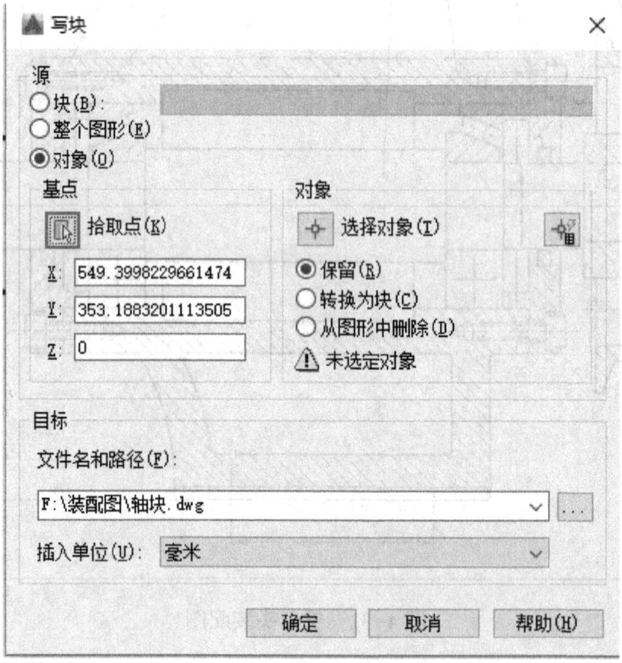

图 4-33　设置"写块"参数

步骤五：单击"选择对象"按钮，选择如图 4-32 所示整个图形为块对象，按〈Enter〉键结束操作。

步骤六：单击"拾取点"按钮，捕捉如图 4-32 所示辅助线的中点为插入基点。

步骤七：单击"确定"按钮即生成一个轴图块。

（2）制作带轮块。

步骤一：参照如图 4-20 所示尺寸绘制带轮图形。

步骤二：在命令行中输入 WBLOCK 命令，按下〈Enter〉键，系统弹出"写块"对话框。

步骤三：将"写块"对话框中"目标"选项区域中的"文件名和路径"编辑框内的内容改为"F：\装配图\带轮块 . dwg"。

步骤四：选择如图 4-34 所示带轮，以图中 A 点为插入基点创建带轮块。

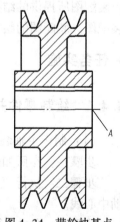

图 4-34　带轮块基点

（3）制作轴承块。

步骤一：新建一个图形文件，按照如图4-35所示的尺寸绘制轴承块图形。

步骤二：在命令行中输入WBLOCK命令，按〈Enter〉键，系统弹出"写块"对话框。

步骤三：将"写块"对话框中"目标"选项区域中的"文件名和路径"文本框内的内容改为"F:\装配图\轴承块.dwg"。

步骤四：选择如图4-36所示轴承，以如图4-36所示的B点为插入基点创建轴承块。

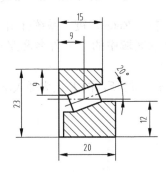
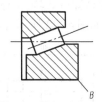

图4-35　轴承块零件图　　　　　　图4-36　轴承块基点

（4）绘制螺钉1块。

步骤一：新建一个图形文件，按照如图4-37所示的尺寸绘制螺钉1块图形。图4-37至图4-42中为了后面装配方便均包含了螺纹孔部分。

步骤二：在命令行中输入WBLOCK命令，按〈Enter〉键，系统弹出"写块"对话框。

步骤三：将"写块"对话框中"目标"选项区域中的"文件名和路径"文本框内的内容改为"F:\装配图\螺钉1块.dwg"。

步骤四：选择如图4-38所示螺钉1，以如图4-38所示的C点为插入基点创建螺钉1块。

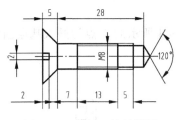
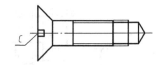

图4-37　螺钉1块零件图　　　　　　图4-38　螺钉1块基点

（5）绘制螺钉2块。

步骤一：新建一个图形文件，按照如图4-39所示的尺寸绘制螺钉2块图形。

步骤二：在命令行中输入WBLOCK命令，按〈Enter〉键，系统弹出"写块"对话框。

步骤三：将"写块"对话框中"目标"选项区域中的"文件名和路径"文本框内的内容改为"F:\装配图\螺钉2块.dwg"。

步骤四：选择如图4-40所示螺钉2，以如图4-40所示的D点为插入基点创建螺钉2块。

（6）绘制螺钉3块。

步骤一：新建一个图形文件，按照如图4-41所示的尺寸绘制螺钉3块图形。

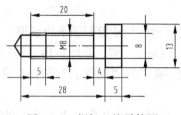

图 4-39　螺钉 2 块零件图

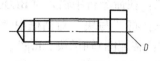

图 4-40　螺钉 2 块基点

步骤二：在命令行中输入 WBLOCK 命令，按〈Enter〉键，系统弹出"写块"对话框。

步骤三：将"写块"对话框中"目标"选项区域中的"文件名和路径"文本框内的内容改为"F:\装配图\螺钉 3 块 . dwg"。

步骤四：选择如图 4-42 所示螺钉 3，以如图 4-42 所示的 E 点为插入基点创建螺钉 3 块。

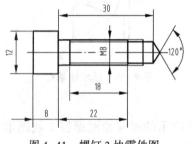

图 4-41　螺钉 3 块零件图

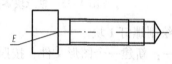

图 4-42　螺钉 3 块基点

（7）绘制端盖块。

步骤一：新建一个图形文件，按照如图 4-43 所示的尺寸绘制端盖块图形。

步骤二：在命令行中输入 WBLOCK 命令，按下〈Enter〉键，系统弹出"写块"对话框。

步骤三：将"写块"对话框中"目标"选项区域中的"文件名和路径"文本框内的内容改为"F:\装配图\端盖块 . dwg"。

步骤四：选择如图 4-44 所示端盖，以如图 4-44 所示的 F 点为插入基点创建轴承盖块。

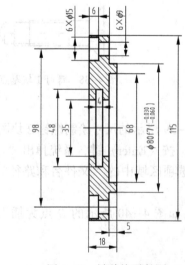

图 4-43　端盖块零件图

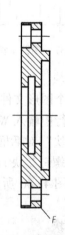

图 4-44　端盖块基点

（8）绘制挡圈块。

步骤一：新建一个图形文件，按照如图 4-45 所示的尺寸绘制挡圈块图形。

步骤二：在命令行中输入 WBLOCK 命令，按〈Enter〉键，系统弹出"写块"对话框。

步骤三：将"写块"对话框中"目标"选项区域中的"文件名和路径"文本框内的内容改为"F:\装配图\挡圈块 . dwg"。

步骤四：选择如图 4-46 所示挡圈，以如图 4-46 所示的 G 点为插入基点创建挡圈块。

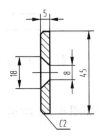 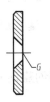

图 4-45 挡圈块零件图   图 4-46 挡圈块基点

（9）创建铣刀块。

步骤一：新建一个图形文件，按照如图 4-47 所示的尺寸绘制铣刀块图形。

★**注意**：铣刀不属于铣刀头的一部分，所以在装配图中用双点画线表示，用来表达二者间的连接关系与方式。

步骤二：在命令行中输入 WBLOCK 命令，按〈Enter〉键，系统弹出"写块"对话框。

步骤三：将"写块"对话框中"目标"选项区域中的"文件名和路径"文本框内的内容改为"F:\装配图\铣刀块 . dwg"。

步骤四：选择如图 4-48 所示铣刀，以如图 4-48 所示的 J 点为插入基点创建铣刀块。

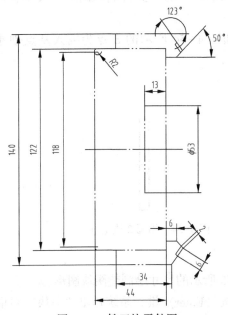 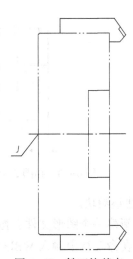

图 4-47 铣刀块零件图   图 4-48 铣刀块基点

（10）创建键 1 块。

步骤一：新建一个图形文件，按照如图 4-49 所示的尺寸绘制键 1 块图形。

步骤二：在命令行中输入 WBLOCK 命令，按〈Enter〉键，系统弹出"写块"对话框。

步骤三：将"写块"对话框中"目标"选项区域中的"文件名和路径"文本框内的内容改为"F:\装配图\键1块.dwg"。

步骤四：选择如图 4-50 所示键 1，以如图 4-50 所示的 M 点为插入基点创建键 1 块。

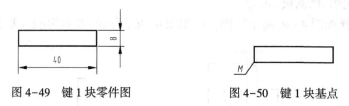

图 4-49　键 1 块零件图　　　　　　图 4-50　键 1 块基点

（11）创建键 2 块。

创建键 2 块，步骤同创建键 1 块，键 2 零件图如图 4-51 所示，键 2 块基点如图 4-52 所示的 N 点。

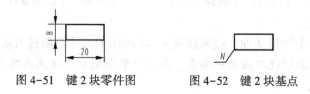

图 4-51　键 2 块零件图　　　　　　图 4-52　键 2 块基点

（12）创建挡圈 2 块。

步骤一：新建一个图形文件，按照如图 4-53 所示的尺寸绘制挡圈 2 块图形。

步骤二：在命令行中输入 WBLOCK 命令，按〈Enter〉键，系统弹出"写块"对话框。

步骤三：将"写块"对话框中"目标"选项区域中的"文件名和路径"文本框内的内容改为"F:\装配图\挡圈2块.dwg"。

步骤四：选择如图 4-54 所示挡圈 2，以如图 4-54 所示的 S 点为插入基点创建挡圈 2 块。

图 4-53　挡圈 2 块零件图　　　　　　图 4-54　挡圈 2 块基点

（13）创建垫圈块。

步骤一：新建一个图形文件，按照如图 4-55 所示的尺寸绘制垫圈块图形。

步骤二：在命令行中输入 WBLOCK 命令，按〈Enter〉键，系统弹出"写块"对话框。

步骤三：将"写块"对话框中"目标"选项区域中的"文件名和路径"文本框内的内容改为"F:\装配图\垫圈块.dwg"。

步骤四：选择如图 4-56 所示垫圈块，以如图 4-56 所示的 X 点为插入基点创建垫圈块。

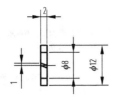

图 4-55　垫圈块零件图

图 4-56　垫圈块基点

4.4.2　拼装装配图

（1）打开前面绘制完成的"座体"零件图文件，并且将其另存为一个新文件"铣刀头装配图"。

（2）在座体图形上创建如图 4-57 所示的辅助装配线。

（3）选择"插入"菜单中的"块"命令，系统弹出"插入"对话框，如图 4-58 所示。

（4）单击右上角的"浏览"按钮，弹出"选择图形文件"对话框，如图 4-59 所示。找出创建块保存的位置，然后选择"轴块"，单击"打开"按钮。

（5）回到"插入"对话框，插入参数设置如图 4-60 所示，单击"确定"按钮，调出插入块→轴块。

（6）捕捉如图 4-57 所示的 O 点作为插入目标点，结果如图 4-61 所示。

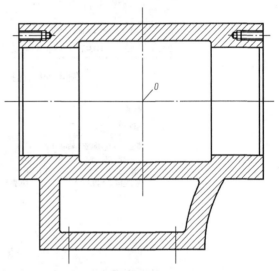

图 4-57　创建辅助装配线

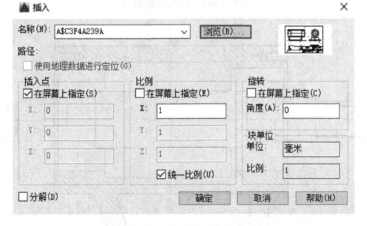

图 4-58　"插入"块对话框

（7）重复块插入操作插入轴承块，其中块插入参数采用默认参数，捕捉如图 4-62 所示的 L 点为插入目标点，结果如图 4-62 所示。

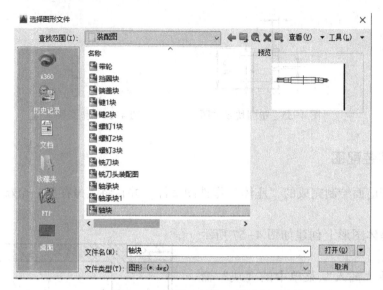

图4-59 选择"轴块"对话框

图4-60 插入参数设置

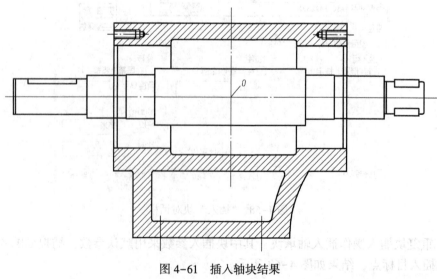

图4-61 插入轴块结果

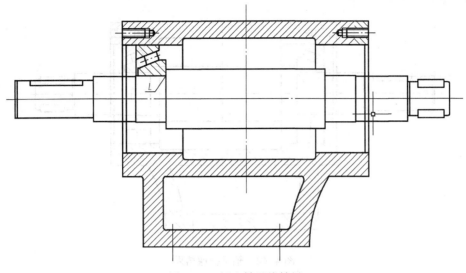

图 4-62　插入轴承块结果

通过"直线"命令绘制通用画法表达的轴承下半部分，结果如图 4-63 所示。

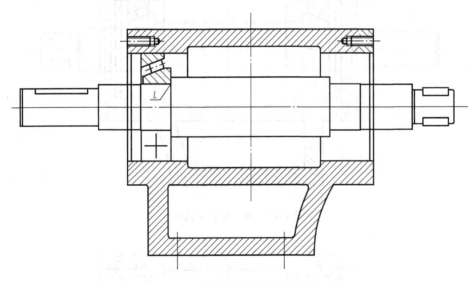

图 4-63　通用画法表达轴承下半部分

（8）执行"镜像"命令，以如图 4-63 所示垂直中心线为对称轴镜像轴承，完成后如图 4-64 所示。

（9）重复块插入操作插入端盖块，其中块插入参数采用默认参数，捕捉如图 4-65 所示的 K 点为插入目标点，插入完成后以图 4-65 所示垂直中心线为对称轴镜像端盖块，结果如图 4-65 所示。

（10）重复块插入操作插入螺钉 3 块，其中块插入参数采用默认参数，捕捉如图 4-66 所示的 P 点为插入目标点，完成后如图 4-66 所示。

（11）执行"镜像"命令，以如图 4-66 所示垂直中心线为对称轴镜像插入的螺钉 3 块，以如图 4-66 所示水平中心线为对称轴镜像上方的两个螺钉 3 块，完成后如图 4-67 所示。

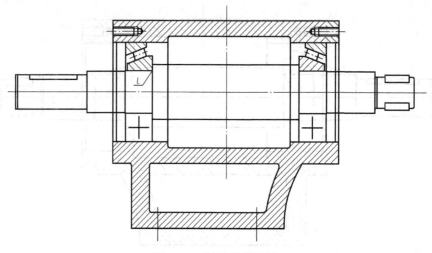

图 4-64　轴承镜像结果

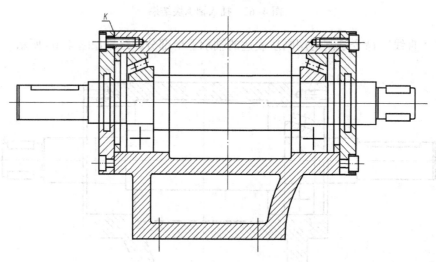

图 4-65　插入端盖块结果

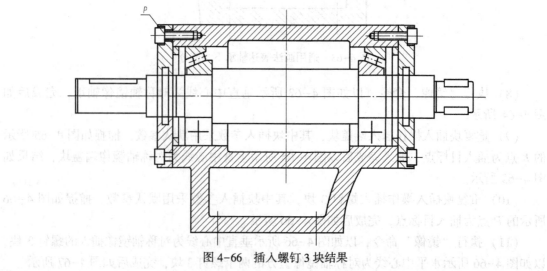

图 4-66　插入螺钉 3 块结果

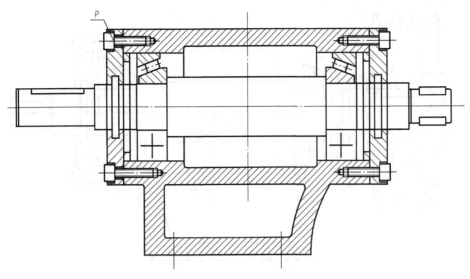

图 4-67 镜像螺钉 3 块

（12）重复块插入操作插入键 1 块，其中块插入参数采用默认参数，捕捉如图 4-68 所示的 R 点为插入目标点插入键 1 块。

（13）重复块插入操作插入带轮块，其中块插入参数采用默认参数，捕捉如图 4-68 所示的 H 点为插入目标点插入带轮块，结果如图 4-68 所示。

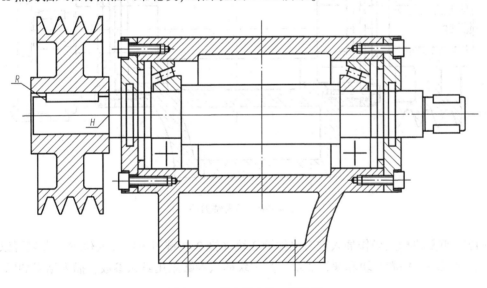

图 4-68 插入键 1 块、带轮块

（14）重复块插入操作插入挡圈块，其中块插入参数采用默认参数，捕捉如图 4-69 所示的 Q 点为插入目标点插入挡圈块。

（15）重复块插入操作插入螺钉 1 块，其中块插入参数采用默认参数，捕捉挡圈块外侧垂直轮廓线的中点为插入目标点插入螺钉 1 块，如图 4-69 所示。

（16）重复块插入操作插入铣刀块，其中块插入参数采用默认参数，捕捉如图 4-70 所示的 W 点为插入目标点插入铣刀块，如图 4-70 所示。

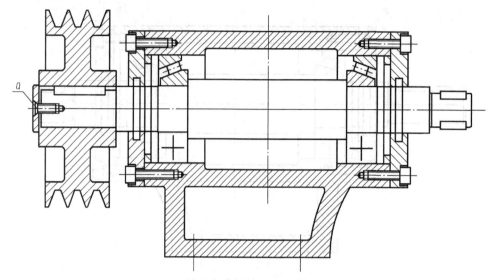

图 4-69　插入挡圈块、螺钉 1 块

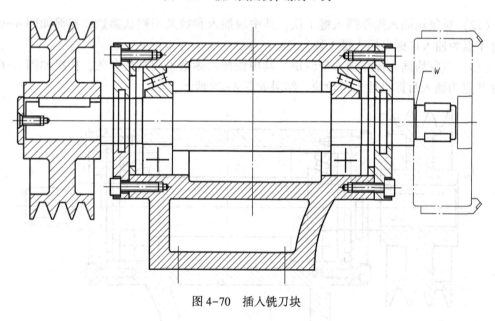

图 4-70　插入铣刀块

（17）重复块插入操作插入铣刀组件键 2 块（键 2 在铣刀上的插入位置，大家可以自由把握）、垫圈块、挡圈 2 块和螺钉 2 块，其中块插入参数采用默认参数，插入结果如图 4-71所示。

4.4.3　修剪装配图

（1）执行"分解"命令，将如图 4-71 所示装配图上插入的各个零件块分解（可框选全部对象，然后单击"分解"命令）。

（2）执行"修剪"和"删除"命令修剪和删除装配图中多余的线条，补画漏缺的线，添加毡圈的剖面线，对两端键连接部分进行局部剖，结果如图 4-72 所示。

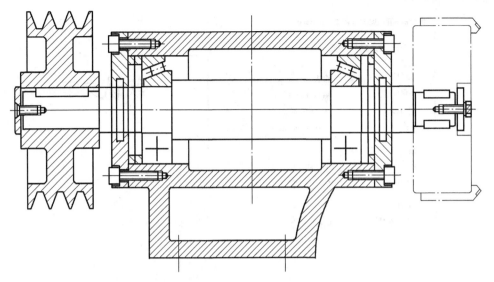

图4-71　插入铣刀组件键2块、垫圈块、挡圈2块、螺钉2块

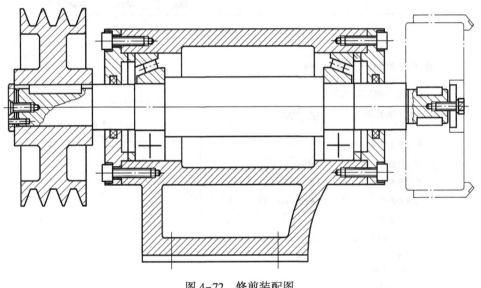

图4-72　修剪装配图

4.4.4　零件编号

为了方便看图和图样管理，对装配图中的所有零、部件均需编号。

步骤一：多重引线样式设置，通过菜单栏"格式"→"多重引线样式"选项，新建多重引线样式"副本Standard"，"引线格式"→"箭头"→"符号"→"小点"，其余选项采用默认参数，如图4-73所示。"引线结构"相关选项均采用默认参数。"内容"对话框中的"文字样式"设为"编号"，（文字样式的设置参看前面相关章节）"引线连接"设为"水平连接"，"连接位置"左、右均设为"第一行加下划线"。结果如图4-74所示。

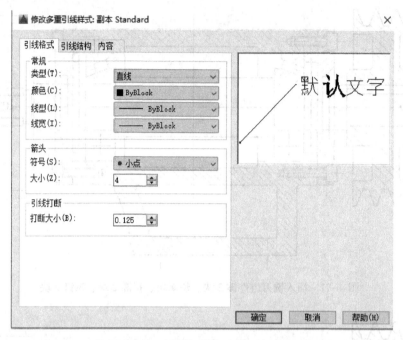

图 4-73　多重引线样式箭头设置

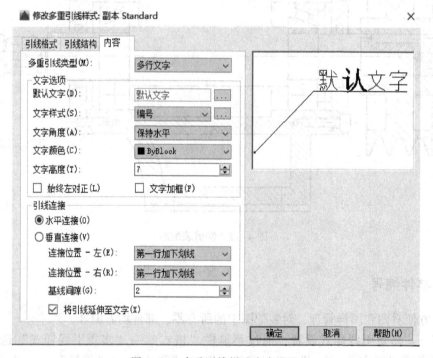

图 4-74　多重引线样式内容设置

步骤二：标注编号。所有零件依次统一编号，沿水平方向整齐排列，标注结果如图 4-75 所示。

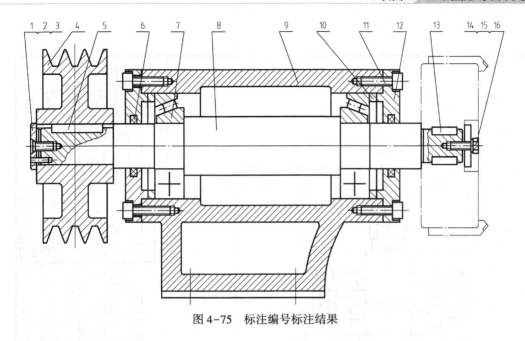

图 4-75　标注编号标注结果

4.4.5　标注尺寸

在装配图上标注必要的尺寸，外形尺寸 418，安装尺寸 155，规格尺寸 115、φ120，配合尺寸 φ80K7/f8、φ28H8/k7。标注结果如图 4-76 所示。

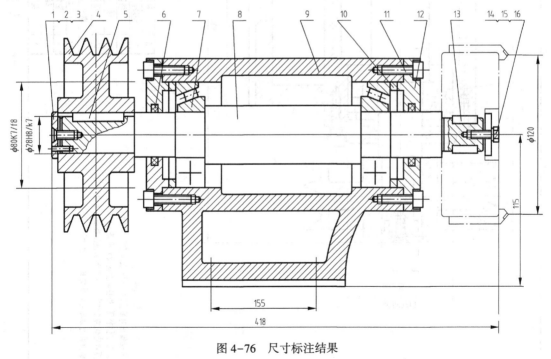

图 4-76　尺寸标注结果

4.4.6　绘制标题栏、明细栏并填写技术要求

完成后的装配图结果如图 4-77 所示。

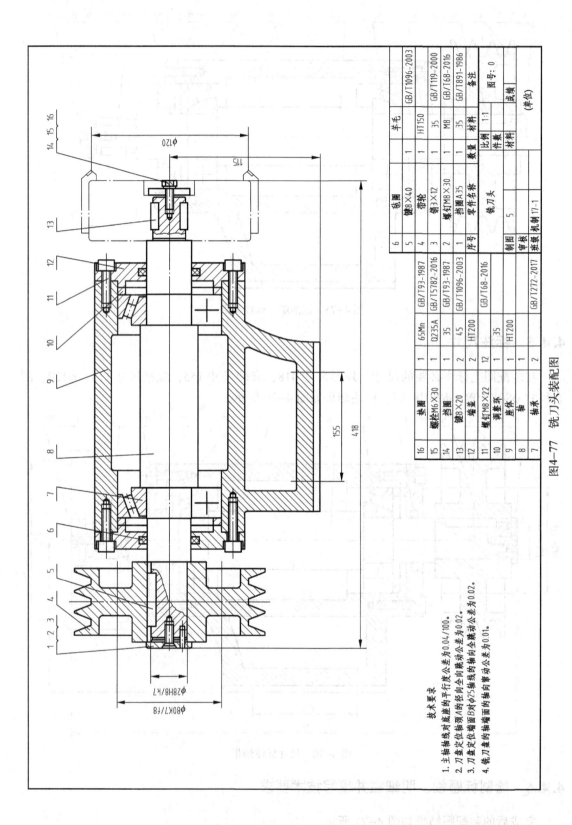

图4-77 铣刀头装配图

技术要求

1. 主轴轴线对底座的平行度公差为0.04/100。
2. 刀盘定位端颈A的径向全跳动公差为0.02。
3. 刀盘定位端B对φ25轴线的轴向全跳动公差为0.02。
4. 铣刀盘的轴端面的轴向圆跳动公差为0.01。

$\phi80K7/f8$
$\phi28H8/k7$

155
418
115
$\phi120$

16	垫圈		1				
15	螺栓M6×30	GB/T93-1987	1	65Mn			
14	挡圈	GB/T5782-2016	1	Q235A			
13	键8×20	GB/T93-1987	1	35			
12	螺钉M8×22	GB/T1096-2003	2	45			
11	调整环		2	HT200			
10	座体		12				
9	轴	GB/T68-2016	1	35			
8	轴承		1	HT200			
7		GB/T272-2017	2				

6	毡圈		1	毛毡	GB/T1096-2003	
5	键8×40		1	HT150	GB/T119-2000	
4	带轮		1	35	GB/T68-2016	
3	销3×12		1	M8	GB/T891-1986	
2	螺钉M8×30		2	35		
1	挡圈A35			材料	备注	
序号	零件名称		数量	材料		

制图			铣刀头	比例 1:1	图号: 0
审核				件数 5	武缄
班级 机制17-1				材料	(单位)

➤ 知识拓展

4.4.7 面域

所谓"面域"，其实就是实体的表面，它是一个没有厚度的二维实心区域，它具备实体模型的一切特性，不但含有边的信息，还有边界内的信息，可以利用这些信息计算工程属性，如面积、重心和惯性矩等。

1. 命令

调用"面域"命令的方法有以下三种。

（1）命令行：输入 REGION（或 REN）✓。

（2）功能区：单击"默认"选项卡"绘图"面板中的"面域"工具按钮 ◙。

（3）菜单栏：选择"绘图"→"面域"。

面域不能直接被创建，而是通过其他闭合图形进行转化。在执行"面域"命令后，只需选择封闭的图形对象即可将其转化为面域，如圆、矩形、正多边形等。

封闭对象在没有转化为面域之前，仅是一种几何线框，没有什么属性信息；而这些封闭图形一旦被转化为面域，它就转变为一种实体对象，具备实体属性，可以着色渲染等，如图 4-78 所示。

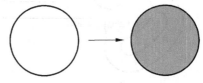

图 4-78　几何线框转化为面域

2. 提取面域

使用"面域"命令只能将单个闭合对象或多个首尾相连的闭合区域转化成面域，如果用户需要从多个相交对象中提取面域，则可以使用"边界"命令，在"边界创建"对话框中，将"对象类型"设置为"面域"。

示例：利用"边界"命令将如图 4-79 所示的左图几何线框转化成右图的实体对象。

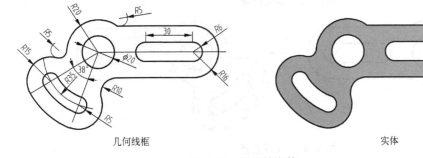

几何线框　　　　　　　　　　　　　实体

图 4-79　线框转实体

扫一扫观看视频

步骤一：绘制如图 4-79 左图所示图形。

步骤二：单击"默认"选项卡→"绘图"面板→"边界"按钮 ▣，执行"边界"命令，弹出"边界创建"对话框。

步骤三：在打开的"边界创建"对话框中将"对象类型"设为"面域"，如图 4-80 所示。

步骤四：单击对话框上侧的"拾取点"按钮 ，返回绘图区，在如图 4-81 所示的空白区域拾取点，系统自动分析出面域，如图 4-82 所示。

步骤五：按〈Enter〉键结束命令，结果创建了 4 个面域，所创建的面域与原图线重合。

步骤六：使用快捷键〈M〉执行"移动"命令，将创建的 4 个面域进行外移，结果如图 4-83 所示。

步骤七：选择菜单栏"视图"→"视觉样式"→"灰度"命令，对面域进行着色，结果如图 4-84 所示。

步骤八：使用快捷键〈SU〉执行"差集"命令，将内侧的 3 个面域减去，结果如图 4-85 所示。

图 4-80　"边界创建"对话框

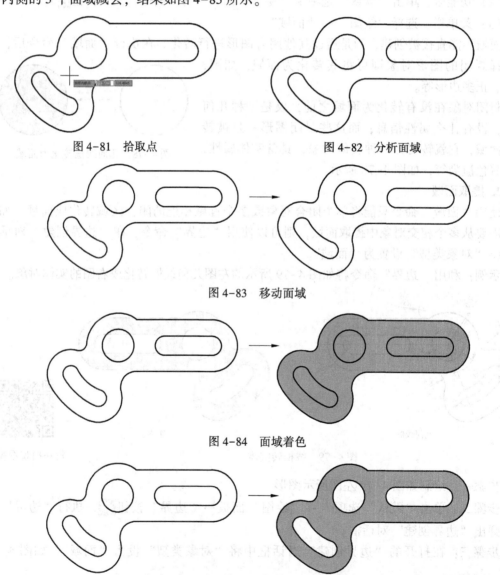

图 4-81　拾取点　　　　　　　　　图 4-82　分析面域

图 4-83　移动面域

图 4-84　面域着色

图 4-85　面域求差

4.4.8　布局与打印

1. 模型空间与图纸空间

在 AutoCAD 2016 中有两个工作空间，分别是模型空间和图纸空间。通常在模型空间 1:1 进行设计绘图；为了与其他设计人员交流和进行产品生产加工，或者工程施工，需要输出图纸，这就需要在图纸空间进行排版，即规划视图的位置与大小，将不同比例的视图安排在一张图纸上并对它们标注尺寸，给图纸加图框、标题栏、文字注释等内容，然后打印输出。可以这么说，模型空间是设计空间，而图纸空间是表现空间。

（1）模型空间。

模型空间中的"模型"是指在 AutoCAD 中用"绘制"与"编辑"命令生成的代表现实世界物体的对象，而模型空间是建立模型时所处的 AutoCAD 环境，可以按照物体的实际尺寸绘制、编辑二维或三维图形，也可以进行三维实体造型，还可以全方位地显示图形对象，它是一个三维环境。因此人们使用 AutoCAD 首先是在模型空间工作。

当启动 AutoCAD 2016 后，默认处于模型空间，绘图窗口下面的"模型"卡是激活的，而图纸空间是未被激活的。

（2）图纸空间。

图纸空间的"图纸"与真实的图纸相对应，图纸空间是设置、管理视图的 AutoCAD 环境。

在图纸空间可以按模型对象的不同方位显示视图，按合适的比例在"图纸"上表示出来，还可以定义图纸的大小、生成图框和标题栏。模型空间中的三维对象在图纸空间中是用二维平面上的投影来表示的，因此图纸空间是一个二维环境。

（3）布局。

所谓布局，相当于图纸空间的环境。一个布局就是一张图纸，并提供预置的打印页面设置。

在布局中，可以创建和定位视口，并生成图框、标题栏等。利用布局可以在图纸空间方便快捷地创建多个视口来显示不同的视图，而且每个视图都可以有不同的显示缩放比例，可以冻结指定的图层。

在一个图形文件中模型空间只有一个，而布局可以设置多个，这样就可以用多张图纸多侧面地反映同一个实体或图形对象。例如，将在模型空间绘制的装配图拆成多张零件图；或将某一工程的总图拆成多张不同专业的图纸。

（4）模型空间与图纸空间的切换。

在实际工作中，常需要在图纸空间与模型空间之间作相互切换。切换方法很简单，单击绘图区域下方的"布局"及"模型"选项卡即可。

2. 在模型空间中打印图纸

如果仅仅是创建只有一个视图的二维图形，则可以在模型空间中完整创建图形并对图形进行注释，然后直接在模型空间中进行打印，而不使用"布局"选项卡。这是使用 AutoCAD 创建图形的传统方法。

打开前面所创建端盖零件图，此文件中有一个已经在模型空间中绘制好的图形，如图 4-86 所示。

激活"打印"命令的方法如下。

（1）命令行：PLOT↙。

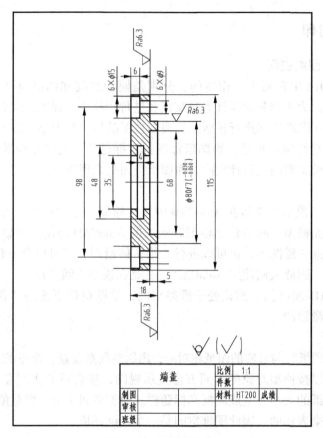

图 4-86　端盖零件图

（2）功能区：单击"输出"选项卡"打印"面板中的"打印"工具按钮🖨。
在模型空间中打印的步骤如下。

步骤一：激活"打印"命令，弹出"打印-模型"对话框，如图 4-87 所示。

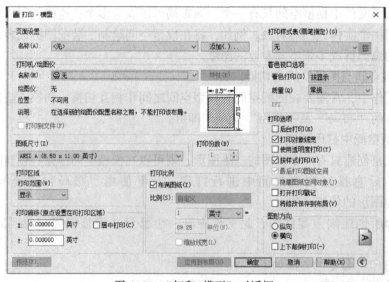

图 4-87　"打印-模型"对话框

步骤二：在"打印机/绘图仪"选项区域的"名称"下拉列表中选择打印机。如果计算机上真正安装了一台打印机，则可以选择此打印机；如果没有安装打印机，则选择 AutoCAD 提供的一个虚拟的电子打印机"DWF6 ePlot. pc3"。

步骤三：在"图纸尺寸"选项区域的下拉列表中选择纸张的尺寸，这些纸张都是根据打印机的硬件信息列出的。如果在第（2）步选择了电子打印机"DWF6 ePlot. pc3"，则在此选择"ISOfull bleed A3（420.00 x 297.00 毫米）"，这是一个全尺寸的 A3 图纸。

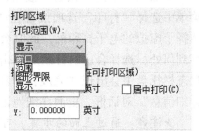

图 4-88 "打印范围"设置

步骤四：在"打印区域"选项区域的"打印范围"下拉列表中选择"窗口"，如图 4-88 所示。此选项将会切换到绘图窗口供用户选择要打印的窗口范围，确保激活了"对象捕捉"中的"端点"，选择图形的左上角点和右下角点，将整个图纸包含在打印区域中，勾选"居中打印"。

步骤五：去掉"打印比例"选项区域的"布满图纸"复选框的选择，在"比例"下拉列表中选择"1:1"，这个选项保证打印出的图纸是规范的 1:1 工程图，而不是随意的出图比例。

当然，如果仅仅是检查图纸，可以使用"布满图纸"选项以最大化地打印出图形来。

步骤六：在"打印样式表"选项区域的下拉列表中选择"monochrome. ctb"，此打印样式表是将所有颜色的图线都打印成黑色，确保打印出规范的黑白工程图纸，而非彩色或灰度图纸。最后的打印设置如图 4-89 所示。

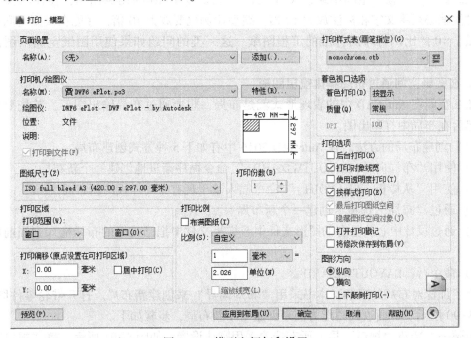

图 4-89 模型空间打印设置

☆小技巧：此时如果单击"页面设置"选项区域的"添加"按钮，将弹出"添加页面设置"对话框，输入一个名字，就可以将这些设置保存到一个命名的页面设置文件中，以后打印的时候可以在"页面设置"选项区域的"名称"下拉列表中选择调用。这样就不需要每次打印时都进行设置了。

步骤七：单击"预览"按钮，可以看到即将打印出来图纸的样子，在预览图形的右键菜单中选择"打印"选项或者在"打印-模型"对话框单击"确定"按钮开始打印。由于选择了虚拟的电子打印机，此时会弹出"浏览打印文件"对话框，提示将电子打印文件保存到何处，选择合适的目录后单击"保存"按钮，打印便开始进行。打印完成后，右下角状态栏托盘中会出现"完成打印和发布作业"气泡通知。单击此通知会弹出"打印和发布详细信息"对话框，里面详细地记录了打印作业的具体信息。

★注意：通过上面的步骤，可以大致归纳出模型空间中打印是比较简单的，但是却有很多局限，具体如下：

1）虽然可以将页面设置保存起来（如步骤六介绍的方法），但是和图纸并无关联，每次打印均须进行各项参数的设置或者调用页面设置。

2）仅适用于二维图形。

3）不支持多比例视图和依赖视图的图层设置。

4）如果进行非1:1的出图，缩放标注、注释文字和标题栏需要进行计算。

5）如果进行非1:1的出图，线型比例需要重新计算。

使用此方法，通常以实际比例1:1绘制图形几何对象，并用适当的比例创建文字、标注和其他注释，以便在打印图形时正确显示大小。对于非1:1出图，一般的机械零件图并没有太多体会，如果绘制大型装配图或者建筑图纸，常常会遇到标注文字、线型比例等诸多问题。比如，在模型空间中绘制1:1的图形想要以1:10的比例出图，在注写文字和标注的时候就必须将文字和标注放大10倍，线型比例也要放大10倍，才能在模型空间中正确的按照1:10的比例打印出标准的工程图纸。这一类的问题如果使用图纸空间出图便迎刃而解。

3. 在图纸空间通过布局编排输出图形

图纸空间在AutoCAD中的表现形式就是布局，想要通过布局输出图形，首先要创建布局，然后在布局中打印出图。

（1）创建布局的方法。在AutoCAD 2016中有如下5种方式创建布局。

1）使用"布局向导（LAYOUTWIZARD）"命令循序渐进地创建一个新布局。

2）使用"从样板…（LAYOUT）"命令插入基于现有布局样板的新布局。

3）通过"布局"选项卡创建一个新布局。

4）通过设计中心从已有的图形文件中或样板文件中把已建好的布局拖入到当前图形文件中。

5）命令行：LAYOUTWIZARD↙。

为了加深对布局的理解，本书采用"布局向导"来创建新布局。打开带轮零件图文件，如图4-90所示。下面以此图形为例来创建一个新布局，步骤如下。

步骤一：新建"视口"层，所有选项采用默认设置，如图4-91所示，将"视口"层设置为当前层。

步骤二：在命令行输入"LAYOUTWIZARD"，激活"布局向导"命令，屏幕上出现"创建布局-开始"对话框，在对话框的左边列出了创建布局的步骤，如图4-92所示。

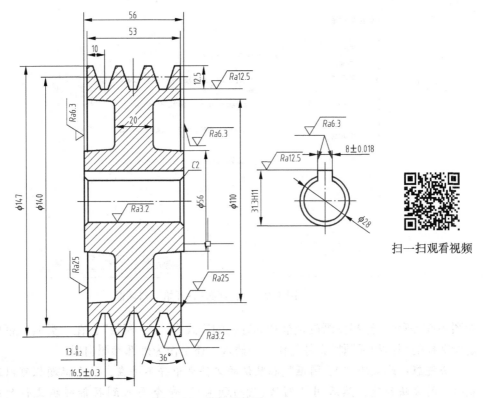

图4-90 带轮零件图

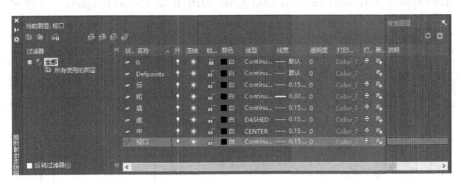

图4-91 新建"视口"层

  步骤三：在"输入新布局名称"编辑框中键入"零件图"，如图4-92所示。然后单击"下一步"按钮，屏幕上出现"创建布局-打印机"对话框，为新布局选择一种已配置好的打印设备，例如电子打印机"DWF6 ePlot.pc3"。

  ★注意：在使用"布局向导"创建布局之前，必须确认已安装了打印机，如果没有安装打印机，则选择电子打印机"DWF6 ePlot.pc3"。

  步骤四：单击"下一步"按钮，屏幕上出现"创建布局-图纸尺寸"对话框，选择图形所用的单位为"毫米"，选择打印图纸为"ISO full bleed A3（420.00x297.00毫米）"。

  步骤五：单击"下一步"按钮，屏幕上出现"创建布局-方向"对话框，确定图形在图纸上的方向为横向。

  步骤六：单击"下一步"按钮确认，之后屏幕上又出现"创建布局-标题栏"对话框，

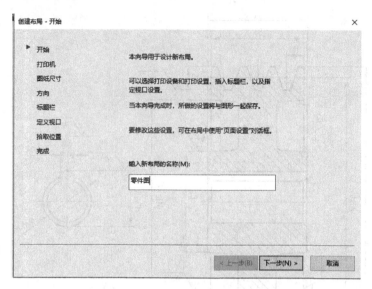

图4-92 "创建布局–开始"对话框

如图4-93所示。选择图纸的边框和标题栏的样式为"A3模版",在"类型"框中,可以指定所选择的图框和标题栏文件是作为块插入,还是作为外部参照引用。

★**注意**:此处的"A3图框"在默认的文件夹中并不存在,这个标题栏可以通过创建带属性块的方法创建,然后用"写块(WBLOCK)"命令写入到存储样板文件的路径"C:\Users\USER\AppDataU\Local\Autodesk\AutoCAD 2016\R20. 1\chs\Tcmplate"目录中。

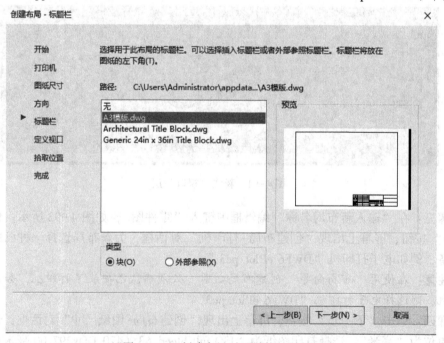

图4-93 "创建布局–标题栏"对话框

步骤七:单击"下一步"按钮后,出现"创建布局–定义视口"对话框,如图4-94所示。设置新建布局中视口的个数和形式,以及视口中视图与模型空间的比例关系。对于此图形文件，设置视口为"单个"，视口比例为1:1，即把模型空间的图形按1:1显示在视口中。

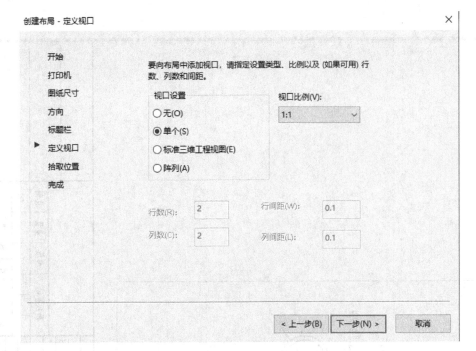

图4-94 "创建布局-定义视口"对话框

步骤八：单击"下一步"按钮，出现"创建布局-拾取位置"对话框，单击"选择位置(L)"按钮，AutoCAD切换到绘图窗口，通过指定两个对角点指定视口的大小和位置，如图4-95所示。之后，直接进入"创建布局-完成"对话框。

步骤九：单击"完成"按钮即完成新布局及视口的创建。所创建的布局出现在屏幕上（含视口、视图、图框和标题栏），如图4-96所示。此外，AutoCAD将显示图纸空间的坐标系图标，在这个视口中双击，

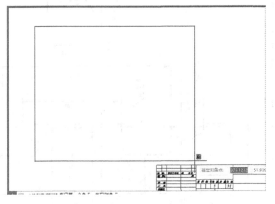

图4-95 选择视口位置大小

可以透过图纸操作模型空间的图形，为此，AutoCAD将这种视口称为"浮动视口"。

★注意：这样操作完成后，大家会发现图框跑到布局图纸外面去了，这是因为图框和布局图纸的大小完全一样，布局图纸上的虚线表示可打印的区域，因此需要将图框缩放调整到虚线框内，这样才能保证全部图线打印出来。但是这样一来，这张图纸势必不标准，这也是比较遗憾的地方，除非是大幅面的绘图仪，普通的打印机由于受硬件上可打印区域的限制，无法打印所支持的最大幅面的标准图纸。

☆小技巧：为了在布局输出时只打印视图而不打印视口边框，可以将视口边框所在的层设置为"不打印"。这样虽然在布局中能够看到视口的边框，但是打印时边框却不会出现，读者可以将此布局进行打印预览，预览图形中不会出现视口边框。单击选择标题栏图框的

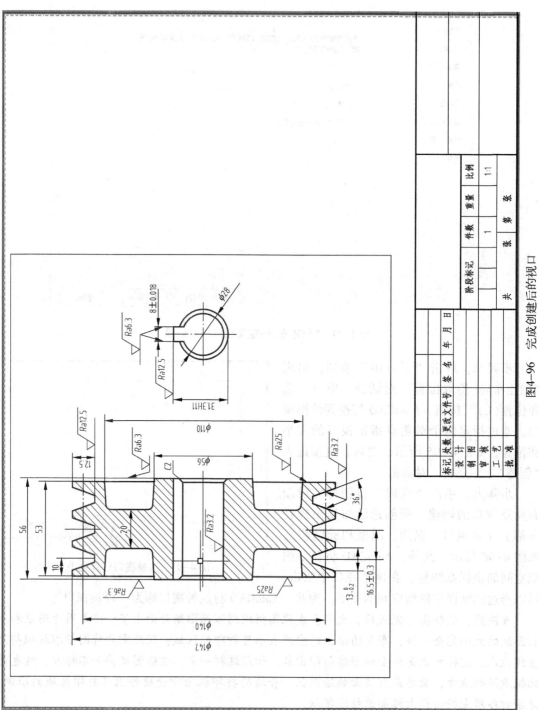

图4-96 完成创建后的视口

块，使用"图层"下拉列表将之所在图层改为"图框"，因为创建布局的当前图层是"视口"，标题栏图框块被直接插入到"视口"图层中，这样如果"视口"图层不打印，图框也打印不出来，因此需要更改图框的图层。

AutoCAD 2016 对于已创建的布局可以进行复制、删除、更名和移动位置等编辑操作。实现这些操作方法非常简单，只需在某个"布局"选项卡上右击鼠标，从弹出的快捷菜单中选择相应的选项即可，如图 4-97 所示。在一个文件中可以有多个布局，但模型空间只有一个。

（2）建立多个浮动视口。在 AutoCAD 2016 中，布局中的浮动视口可以是任意形状的，个数也不受限制。可以根据需要在一个布局中创建多个新的视口，每个视口显示图形的不同方位，以便更清楚、全面地描述模型空间图形的形状与大小。

图 4-97 布局右键快捷菜单

创建视口的方式有多种。在一个布局中视口可以是均等的矩形，平铺在图纸上；也可以根据需要有特定的形状，并放到指定位置上。创建视口首先要切换到布局，命令激活方式如下。

1）功能区："布局"标签→"布局视口"面板按钮，如图 4-98 所示。

2）命令行：VPORTS ✓。

"布局视口"面板中有"矩形"下拉式列表，"矩形"的右边有"剪裁"、"命名"等按钮，"矩形"下拉式列表中有"矩形"、"多边形"、"对象"按钮，如图 4-99 所示。接下来举例说明如何添加单个视口、多边形视口和将对象转换为视口。

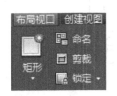

图 4-98 "布局视口"工具栏　　图 4-99 "布局视口"工具栏中"矩形"下拉式按钮

① 添加单个视口。下面在前面刚刚创建的布局中再建立其他视口，打开带轮零件图布局，步骤如下。

步骤一：设置"视口"为当前层。

步骤二：单击"零件图"选项卡，进入图纸空间。

步骤三：单击"布局"标签→"布局视口"面板→"矩形"下拉列表→"矩形"按钮，在布局原有视口下方拉出一个矩形区域，操作结果如图 4-100 所示。

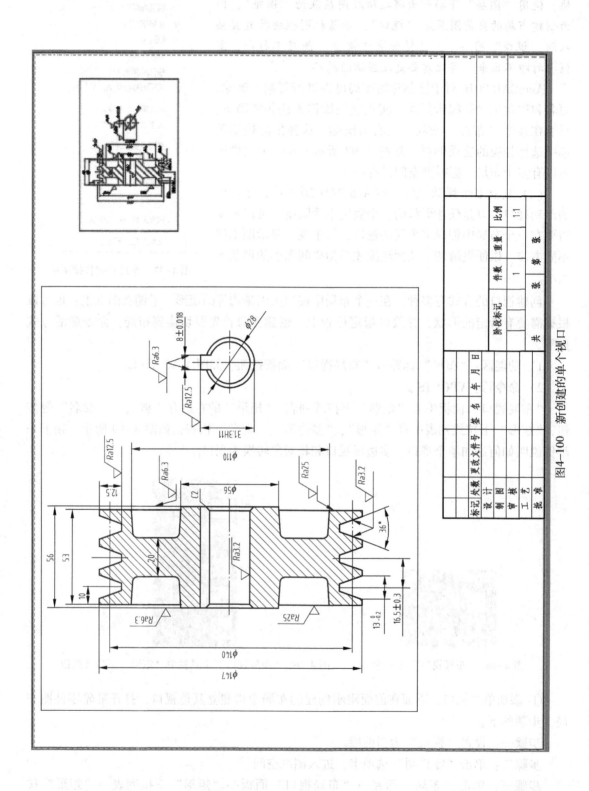

图4-100 新创建的单个视口

② 创建多边形视口。继续刚才的操作，创建一个多边形的视口，"布局"标签→"布局视口"面板→"矩形"下拉列表→"多边形"按钮，命令窗口的提示与响应如下。

```
命令：-VPORTS↙
指定视口的角点或[开(ON)/关(OFF)/布满(F)/着色打印(S)/锁定(L)/对象(O)/多边形(P)/恢复(R)/图层(LA)/2/3/4]
<布满>:P
指定起点：(在原有视口右上方依次绘制一个多边形)
指定下一个点或[圆弧(A)/长度(L)/放弃(U)]：
……
指定下一个点或[圆弧(A)/闭合(C)/长度(L)/放弃(U)]。(输入c命令封闭此多边形)
正在重生成模型。
```

操作结果如图4-101所示。

③ 将图形对象转换为视口。还可以将封闭的图形对象转换为视口，继续刚才的操作，创建一个圆形视口，步骤如下。

步骤一：激活"圆(CIRCLE)"命令，在原有视口右下方画一个圆。

步骤二：单击"布局"标签→"布局视口"面板→"矩形"下拉列表→"对象"按钮，即可以将一个封闭的图形对象转换为视口，结果如图4-102所示。

☆**小技巧**：为了在布局输出时只打印视图而不打印视口边框，可以将视口边框所在的层设置为"不打印"。这样虽然在布局中能够看到视口的边框，但是打印时边框却不会出现。

(3) 调整视口的显示比例。前面讲解了如何创建视口，这些新创建的视口默认的显示比例都是将模型空间中全部图形最大化地显示在视口中。对于规范的工程图纸来说，需要使用规范的出图比例。在状态栏托盘右侧有一个比例下拉列表，使用它可以调节当前视口的比例，也可以选定视口后使用"特性"选项板来调整。

示例：利用零件图"布局"将两个视口比例设为1:1和2:1。

步骤一：双击矩形视口内部区域，使它成为当前浮动视口，这时模型空间的坐标系图标出现在该视口的左下角，表明进入了模型空间。

步骤二：单击状态栏右下侧"选定视口的比例"按钮，从弹出的快捷菜单中选择浮动视口与模型空间图形的比例关系为1:1，如图4-103所示。

步骤三：在圆形视口中单击，将当前视口切换到圆形视口中，单击状态栏右下侧"选定视口的比例"按钮，从弹出的快捷菜单中选择浮动视口与模型空间图形的比例关系为2:1。

步骤四：单击"导航"面板中"平移"工具按钮（或者直接按住鼠标滚轮），将左视图显示在视口内，使之成为一个局部放大视图。

步骤五：在没有视口的图纸区域双击，或者单击状态栏上的"模型"按钮，使之由视口的模型空间切换回图纸空间，结果如图4-104所示。

☆**小技巧**：当视口与模型空间图形的比例关系确定好后，通常可以使用"实时平移"命令调整视口中图形显示的内容，但不要使用"实时缩放"命令，那样会改变视口与模型空间图形的比例关系。

(4) 视口的编辑与调整。创建好的浮动视口可以通过"移动""复制"等命令进行调

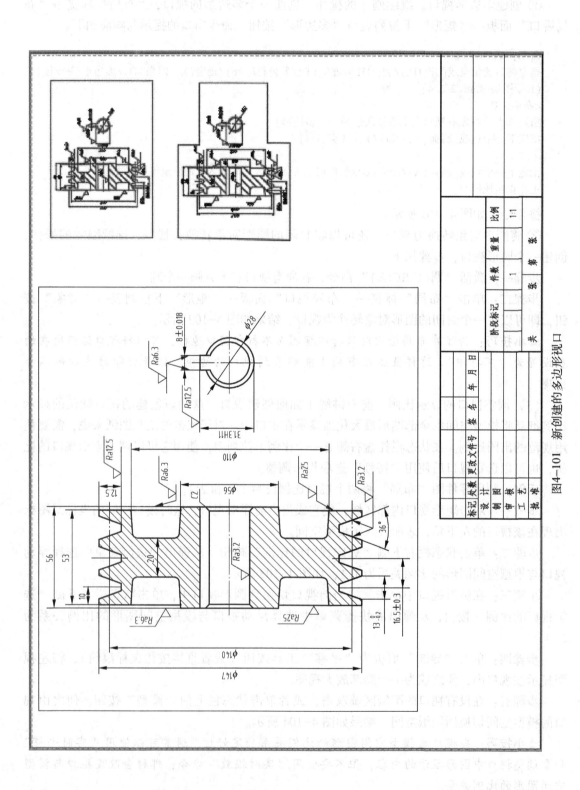

图4-101 新创建的多边形视口

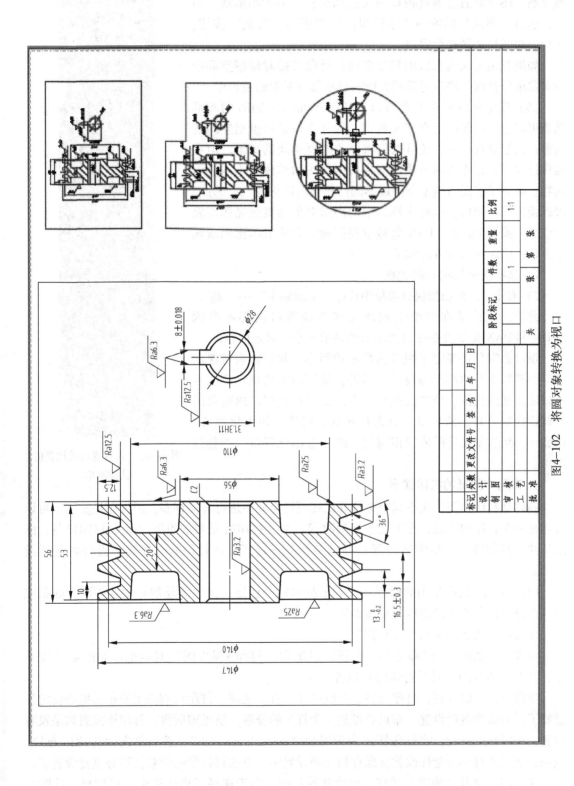

图4-102 将圆对象转换为视口

整复制，还可以通过编辑视口的夹点调整视口的大小形状，另外，通过"布局"标签→"布局视口"面板→"剪裁"按钮，还可以对视口边界进行剪裁。

如果双击进入到视口的模型空间，可以直接对模型空间中的对象进行修改，修改将反映在所有显示修改对象的视口中。

（5）锁定视口和最大化视口。利用 AutoCAD 2016 的布局功能可以在一张图纸上自定义视口，通过视口显示模型空间的内容；当激活视口后，还可以编辑修改模型空间的图形。但在操作过程中，常常会因不慎改变视口中视图的缩放大小与显示内容，破坏了视图与模型空间图形间已建立的比例关系。为此，可以锁定当前视口，以防止视口中的图形对象因被误操作而发生改变，或被 ZOOM、PAN 等显示控制命令改变显示比例或显示方位。锁定视口的方法如下。

1）选择要锁定视口的边框。

2）右击，从弹出的快捷菜单中选择"显示锁定"→"是"。

此后，无论是在图纸空间还是在浮动视口内都不会因 ZOOM 和 PAN 命令改变视口内图形的显示大小与显示内容。

视口锁定只是锁定了视口内显示的图形，并不影响对浮动视口内图形本身的编辑与修改。另外，使用最大化视口功能也可以防止视图比例、位置的改变，方法是要调整视口内对象的时候选择好视口，然后单击状态栏托盘右侧的"最大化视口"按钮，修改完成后再单击相同位置的"最小化视口"按钮即可。

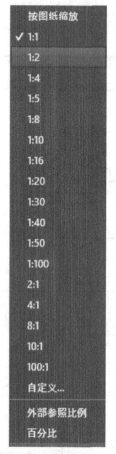

图 4-103 选定视口的比例的
快捷菜单

4. 布局中图纸的打印输出

同样是打印出图，在布局中进行要比在模型空间中进行方便许多，因为布局实际上可以看作是一个打印的排版，在创建布局的时候，很多打印时需要的设置（比如打印设备、图纸尺寸、打印方向、出图比例等）都已经预先设定了，在打印的时候就不需要再进行设置了。

（1）布局中打印出图的过程。接下来我们打开任意一张之前绘制好的零件图，介绍在布局中进行打印输出的过程，步骤如下。

步骤一：切换到布局"零件图"。

步骤二：激活 PLOT 命令后，绘图窗口出现"打印-零件图"对话框，如图 4-105 所示，其中"零件图"是要打印的布局名。

步骤三：可以看到，打印设备、图纸尺寸、打印区域、打印比例都按照布局里的设定设置好了，无需再进行设置，布局就像是一个打印的排版，所见即所得。打印样式表如果没有设置，可以在此进行，将打印样式表设置为"monochrome.ctb"，然后单击"应用到布局"选项，所做的打印设置修改就会保存到布局设置中，下次再打印的时候就不必重复设置了。

步骤四：单击"确定"按钮，就会开始打印，由于选择了虚拟的电子打印机，此时会弹出"浏览打印文件"对话框，提示将电子打印文件保存到何处，选择合适的目录后单击

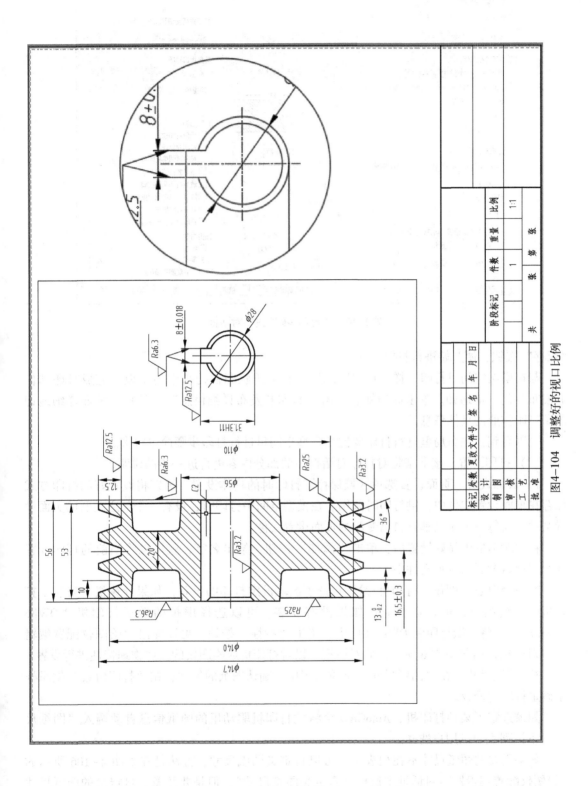

图4-104 调整好的视口比例

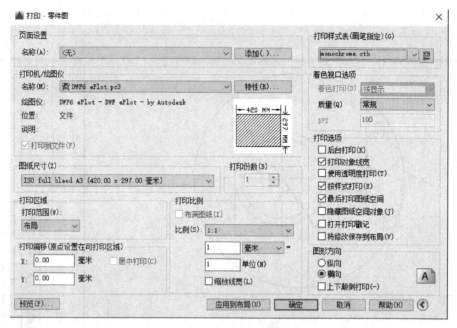

图4-105 "打印-零件图"对话框

"保存"按钮，便开始进行打印。

与在模型空间里打印一样，打印完成后，右下角状态栏托盘中会出现"完成打印和作业发布"的气泡通知。单击此通知会弹出"打印和发布详细信息"对话框，里面详细地记录了打印作业的具体信息。

可以看到，在布局里进行打印要比在模型空间里进行打印步骤简单得多。

（2）打印设置。接下来将对打印对话框中的部分内容进行进一步的说明。

1）页面设置。页面设置选项区域保存了打印时的具体设置，可以将设置好的打印方式保存在页面设置文件中，供打印时调用。在模型空间中打印时，没有一个与之关联的页面设置文件，而每一个布局都有自己专门的页面设置文件。

在此对话框中做好设置后，单击"添加"按钮，给出名字，就可以将当前的打印设置保存到命名的页面设置文件中。

2）打印机/绘图仪。打印机/绘图仪选项区域设定打印的设备，如果计算机中安装了打印机或者绘图仪，可以选择它；如果没有安装，可以选择虚拟的电子打印机"DWF6 ePlot. pc3"，将图纸打印到DWF文件中。单击"特性"按钮，可以弹出"绘图仪配置编辑器"对话框，如图4-106所示。此对话框可以对打印机或绘图仪的一些物理特性进行设置。

3）图纸尺寸。在"图纸尺寸"下拉列表中，确认图纸的尺寸；在"打印份数"编辑框中确定打印的份数。

如果选定了某种打印机，AutoCAD会将此打印机驱动里的图纸信息自动调入"图纸尺寸"下拉列表中供用户选择。

如果需要的图纸尺寸不在列表中，可以自定义图纸尺寸，方法是在如图4-106所示的"绘图仪配置编辑器"对话框中选择"自定义图纸尺寸"，但是要注意，自定义的图纸尺寸不能大于打印机所支持的最大图纸幅面。

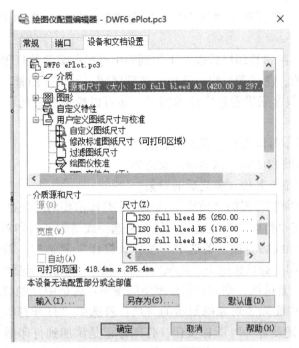

图 4-106 "绘图仪配置编辑器"对话框

另外，在定义可打印区域的时候，要注意打印机硬件的限制，每一个打印机都有自己不能打印到的页边距（很少数的打印机支持无边距打印），因此如果自定义的图纸页边距超过了打印机的限制，虽然能定义出来但也无法完全打印出来。

★注意：如果想要改变现有图纸尺寸的页边距，布局中的虚线框尺寸会做相应的调整。即便将此可打印区域的虚线框改得更大，到一定程度，打印机硬件上也无法完全支持打印出来，绘制在调整前的虚线框内的图形一样无法打印出来，也就是说，一个只支持 A3 幅面的打印机是无法用 A3 大小的纸张打印出一张完整的标准的 A3 图纸的，能将图纸缩放到可打印范围内才能完全打印，但此时的图框已经并不标准了。

4）打印区域。在"打印区域"选项区域中确定打印范围。默认设置为"布局"（当"布局"选项卡激活时），或为"显示"（当"模型"选项卡激活时）。

① 布局：图纸空间的当前布局。

② 窗口：用开窗的方式在绘图窗口指定打印范围。

③ 显示：当前绘图窗口显示的内容。

④ 图形界限：模型空间或图纸空间"图形界限(LIMITS)"命令定义的绘图界限。

5）打印比例。在"打印比例"选项区域的"比例"下拉列表中选择标准缩放比例，或在下面的编辑框中输入自定义值。

★注意：这里的"比例"是指打印布局时的输出比例。与"布局向导"中的比例含义不同。通常选择1:1，使其按布局的实际尺寸打印输出。

通常，线宽用于指定对象图线的宽度，并按其宽度进行打印，与打印比例无关。若按打印比例缩放线宽，需选择"缩放线宽"复选框。如果图形要缩小为原尺寸的一半，则打印比例为1:2，这时线宽也将随之缩放。

6）打印偏移。在"打印偏移"选项区域内输入 X、Y 偏移量，以确定打印区域相对于图纸原点的偏移距离；若要选中"居中打印"复选框，则 AutoCAD 可以自动计算偏移值，并将图形居中打印。

7）打印样式表。在"打印样式表"下拉列表中选择所需要的打印样式表。

8）着色窗口选项。在"着色窗口选项"选项区域，可从"质量"下拉列表中选择打印精度。如果打印一个包含三维着色实体的图形，还可以控制图形的"着色"模式。具体模式含义如下。

① 按显示：按显示打印设计，保留所有着色。

② 线框：显示直线和曲线，以表示对象边界。

③ 消隐：不打印位于其他对象之后的对象。

④ 渲染：根据打印前设置的"渲染"选项，在打印前要对对象进行渲染。

9）打印选项。在"打印选项"选项区域，可选择或清除"打印对象线宽"复选框，以控制是否按线宽打印图线的宽度。若选中"按样式打印"复选框，则使用为布局或视口指定的打印样式进行打印。通常情况下，图纸空间布局的打印优先于模型空间的图形；若选中"最后打印图纸空间"复选框，则先打印模型空间图形；若选中"隐藏图纸空间对象"复选框，则打印图纸空间中删除了对象隐藏线的布局；若选中"打开打印戳记"复选框，则在其右边出现"打印戳记设置…"图标按钮；打印戳记是添加到打印图纸上的一行文字（包括图形名称、布局名称、日期和时间等）。单击这一按钮，打开"打印戳记"对话框，如图 4-107 所示，可以为要打印的图纸设计戳记的内容和位置，打印戳记可以保存到（*.pss）打印戳记参数文件中供以后调用。

☆小技巧：如果在正式出图前出几次检查图，可以将打印戳记中的日期和时间打开，这样在多次修改后可以了解修改的先后顺序。

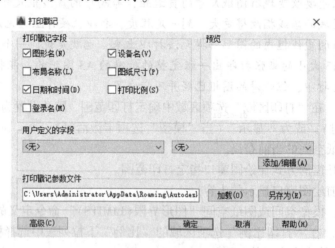

图 4-107　"打印戳记"对话框

10）图形方向。在"图形方向"选项区域确定图形在图纸上的方向，以及是否"反向打印"。

➤ 技能训练

完成如图 4-108 所示滑动轴承的装配图，轴承座、上下轴衬、轴承盖的零件图分别如图 4-109 至 4-112 所示，黄油杯部件图如图 4-113 所示。

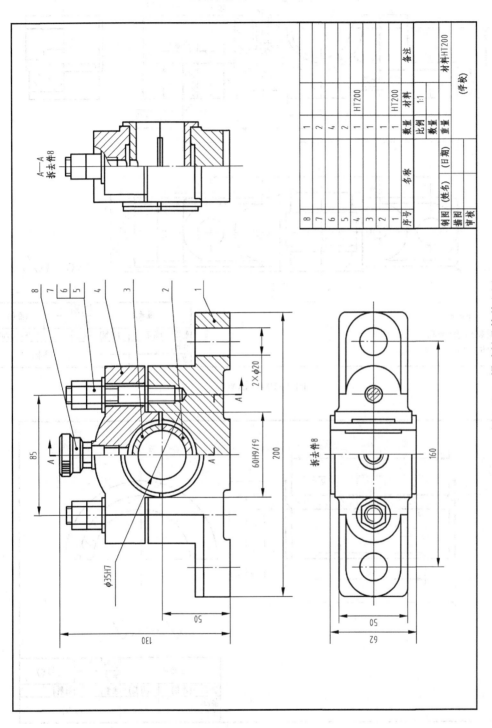

图4-108 滑动轴承的装配图

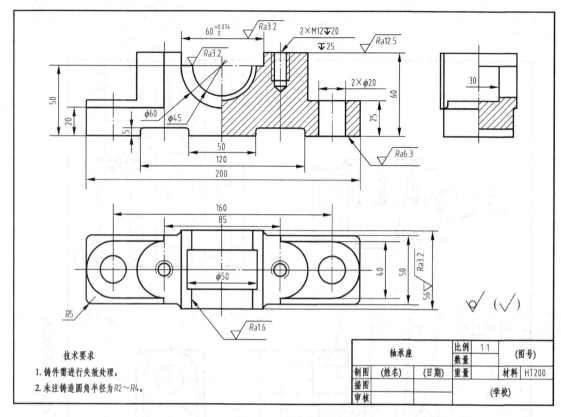

图 4-109　轴承座

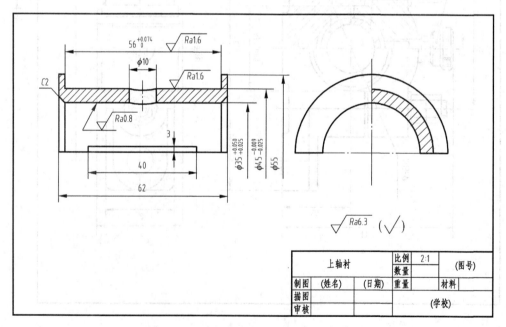

图 4-110　上轴衬

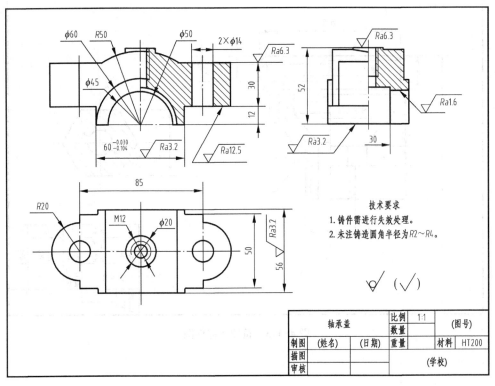

图 4-111　轴承盖

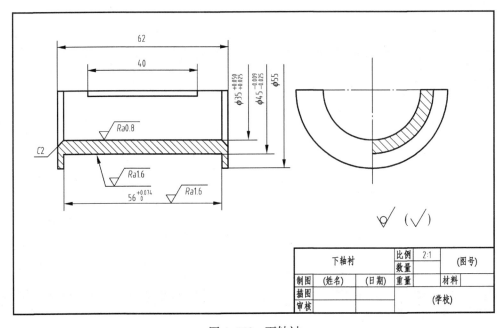

图 4-112　下轴衬

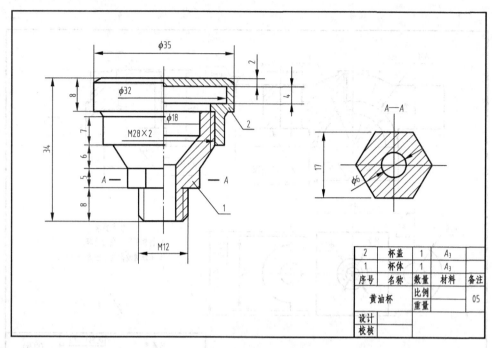

图 4-113　黄油杯部件图

2	杯盖	1	A₃	
1	杯体	1	A₃	
序号	名称	数量	材料	备注
黄油杯		比例		05
		重量		
设计				
校核				

绘制三维图形

❖ **教学目标**

理解二维绘图和三维造型之间的差别。

理解线框、表面和实体造型之间的差别以及了解三维实体的渲染方法。

了解三维造型优于二维绘图的某些优点和三维造型的某些实际用途。

熟悉三维造型的若干功能和 AutoCAD 的局限。

任务 5.1　绘制螺母三维图形

➤ **任务提出**

通过绘制如图 5-1 所示图形来学习三维绘图的基本操作。

图 5-1　螺母三维图

➤ **任务分析**

与绘制二维图形一样，在绘制三维图形前也应设置绘图环境，本任务将运用到"三维阵列"命令"集合运算"命令和"倒角"命令。

➢ **知识储备**

　　AutoCAD 的图形空间是一个三维空间，可以在 AutoCAD 三维空间中的任意位置构建三维模型。使用三维坐标系对 AutoCAD 的三维空间进行度量，用户可使用多种形式的三维坐标形式。

5.1.1　三维空间

1. 坐标系

　　AutoCAD 的三维坐标系由三个通过同一点且彼此垂直的坐标轴构成，这三个坐标轴分别称为 X 轴、Y 轴和 Z 轴，交点为坐标系的原点。从原点出发，沿坐标轴正方向上的点用正的坐标值度量，而沿坐标轴负方向上的点用负的坐标值度量。因此，在 AutoCAD 2016 的三维空间中，任意一点的位置都可以由三维坐标轴上的坐标 (x,y,z) 唯一确定。AutoCAD 2016 三维坐标系的构成如图 5-2 所示。

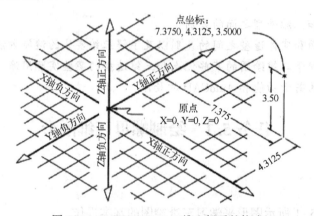

图 5-2　AutoCAD 2016 三维坐标系的构成

　　在三维坐标系中，三个坐标轴的正方向可以根据右手定则确定，具体方法是将右手背对着屏幕放置，然后伸出拇指、食指和中指。其中，拇指和食指的指向分别表示坐标系的 X 轴和 Y 轴的正方向，此时，中指所指向的方向表示该坐标系 Z 轴的正方向，如图 5-3a 所示。在三维坐标系中，三个坐标轴旋转方向的正方向也可以根据右手定则确定，具体方法是用右手的拇指指向某一坐标轴的正方向，弯曲其他四个手指，手指的弯曲方向表示该坐标轴的正旋转方向，如图 5-3b 所示。

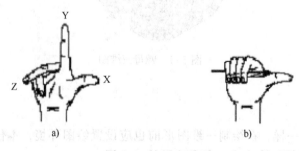

图 5-3　右手定则

在 AutoCAD 2016 中，坐标轴的旋转方向常用逆时针方向和顺时针方向表示正负。定义方法为：当某个坐标轴的正方向垂直指向屏幕外侧时，把屏幕作为时钟的表面，时钟指针旋转的方向即为该坐标轴的顺时针方向，反方向即为逆时针方向。

由右手定则可知，坐标轴的逆时针方向为正的旋转方向，而顺时针方向为负的旋转方向。

2. 三维坐标形式

进行三维建模时，常常需要使用精确的坐标值确定三维点。在 AutoCAD 2016 中可使用多种形式的三维坐标，包括直角坐标形式、柱坐标形式、球坐标形式以及这几种坐标类型的相对形式。直角坐标、柱坐标和球坐标都是对三维坐标系的一种描述，其区别是度量的形式不同。这三种坐标形式之间是相互等效的。AutoCAD 2016 三维空间中的任意一点，可以分别使用直角坐标、柱坐标或球坐标描述，其作用完全相同，在实际操作中可以根据具体情况任意选择某种坐标形式。

（1）直角坐标形式。AutoCAD 2016 三维空间中的任意一点都可以用直角坐标 (x,y,z) 的形式表示，其中 x、y 和 z 分别表示该点在三维坐标系中 X 轴、Y 轴和 Z 轴上的坐标值。例如，点（6,5,4）表示一个沿 X 轴正方向 6 个单位，沿 Y 轴正方向 5 个单位，沿 Z 轴正方向 4 个单位的点，该点在坐标系中的位置如图 5-4 所示。

（2）柱坐标形式。柱坐标用（$L<a,z>$）的形式表示，其中 L 表示该点在 XOY 平面上的投影到原点的距离，a 表示该点在 XOY 平面上的投影和原点之间的连线与 X 轴的夹角，z 为该点在 Z 轴上的坐标。从柱坐标的定义可知，如果 L 坐标值保持不变，而改变 a 和 z 坐标时，将形成一个以 Z 轴为中心的圆柱面，L 为该圆柱的半径，故这种坐标形式被称为柱坐标。例如，点（8<30,4>）的位置如图 5-5 所示。

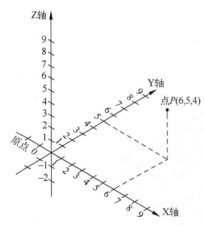

图 5-4　点在直角坐标系中的位置

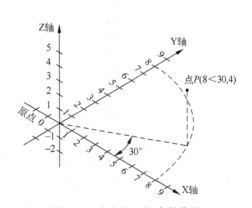

图 5-5　点在柱坐标中的位置

（3）球坐标形式。球坐标用（$L<a<b$）的形式表示，其中 L 表示该点到原点的距离，a 表示该点与原点的连线在 XOY 平面上的投影与 X 轴之间的夹角，b 表示该点与原点的连线与 XOY 平面的夹角。从球坐标的定义可知，如果 L 坐标值保持不变，而改变 a 和 b 坐标时，将形成一个以原点为中心的圆球面，L 为该圆球的半径，故这种坐标形式被称为球坐标。例如，点（8<30<20）的位置如图 5-6 所示。

（4）相对坐标形式。以上三种坐标形式都是相对于坐标系原点而言的，也可以称为绝对坐标。此外，AutoCAD 2016 还可以使用相对坐标形式。所谓相对坐标，是指在连续指定两个点的位置时，第二点以第一点为基点所得到的相对坐标形式。相对坐标可以用直角坐标、柱坐标或球坐标表示，但要在坐标前加"@"符号。例如，某条直线起点的绝对坐标为（3,2,4），终点的绝对坐标为（8,7,7），则终点相对于起点的相对坐标为（@5,5,3），如图 5-7 所示。

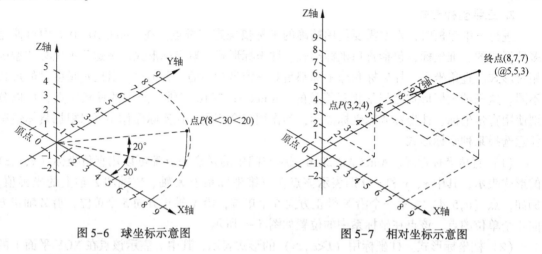

图 5-6　球坐标示意图　　　　　　　　图 5-7　相对坐标示意图

3. 构造平面与标高

（1）构造平面。构造平面是 AutoCAD 三维空间中一个特定的平面，一般为三维坐标系中的 XOY 平面。构造平面主要用于放置二维对象和对齐三维对象。通常，创建的二维对象都位于构造平面上，栅格也显示在构造平面上，如图 5-8 所示。

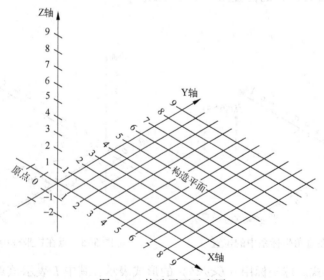

图 5-8　构造平面示意图

在三维绘图时，如果没有指定 Z 轴坐标，或直接使用光标在屏幕上拾取点，则该点的 z 坐标将与构造平面的标高保持一致。在默认情况下，构造平面为三维坐标系中的 XOY 平面，即构造平面的标高为 0。也可以改变构造平面的标高，直接在与 XOY 平面相平行的平面上绘图。

（2）标高。标高是指 AutoCAD 中默认的 z 坐标值，在默认情况下的标高值为 0。当在命令行中只输入坐标点的 x、y 值，或使用光标在屏幕上拾取点时，AutoCAD 自动将该点的 z 坐标值指定为当前的标高值。

设置标高的命令调用方式和执行过程如下。

命令：ELEV ↙
指定新的默认标高 <0.0000>：
指定新的默认厚度 <0.0000>：

使用 ELEV 命令，可以重新设置当前的默认标高和默认厚度。

★注意：当坐标系发生变化时，AutoCAD 自动将标高设置为 0。

AutoCAD 将标高值保存在系统变量 ELEVATION 中，用户可以直接修改该系统变量，从而改变当前的标高设置。

5.1.2 常用坐标系

在 AutoCAD 2016 的三维空间中，可以使用两种类型的三维坐标系：一种是固定不变的世界坐标系，一种是可移动的用户坐标系。可移动的用户坐标系对于输入坐标、建立图形平面和设置视图非常有用。对于用户坐标系，可以进行定义、保存、恢复以及删除等操作。

1. 世界坐标系和用户坐标系

（1）世界坐标系（WCS）。在 AutoCAD 的每个图形文件中，都包含一个唯一的、固定不变的、不可删除的基本三维坐标系，这个坐标系被称为世界坐标系 WCS（World Coordinate System）。WCS 为图形中所有的图形对象提供了一个统一的度量。当使用其他坐标系时，可以直接使用世界坐标系的坐标，而不必更改当前坐标系。使用方式是在坐标前加 "＊" 号，表示该坐标为世界坐标。例如，无论在哪个坐标系中，坐标（＊10,10,10）都表示世界坐标系的点（10,10,10）。

（2）用户坐标系（UCS）。在一个图形文件中，除了 WCS 之外，AutoCAD 还可以定义多个用户坐标系（User Coordinate System，UCS）。顾名思义，用户坐标系是可以由用户自行定义的一种坐标系。在 AutoCAD 的三维空间中，可以在任意位置和方向指定坐标系的原点、XOY 平面和 Z 轴，从而得到一个新的用户坐标系。

2. 创建用户坐标系

在 AutoCAD 中，可以使用多种方法创建 UCS，新建的 UCS 将成为当前 UCS。

新建 UCS 的命令调用方式和执行过程如下。

（1）菜单栏："工具"→"新建 UCS(W)"。

（2）选项卡："可视化"→"坐标面板"→"⊾按钮"。

（3）命令：UCS ↙。

当前 UCS 名称：＊世界＊
输入选项
指定新 UCS 的原点或面[(F)命名(NA)对象(OB)上一个(P)视图(V)世界(W)X Y Z 轴(ZA)]<世界>：

UCS 命令包括以下几种命令选项。

（1）世界(W)：将当前 UCS 设置为 WCS。

（2）可以直接指定新 UCS 的原点，AutoCAD 将根据原来 UCS 的 X、Y 和 Z 轴方向和新的原点定义新的 UCS，即相当于平移原来的 UCS，如图 5-9 所示。

（3）ZA：指定 Z 轴正半轴，从而定义新的 UCS。

首先需要指定新 UCS 的原点，原来的 UCS 将平移到该原点处。然后指定新建 UCS 的 Z 轴正半轴上的点，从而确定新建 UCS 的方向，如图 5-10 所示。

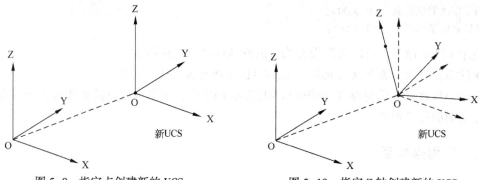

图 5-9　指定点创建新的 UCS　　　　　图 5-10　指定 Z 轴创建新的 UCS

（4）三点（3）：指定新 UCS 的原点及其 X 和 Y 轴的正方向，AutoCAD 将根据右手定则确定 Z 轴。

用户依次指定新 UCS 的原点、X 轴正方向上一点和Y 轴正方向上一点，AutoCAD 根据这三点得到新建 UCS 的 XY 平面，然后由右手定则自动确定新建 UCS 的 Z 轴，如图 5-11 所示。

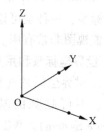

（5）对象（OB）：AutoCAD 将根据用户指定的对象定义 UCS。

图 5-11　指定三点创建新的 UCS

在图形中选择图形对象时，AutoCAD 根据不同的对象类型选择相应的方法定义 UCS，其中新 UCS 的 Z 轴正方向与选定对象的正方向保持一致，一些典型的定义方法见表 5-1。

表 5-1　根据对象定义 UCS 的方法

对象	定义方法
点	新建 UCS 的原点将位于该点
直线	新建 UCS 的原点位于离选择点最近的端点，AutoCAD 选择新的 X 轴使该直线位于新 UCS 的 XOZ 平面中，并且使该直线的第二个端点在新 UCS 中的 Y 坐标为零
宽线	新建 UCS 的原点位于宽线的起点，X 轴沿宽线的中心线方向
圆弧	新建 UCS 的原点位于圆弧的圆心，X 轴通过距离选择点最近的圆弧端点
圆	新建 UCS 的原点位于圆的圆心，X 轴通过选择点
二维多段线	新建 UCS 的原点位于多段线的起点，X 轴沿起点到下一顶点的方向
二维填充	新建 UCS 的原点位于二维填充的第一点，新 X 轴沿前两点之间的连线方向
标注	新建 UCS 的原点位于标注文字的中点，X 轴的方向平行于绘制该标注时生效的 UCS 的 X 轴
三维面	新建 UCS 的原点位于三维面的第一点，X 轴沿前两点的连线方向，Y 轴的正方向取自第一点和第四点，Z 轴由右手定则确定
形、文字、块参照、属性定义	新建 UCS 的原点位于该对象的插入点，X 轴由对象绕其拉伸方向旋转定义，用于建立新 UCS 的对象在新 UCS 中的旋转角度为零

选择圆对象创建 UCS 的示例如图 5-12 所示。

（6）面（F）：选择实体对象中的面定义 UCS。

用户可以选择实体对象上的任意一个面，被选中的面将亮显，如果此时选择命令提示后的"接受"选项，则 AutoCAD 将该面作为 UCS 的 XOY 面，X 轴将与最近的边对齐，从而定义 UCS。选择长方体上表面创建 UCS 的示例如图 5-13 所示。

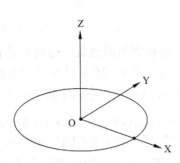

图 5-12　根据圆对象创建 UCS

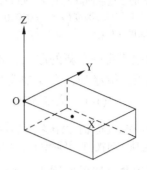

图 5-13　根据长方体表面创建 UCS

也可以选择"X 轴反向(X)"或"Y 轴反向(Y)"选项，将 UCS 绕 X 轴或 Y 轴旋转180°，或者选择"下一个(N)"选项，AutoCAD 将加亮显示的其他面来定义 UCS。

(7) 视图(V)：以平行于屏幕的平面为 XOY 平面定义 UCS，UCS 原点保持不变。示例如图 5-14 所示。

(8) "X""Y"或"Z"：绕相应的坐标轴旋转 UCS，从而得到新的 UCS。

用户可以指定绕旋转轴旋转的角度，可以输入正或负的角度值，AutoCAD 根据右手定则确定旋转的正方向，绕 X 轴旋转后创建 UCS 的示例如图 5-15 所示。

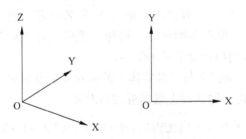

图 5-14　根据当前视图创建 UCS

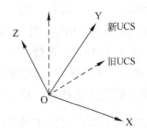

图 5-15　绕坐标轴旋转创建 UCS

(9) 应用(A)：可以在多视口的情况下指定 UCS 的应用范围。也可以在屏幕上选择应用 UCS 的视口，或选择命令行提示中的"所有(A)"命令选项，将当前 UCS 应用到所有活动视口中。

系统变量 UCSVP 确定 UCS 是否随视口一起保存，当取值为 0 时，UCS 反映当前视口的 UCS 状态；当取值为 1 时，UCS 将存储在视口中并独立于当前视口的 UCS 状态。

3. 用户坐标系的管理

(1) 命令行方式。除了使用 UCS 命令创建新的 UCS 之外，还可以利用该命令对 UCS 进行管理。

```
命令:UCS↙
当前 UCS 名称：*世界*
输入选项：
指定新 UCS 的原点或[面(F)命名(NA)对象(OB)上一个(P)视图(V)世界(W)X Y Z 轴(ZA)]<世界>:
```

1）选择"移动（M）"命令选项，可以将当前 UCS 平移。

> 指定新 UCS 的原点或面[(F)命名(NA)对象(OB)上一个(P)视图(V)世界(W)X Y Z 轴(ZA)]<世界>：M
> 指定新原点或 [Z 向深度(Z)] <0,0,0>：z
> 指定 Z 向深度 <0>：

也可以直接指定一个新的原点，当前 UCS 将平移到新原点处。也可以选择"Z 向深度（Z）"命令选项，指定 UCS 的 Z 轴深度，将当前 UCS 沿 Z 轴的正方向或负方向移动。

2）选择"正交（G）"命令选项，可以选择使用 AutoCAD 中六个预置的正交 UCS 之一。

> 指定新 UCS 的原点或[面(F)命名(NA)对象(OB)上一个(P)视图(V)世界(W)X Y Z 轴(ZA)]<世界> G
> UCS 输入选项 [俯视(T)/仰视(B)/主视(F)/后视(BA)/左视(L)/右视(R)] <俯视>：

选择相应的命令选项使用正交 UCS。在默认情况下，AutoCAD 根据世界坐标系（WCS）的原点和方向确定正交 UCS 的方向，也可以指定以其他命名 UCS 作为基准设置正交 UCS。系统变量 UCSBASE 中保存命名 UCS 的名称，默认值为"世界"，即使用 WCS 进行正交设置。

3）选择"上一个（P）"命令选项，可以恢复上一个 UCS。

AutoCAD 分别保存模型空间中创建的最后 10 个 UCS 和图纸空间中创建的最后 10 个 UCS，可以依次恢复这些 UCS。

4）选择"命名"（NA）选项，按名称保存并恢复通常使用的 UCS，将其恢复为当前 UCS。

> UCS 输入选项[恢复(R)/保存(S)/删除(D)/?]

选择"恢复（R）"命令选项，可以恢复已保存的 UCS。也可以指定某个命名的 UCS，将其恢复为当前 UCS。选择"保存（S）"命令选项，可以将当前 UCS 命名保存。也可以指定 UCS 的名称，AutoCAD 将当前 UCS 以此为名保存在图形中。选择"删除（D）"命令，可以删除指定的命名 UCS。选择"?"选项可以列出已命名的 UCS 名称。

5）选择"面〈F〉"命令选项。将用户坐标系与三维实体上的面对齐。通过单击面的边界内部或面的边来选择面，UCS 中 X 轴与选定原始面上最靠近的边对齐。

> 指定新 UCS 的原点或[面(F)命名(NA)对象(OB)上一个(P)视图(V)世界(W)X Y Z 轴(ZA)]<世界>：F
> UCS 选择实体面、曲面或网格：

6）选择"视图（V）"命令选项，将用户坐标系的 XY 平面垂直于当前视图方向，X 轴平行于视口的底部，Y 轴为铅垂方向，Z 轴指向屏幕外的观察者。UCS 的原点不变。

7）选择"世界（W）"命令选项，将当前用户坐标系设置为世界坐标系（WCS）。WCS 是所有用户坐标系的基准，不能被重新定义。

8）选择"X/Y/Z"命令选项，绕指定轴旋转当前 UCS。

> 指定新 UCS 的原点或[面(F)命名(NA)对象(OB)上一个(P)视图(V)世界(W)X Y Z 轴(ZA)]<世界>：Y
> //输入 X、Y 或 Z 三个选项中的一个
> UCS 指定绕 Y 轴的旋转角度 <90>：(输入角度)

提示中的 N 表示最初选择的轴，为 X、Y 或 Z 中的任一个。角度可直接输入或用点选确定，轴的转动方向根据右手定则确定。选择该选项后没有后续提示。用一种非常容易的方法形象地表示转动方向：假想用你的右手握住想要 UCS 转动的轴，其拇指从原点向外，则轴的转动方向为其余手指弯曲的方向。

（2）对话框方式。

AutoCAD 2016 提供了一个对话框形式的 UCS 管理命令，同样可以对 UCS 执行保存、恢复、删除以及查看等操作，同时，还可以设置 UCS 的图标。

管理 UCS 的命令调用方式和执行过程如下。

1）菜单栏："工具"→"命名坐标 UCS(U)"。

2）选项卡："可视化"→"坐标面板"→。

3）命令行：UCSMAN ↙。

该命令将打开"UCSMAN"对话框，该对话框包含三个选项卡，分别用于对 UCS 进行管理和设置，介绍如下。

1）"UCSMAN"对话框中的"命名 UCS"选项卡如图 5-16 所示。

① 在"当前 UCS"文本中，显示了当前 UCS 的名称，如果当前 UCS 还没有命名，则显示为"未命名"。

② 在 UCS 名称列表中，显示了当前图形中所有命名的 UCS。如果当前 UCS 没有命名，则列表中显示"未命名"项表示当前 UCS。

UCS 名称列表中始终包含"世界"列表项，表示 WCS。如果图形中包含多个 AutoCAD 自动保存的 UCS，则列表中包含"上一个"列表项，表示自动保存的上一个 UCS。

③ 选择某个列表项，然后单击"置为当前"按钮，可以恢复指定的坐标系。例如，选择"世界"列表项，可以恢复 WCS。选择"上一个"列表项，可以恢复上一个 UCS。利用"上一个"列表项，可以依次恢复 AutoCAD 保存的最近 10 个 UCS。

④ 选择某个列表项，然后单击"详细信息"按钮，在弹出的对话框中可以显示指定坐标系的坐标轴和原点的相关信息，如图 5-17 所示。

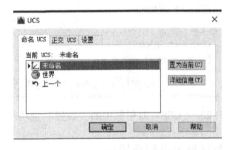

图 5-16 "UCS"对话框中的"命名 UCS"

图 5-17 "UCS 详细信息"

a. "名称"文本：显示指定坐标系的名称。

b. "原点"选项：显示指定坐标系的原点。

c. "X 轴"选项：显示指定坐标系 X 轴的方向。

d. "Y 轴"选项：显示指定坐标系 Y 轴的方向。

e. "Z 轴"选项：显示指定坐标系 Z 轴的方向。

在"相对于"下拉列表中，可以指定用于计算原点、X 轴、Y 轴和 Z 轴的基准坐标系。

⑤ 选择某个列表项，然后单击右键弹出快捷菜单，选择"重命名"菜单项，可以改变指定坐标系的名称。"世界"和"上一个"坐标系不能被重命名，可对当前"未命名"的坐标系重命名，并将其命名保存在图形中。

⑥ 选择某个列表项，然后单击右键弹出快捷菜单，选择"删除"菜单项，可以删除指定的坐标系。"未命名""世界"和"上一个"坐标系不能被删除。

2）"UCSMAN"对话框的"正交 UCS"选项卡如图 5-18 所示。

① 在正交 UCS 表中，列出了六种正交 UCS 的名称和深度。其中深度是指正交 UCS 的 XY 平面与通过"相对于"下拉列表中指定的基准坐标系原点的平行平面之间的距离。

② "置为当前"和"详细信息"按钮功能以及"相对于"下拉列表的作用如前所述。

③ 选择某个列表项，然后单击右键弹出快捷菜单，选择"重置"菜单项，可以恢复选定正交 UCS 的原点，原点将恢复到相对于指定基准坐标系的默认位置（0,0,0）。

④ 选择某个列表项，然后单击右键弹出快捷菜单，选择"深度"菜单项，在弹出的对话框中可以设置指定的正交 UCS 的深度，如图 5-19 所示。

3）"UCS"对话框的"设置"选项卡如图 5-20 所示。

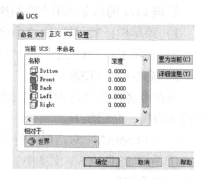

图 5-18 "UCS"对话框中的"正交 UCS"选项卡

图 5-19 "正交 UCS 深度"对话框

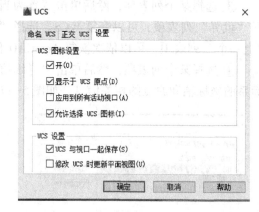

图 5-20 "UCS"对话框中的"设置"选项卡

① 在"UCS 图标设置"组框中，可以对 UCS 的图标显示进行设置。

a. 选中"开"复选框，在屏幕上将显示 UCS 图标；取消该复选框，则不显示 UCS 图标。

b. 选中"显示于 UCS 原点(D)"，将在 UCS 原点处显示 UCS 图标；取消该复选框或在视口中坐标系的原点隐藏，UCS 图标将显示在视口的左下角。

c. 选中"应用到所有活动视口"，UCS 图标设置将应用到当前图形中的所有活动视口中；取消该复选框，将只应用到当前活动视口中。

② 在"UCS 设置"组框中，可以指定修改 UCS 设置时的更新方式。

a. 选中"UCS 与视口一起保存"复选框，可以将 UCS 设置与视口一起保存；取消该复选框，视口只反映当前视口的 UCS。此选项的设置保存在系统变量 UCSVP 中。

b. 选择"修改 UCS 时更新平面视图"复选框，可以在修改视口中的坐标系时恢复平面视图；取消该复选框，则 UCS 的改变不对视图产生影响。此选项的设置保存在系统变量 UCSFOLLOW 中。

4. 控制 UCS 图标的显示

在 AutoCAD 2016 的图形窗口中，可以使用 UCS 图标来显示 UCS 的坐标轴方向和原点相对于观察方向的位置。AutoCAD 提供了多种形式的 UCS 图标，来表示 UCS 的类型和位置，并可以改变 UCS 图标的大小、位置和颜色等。

设置 UCS 图标的命令调用方式和执行过程如下。

（1）选项卡："视图" → "视口工具" →↳或"可视化" → "坐标面板" →↳。

（2）命令行：UCSICON↙。

命令：UCSICON↙
UCSICON 输入选项 [开(ON)关(OFF)全部(A)非原点(N)原点(OR)可选(A)特性(P)] <开>：

使用 UCSICON 命令可以对 UCS 图标的显示和特性进行如下设置。

（1）开（ON）：UCS 图标将显示在屏幕上。

（2）关（OFF）：UCS 图标将不显示在屏幕上。

（3）全部（A）：将对图标的修改应用到所有活动视口。否则，UCSICON 命令只影响当前视口。

（4）非原点（N）：不管 UCS 原点位于何处，都始终在视口的左下角处显示 UCS 图标。

（5）原点（OR）：UCS 图标将在当前坐标系的原点处显示。如果原点不在屏幕上，UCS 图标将显示在视口的左下角处。

（6）可选（S）：允许选择"UCS 图标"或不允许选择"UCS 图标"。

（7）特性（P）：在弹出的"UCS 图标"对话框中，可以设置 UCS 图标的样式、大小和颜色等特性，如图 5-21 所示。

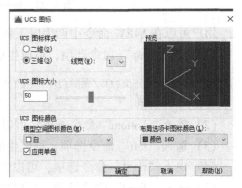

图 5-21 "UCS 图标"对话框

5.1.3 三维视图

虽然 AutoCAD 2016 的模型空间是三维的，但只能在屏幕上看到二维的图像，并且只是三维空间的局部沿一定的方向在平面上的投影。根据一定的方向和一定的范围显示在屏幕上的图像称为三维视图。

为了能够在屏幕上从各种角度、各种范围观察图形，需要不断地变换三维视图。

1. 选择预置三维视图

AutoCAD 2016 为用户预置了六种正交视图和四种等轴测视图，用户可以根据这些标准视图的名称直接调用，无需自行定义。

选择预置三维视图的命令调用方式和执行过程如下。

（1）菜单："视图" → "三维视图" → "俯视""仰视""左视""右视""主视""后视""西南等轴测""东南等轴测""东北等轴测""西北等轴测"。

（2）菜单栏："可视化"→"视图"。

（3）命令行：VIEW ↙。

如果用一个立方体代表三维空间中的三维模型，那么各种预置标准视图的观察方向如图 5-22 所示。

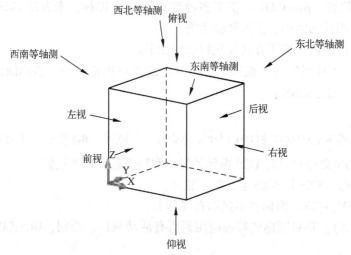

图 5-22　各种预设标准视图的观察方向

用户可以在 VIEW 命令中调用以下各种命令选项来使用相应的标准视图。

（1）输入"top"命令选项，可以生成俯视图。

> 输入选项［？/正交(O)/删除(D)/恢复(R)/保存(S)/UCS(U)/窗口(W)］：top
> 正在重生成模型

（2）输入"bottom"命令选项，可以生成仰视图。

（3）输入"left"命令选项，可以生成左视图。

（4）输入"right"命令选项，可以生成右视图。

（5）输入"front"命令选项，可以生成主视图。

（6）输入"back"命令选项，可以生成后视图。

（7）输入"swiso"命令选项，可以生成西南等轴测视图。

2. 设置平面视图

平面视图是指查看坐标系 XOY 平面（构造平面）的视图，相当于俯视图。AutoCAD 2016 可以随时设置基于当前 UCS、命名 UCS 或 WCS 的平面视图。

设置平面视图的命令调用方式和执行过程如下。

（1）菜单栏："视图(V)"→"三维视图(D)"→"平面视图(P)"。

（2）命令行：PLAN ↙。

> 命令：PLAN ↙
> 输入选项［当前 UCS(C)/UCS(U)/世界(W)］＜当前 UCS＞

使用 PLAN 命令设置平面视图时，需要指定该平面视图的基准坐标系。各选项说明如下。

（1）当前 UCS（C）：生成基于当前 UCS 的平面视图，并自动进行范围缩放，以便所有图形都显示在当前视口中。

（2）UCS（U）：生成基于以前保存的命名 UCS 的平面视图。用户可以输入命名 UCS 的名称，或选择"?"命令选项查看命名 UCS。

（3）世界（W）：生成基于 WCS 的平面视图，并自动进行范围缩放，以便所有图形都显示在当前视口中。

★**注意**：PLAN 命令只影响当前视口中的视图，而且不影响当前的 UCS。在图纸空间中不能使用 PLAN 命令。

3. 使用视点预置

视点可以看作是观察三维模型时观察方向的起点，从视点到观察对象的目标点之间的连线可以看作表示观察方向的视线。视点预置就是通过设置视线在 UCS 中的角度确定三维视图的观察方向。

视点预置命令的调用方式和执行过程如下。

（1）菜单："视图"→"三维视图"→"视点预置"。

（2）命令行：DDVPOINT↙。

调用该命令将显示如图 5-23 所示的对话框。

在指定的 UCS 中，三维视图的观察方向可以用两个角度确定，一个是该方向在 XY 平面上与 X 轴的夹角，另一个是与 XY 平面的交角，如图 5-24 所示。

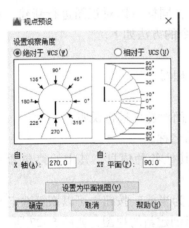

图 5-23 "视点预设"对话框

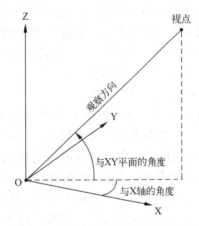

图 5-24 视图方向在 UCS 中的定位

在"视点预置"对话框中，可以通过这两个角度的设置来确定三维视图的方向。

（1）首先需要指定一个基准坐标系，作为设置观察方向的参照。

1）绝对于世界坐标系：相对于 WCS 设置查看方向，而不受当前 UCS 的影响。

2）相对于用户坐标系：相对于当前 UCS 设置查看方向。用户的设置将保存在系统变量 WORLDVIEW 中。

（2）与 X 轴的角度和与 XY 平面的角度：用户可以分别指定观察方向在基准 UCS 中与 X 轴的角度和与 XY 平面的角度；也可以在其上部的图像控件中单击光标来指定新的角度，此时图像控件中将用一个白色的指针指示新角度，红色指针指示当前角度。

（3）设为平面视图：将视图设置为相对于基准坐标系的平面视图，即俯视图。

4. 设置视点

除了使用视点预置之外，用户还可以直接指定视点的坐标，或动态显示并设置视点。设置视点的命令调用方式和执行过程如下。

（1）菜单："视图" → "三维视图" → "视点"。

（2）命令行：VPOINT✓。

使用 VPOINT 命令，可以用三种方式设置视点。

1）直接指定视点的 X、Y 和 Z 三维坐标，AutoCAD 将以视点到坐标系原点的方向进行观察，从而确定三维视图。

2）旋转（R）：分别指定观察方向与坐标系 X 轴的夹角和与 XY 平面的夹角。

3）显示坐标球和三轴架：显示如图 5-25 所示的坐标球和三轴架。

坐标球是一个展开的球体，中心点是北极（0,0,n），内环是赤道（n,n,0），整个外环是南极（0,0,-n）。在坐标球上改变光标的位置时，三轴架根据光标在坐标球上的位置而实时发生变化，动态地显示出当前的观察方向。当找到合适的观察方向后，单击鼠标左键确定。

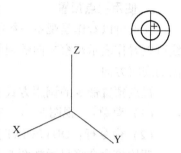

图 5-25　坐标球和三轴架

5. 视图的命名与管理

AutoCAD 2016 还提供了对话框形式的视图命令，同样可以对视图进行新建、更新、编辑和删除命名视图等操作。调用"视图管理器"命令的方法如下。

1）菜单栏："视图" → "命名视图"。

2）选项卡："可视化" → "视图" → "视图管理器🖾"。

3）命令行：VIEW✓。

调用该命令将显示如图 5-26 所示的对话框。下面对选项进行说明。

1）在"当前视图"文本框中，显示当前视图的名称。

2）在视图列表中显示所有命名视图的名称和其他各种信息。其中始终包含一个名为"当前"的列表项，表示当前视图。

3）在视图列表中选择某个视图，然后单击"置为当前"按钮，可以恢复选定的视图。

4）单击"新建"按钮，在弹出的对话框中可以创建新的视图，如图 5-27 所示。

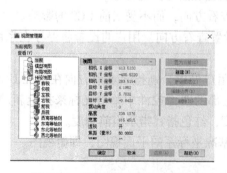

图 5-26　"视图管理器"对话框

图 5-27　"新建视图/快照特性"对话框

下面对图 5-27 所示对话框进行说明。

① 在"视图名称"文本框中，可以指定视图的名称。

② 选择"当前显示"单选按钮，可以使用当前视图作为新的视图。

③ 选择"定义窗口"单选按钮，可以单击 按钮显示绘图窗口，通过指定两个对角点来定义视图的范围。

5.1.4 模型视口

在 AutoCAD 2016 中，视图是在视口中显示出来的。视口就是图形窗口中的一个特定区域，用于显示各种视图。通常情况下，在模型空间中整个图形窗口作为一个单一的视口，只能显示一个三维视图。同时也可以将图形窗口划分为多个视口，分别在各个视口中显示不同的视图。通过设置多个视口，能够同时在屏幕上显示多个视图，从而可以从不同角度和范围显示三维模型，便于观察。AutoCAD 2016 可以将视口配置命名保存在图形中，以便在以后的操作中随时调用。

1. 设置模型视口

在图形窗口中可以创建多个视口，并且可以指定这些视口的数量、排列方式和显示的视图。一组视口的数目、排列方式及其相关设置称为"视口配置"。

设置模型视口命令的调用方式和执行过程如下。

（1）菜单："视图"→"视口"→"新建视口"。

（2）选项卡："可视化或视图"→"视口配置"。

（3）命令行：VPORTS↙。

调用该命令后将显示如图 5-28 所示的对话框。在"视口"对话框的"新建视口"选项卡中，可以设置新的视口配置。

1）"新名称"：为新建的模型视口配置指定名称，也可以不指定名称，此时仍然可以使用新建的视口配置，但不能将其保存到图形中。

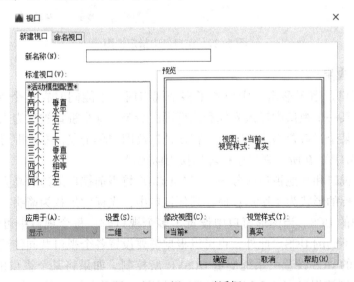

图 5-28 "视口"对话框

2）"标准视口"：显示了当前的模型视口配置和各种标准视口配置，可以选择其中的标准视口配置并应用到当前图形窗口中。

3）"应用于"：指定将在"标准视口"列表中选中的标准视口配置应用到整个图形窗口还是当前视口。选择"显示"列表项，可以在图形窗口中应用新的视口配置，来取代原来的视口；选择"当前视口"列表项可以只在当前视口应用新的视口配置，即在原来视口配置的基础上生成新的视口。

4）"设置"：如果选择"二维"列表项，则新的视口配置中均使用当前的视图；如果选择"三维"列表项，则根据选中的标准视口配置，使用一组相应的标准正交三维视图。

5）"预览"：在图像控件中显示了当前视口配置的预览图像，并在每个视口中给出了该视口所显示的视图名称。或者直接在图像控件中单击某个视口，将其设为当前视口。在"修改视图"下拉列表中，可以指定当前视口所使用的视图。例如，在具有四个视口的视口配置中，使用三维视图设置，可以分别在各个视口中使用指定的三维视图，如图 5-29 所示。

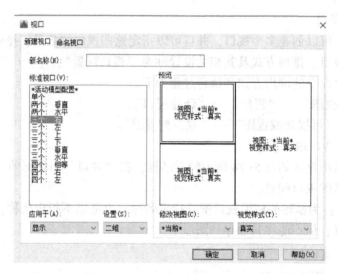

图 5-29　在视口中指定视图

2. 多视口的应用

（1）当前视口。当图形窗口中设置了多个视口时，不能同时在多个视口中进行操作，而只能在其中的某一个视口中输入光标和执行视图命令，这个视口被称为当前视口。

如果需要将某个视口置为当前视口，在该视口范围内单击鼠标左键即可。此外，也可以按组合键〈CTRL+R〉在所有视口中循环切换当前视口。

为了将当前视口和其他视口区分开来，AutoCAD 将当前视口的边缘高亮显示。此外，在当前视口中，光标的形状为十字形；而在其他视口中，光标的形状为箭头。

（2）视口中的 UCS。当图形窗口中设置了多个视口时，每个视口中可以显示不同的视图，也可以显示不同的 UCS。此外，也可以根据需要设置各个视口共同使用当前的 UCS。

每个视口中的 UCS 设置由系统变量 UCSVP 所控制。如果将某个视口的 UCSVP 系统变量设置为"1"，则该视口中的 UCS 与视口一起保存，而不受其他视口中 UCS 的影响；如果设置为"0"，则该视口中的 UCS 将与当前视口中的 UCS 保持一致，当当前视口发生变化时，该视口中的 UCS 也随之发生变化。

★**注意**：每个视口中都保存了自身的 UCSVP 系统变量值，因此，需要分别改变每个视口的 UCSVP 的取值来控制该视口的 UCS。

（3）在不同的视口中绘图。虽然在多个视口时只能在当前的视口进行操作，但 AutoCAD 可在操作过程中切换当前视口，从而可以在不同视口中绘制相同的图形。例如，当在多个视口中绘制一条直线对象时，在确定直线的第一个端点后，可以将当前视口切换到其他视口，然后再确定直线的另一个端点。使用这种方法，可以绘制在同一视口中难以显示或定位的图形对象，而不必重新调整视图。

3. 模型视口的拆分与合并

（1）拆分视口。在图形窗口中当前视口配置的基础上，可以对当前视口应用新的视口配置，即可以对当前视口进行拆分。

1）使用 VPORTS 命令进行视口配置时，在"视口"对话框"应用于"下拉列表中选择"当前视口"列表项，可以按新的视口配置对当前视口进行拆分。

2）使用 VPORTS 命令进行视口配置时，可以直接选择"2""3"或"4"命令选项，使用相应的视口配置对当前视口进行拆分。

例如，原视口配置由水平两个视口组成，如图 5-30a 所示。然后以左侧的视口作为当前视口，将其拆分为"三个：上"视口配置，拆分的结果如图 5-30b 所示。

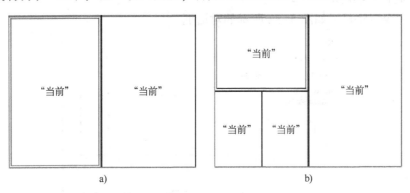

图 5-30　视口的拆分
a）原来的视口配置　b）拆分的视口配置

（2）合并视口。如果当前图形窗口中包含多个视口时，可以将其中两个邻接的视口合并为一个较大的视口。合并视口命令的调用方式和执行过程如下。

1）选项卡："视图"或"可视化"→"模型视口"→"合并视口"。

2）菜单栏："视图"→"视口"→"合并"。

3）命令行：VPORTS↙。

命令：VPORTS↙

合并后的视口将显示主视口中的视图。例如，原视口配置如图 5-31a 所示，将其左上角的视口作为主视口，其右上角的视口作为要合并的视口，合并后的视口配置如图 5-31b 所示。

★**注意**：只有当两个相邻的视口合起来为一个矩形时，才能够将其合并。

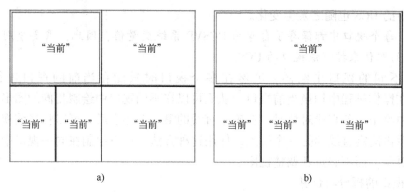

图 5-31　视口的合并

a）原来的视口配置　b）合并的视口配置

4. 命名模型视口配置的管理

在设置新的视口配置时，如果用户为其指定了名称，则该视口配置将命名保存在图形中。对于图形中已保存的所有命名视口，都可以使用 VPORTS 命令进行管理。

管理命名模型视口命令的调用方式和执行过程如下。

（1）菜单栏："视图"→"视口"→"命名视口"。

（2）工具栏："视图"→🖳。

调用该命令后将显示如图 5-32 所示的对话框。

图 5-32　"视口"对话框中的"命名视口"选项卡

在"视口"对话框的"命名视口"选项卡中，可以对图形中所有命名视口配置进行管理。各选项卡说明如下。

1）"当前名称"：显示当前视口配置的名称。

2）"命名视口"：显示当前图形中命名保存的所有视口配置。列表中选择某一命名视口，然后单击右键弹出快捷菜单，并选择"重命名"菜单项，可以改变该视口配置的名称；选择"删除"菜单项，可以删除该视口配置。

3）"预览"：显示"命名视口"列表中指定视口配置的预览图像。

5.1.5　AutoCAD 2016 的三维对象

AutoCAD 2016 中的三维对象分为线框对象、曲面对象和实体对象三种类型，每种类型的对象的特点和作用都有所不同。

1. 三维线框对象概述

线框对象是指用点、直线和曲线表示三维对象边界的 AutoCAD 对象。使用线框对象构建三维模型，可以很好地表现出三维对象的内部结构和外部形状，但不能支持隐藏、着色和渲染等操作。此外，由于构成线框模型的每个对象都必须单独绘制和定位，因此，这种建模方式最为费时。

在 AutoCAD 2016 中构建线框模型时，可以使用三维多段线和三维样条曲线等三维对象，也可以通过变换 UCS 在三维空间中创建二维对象。

虽然构建线框模型较为复杂，且不支持着色、渲染等操作，但使用线框模型可以具有以下几种作用。

（1）可以从任何有利位置查看模型。

（2）自动生成标准的正交和辅助视图。

（3）易于生成分解视图和透视图。

（4）便于分析空间关系。

2. 三维曲面对象概述

曲面对象比线框对象要复杂一些，因为曲面对象不仅包括对象的边界，还包括对象的表面。由于曲面对象具有面的特性，因此曲面对象支持隐藏、着色和渲染等功能。

在 AutoCAD 2016 中，曲面对象是使用多边形网格来定义的，因此并不是真正的曲面，而是由网格近似表示的。网格的密度决定了曲面的光滑程度。网格的密度越大，曲面越光滑，但同时也使数据量大大增加。用户可根据实际情况指定网格的密度。网格的密度由包含 M×N 个顶点的矩阵决定，类似于用行和列组成栅格，M 和 N 分别指定网格顶点的列和行的数量。

AutoCAD 2016 提供了多种预定义的三维曲面对象，包括长方体表面、楔体表面、棱锥面、圆锥面、球面、下半球面、上半球面、圆环面和网格等。执行"绘图"→"建模"→"网格"→"图元"命令，在弹出的对话框中可以选择并创建预定义的曲面对象，如图 5-33 所示。

图 5-33　预定义的三维曲面对象

除了预定义的三维曲面对象之外，AutoCAD 2016还提供多种创建三维曲面对象的方法。用户可以将二维对象进行延伸和旋转来定义新的曲面对象，也可以将指定的二维对象作为边界定义新的曲面对象。

3. 三维实体对象概述

与线框对象和曲面对象相比，实体对象不仅包括对象的边界和表面，还包括对象的体积，因此具有质量、体积和质心等质量特性。

使用实体对象构建模型比线框和曲面对象更为容易，而且信息完整，歧义最少。此外，还可以通过AutoCAD 2016输出实体模型的数据，提供给计算机辅助制造程序使用或进行有限元分析。

AutoCAD 2016提供了多种预定义的三维实体对象，包括长方体、圆锥体、圆柱体、球体、楔体和圆环体等，如图5-34所示。

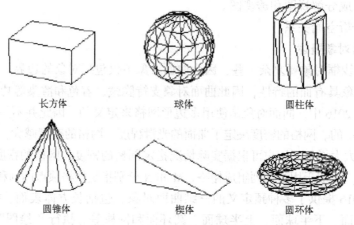

长方体　　　　　球体　　　　　圆柱体

圆锥体　　　　　楔体　　　　　圆环体

图5-34　预定义的三维实体对象

除了预定义的三维实体对象之外，用户还可以将二维对象延伸或旋转来定义新的实体对象，也可以使用并、差和交等布尔操作创建各种组合实体。而对于已有的实体对象，AutoCAD提供了各种修改命令，可以对实体对象进行圆角、倒角和切割等操作，也可以修改实体对象的边、面、体等组成元素。

5.1.6　三维线框对象

三维线框对象包括三维点、三维直线和三维多段线等三维对象，也包括置于三维空间中的各种二维线框对象。

1. 创建三维点

三维点是最简单的三维对象，创建三维点的过程与创建二维点相同，区别在于前者需要指定点的三维坐标。

（1）调用"点"命令的方式有以下三种。

1）命令：POINT↙。

2）菜单："绘图"→"点"→"单点""多点""定数等分""定距等分"。

3）选项卡："常用"→"绘图"→点按钮。

（2）格式如下。

命令：POINT ↙
当前点模式：PDMODE＝0 PDSIZE＝0.0000
指定点：

（3）说明如下。

1）使用键盘在命令行中输入三维点的三维坐标值，可以精确地定义一个三维点。也可以使用三维直角坐标、圆柱坐标、球面坐标以及它们的相对形式确定三维点。

2）使用光标在绘图窗口中单击左键，可以确定一个三维点。该点的 x、y 坐标为单击鼠标时光标位置处的 x、y 坐标，该点的 z 坐标为当前的标高值。

3）利用对象捕捉模式在已有的三维对象上捕捉三维点。在二维制图中所用到的各种对象捕捉模式均可用于三维点的捕捉。

4）利用点过滤器提取不同点的坐标分量构成新的三维点。

2. 创建三维直线

三维直线可以是 AutoCAD 2016 三维空间中任意两点的连线，因此，二维直线也就是限制在构造平面上的三维直线。可以通过指定直线的三维端点来避开构造平面的限制，从而能够在三维空间中的任意位置创建三维直线。

（1）调用"三维直线"命令的方式有以下三种。

1）菜单栏："绘图" → "直线"。

2）选项卡："常用" → "绘图" →✐。

3）命令行：LINE ↙。

（2）格式如下。

命令：LINE ↙
指定第一点：
指定下一点或 ［放弃（U）］：
指定下一点或 ［放弃（U）］：
指定下一点或 ［闭合（C）/放弃（U）］：

创建三维直线的命令和操作过程与创建二维直线完全相同，唯一的区别在于直线的端点是三维点。用户可以使用创建三维点所用的各种方法指定三维直线的端点，从而确定三维空间中任意两点的连线，而不受构造平面的制约。

与创建三维直线类似，在使用 RAY 命令创建射线对象、使用 XLINE 命令创建构造线对象时，都可以直接通过指定三维点的方法创建三维射线和三维构造线。

3. 创建三维多段线

在 AutoCAD 2016 中，二维多段线对象和三维多段线对象有所不同。不仅创建二维多段线和三维多段线的命令不同，而且二维多段线只能在构造平面或与其平行的平面上创建，而三维多段线则可以直接在三维空间中创建。

（1）调用"三维多段线"命令的方式有以下三种。

1）菜单栏："绘图" → "三维多段线"。

2）选项卡："默认" → "绘图" →▣。

3）命令行：3DPOLY ↙。

（2）格式如下。

```
命令:3DPOLY ↙
指定多段线的起点:
指定直线的端点或[放弃(U)]:
指定直线的端点或[放弃(U)]:
指定直线的端点或[闭合(C)/放弃(U)]:
```

（3）说明：创建三维多段线的过程与创建二维多段线类似，可以依次指定多段线的各个端点，从而确定三维多段线的空间位置；也可以使用创建三维点所用的各种方法指定三维多段线的端点。

创建三维多段线的过程类似于创建二维多段线，可以选择"放弃(U)"命令选项取消最后绘制的线段，或选择"闭合(C)"选项形成闭合的三维多段线并结束命令。与创建二维多段线不同的是，三维多段线不能生成弧线段，而且也不能设置宽度。

5.1.7 三维动态观察

三维观察器的基本作用是进行三维动态观察，即使用光标实时地、交互地控制模型的显示，以便动态地、全方位地观察目标模型。

1. 受约束的动态观察器

（1）调用"受约束的动态观察器"命令的方式有以下两种。

1）菜单栏："视图"→"动态观察(B)"→"受约束的动态观察(C)"。

2）命令行：3DORBIT ↙。

（2）说明如下。

1）沿 XY 平面旋转，在图形中单击并向左或右移动光标。

2）沿 Z 轴旋转，单击图形，然后上下移动光标。

3）沿 XY 平面和 Z 轴进行不受约束的动态观察，需按住〈Shift〉键移动光标，将显示导航球，用户可以使用三维自由动态观察（3DFORBIT）进行交互。

2. 自由动态观察

（1）调用"自由动态观察"命令的方式有以下两种。

1）菜单栏："视图"→"动态观察(B)"→"自由动态观察(F)"。

2）命令行：3DFORBIT ↙。

（2）说明：命令处于激活状态时，右击可显示快捷菜单中的其他选项，如图 5-35 所示。

图 5-35 "三维动态观察器"快捷菜单

如果用户坐标系（UCS）图标为开，则表示当前 UCS 的着色三维 UCS 图标显示在三维动态观察视图中。在启动命令之前，可以查看整个图形，或者选择一个或多个对象。

三维自由观察视图限制一个导航球，它被更小的圆分成四个区域。取消选择快捷菜单中的"启动动态观察自动目标"选项时，视图的目标将保持不动，相机位置或视点将绕目标移动，目标点是导航球的中心，而不是正在查看的对象中心。

3. 连续动态观察

（1）调用"连续动态观察"命令的方式有以下两种。

1）菜单栏："视图"→"动态观察（B）"→"连续动态观察（O）"。

2）命令行：3DCORBIT✓。

（2）说明如下。

1）在启动命令之前，可以查看整个图形，或者选择一个或多个对象，启动此命令之后选择多个对象中的一个，可以限制为仅显示此对象。

2）当命令处于激活状态时，右击可以显示快捷菜单中的其他选项。

在绘图区域中单击，并沿任意方向拖动定点设备，使对象沿正在拖动的方向开始移动。释放定点设备上的按钮，对象在指定的绘图方向上继续进行他们的轨迹运动。为光标移动设置的速度决定了对象的旋转速度。

再次单击并拖动可以改变连续动态观察的方向。在绘图区域中右击并从快捷菜单中选择选项，也可以修改连续动态观察的显示。例如：执行"视觉辅助工具"→"栅格"菜单命令可以向视图中添加栅格，而无须退出"连续动态观察"。

4. 三维动态观察的基本操作

进入三维动态观察后，可以在屏幕上拖动光标，三维动态观察器将根据光标的运动方向改变视点的位置，使之绕圆盘中心（即目标点）移动，从而实现对目标模型的动态观察。

当拖动光标进行动态观察时，根据光标在三维观察器转盘的不同位置，AutoCAD 将用不同的方式变换视图，并通过改变光标的形状来表示当前的动态观察方式，具体包括以下几种情况。

（1）当光标的位置处于转盘内部时，光标的形状为 ✛，此时拖动光标，将使视点围绕目标点旋转以得到相应的三维视图。

（2）当光标的位置处于转盘外部时，光标的形状为 ⊙，此时拖动光标，将使视图围绕通过转盘的中心并垂直于屏幕的轴旋转，这一操作称为"卷动"。

（3）当光标的位置处于转盘的上、下两个小圆中时，光标的形状为 ⊖，此时拖动光标，将使视图围绕通过转盘中心的水平轴旋转。

（4）当光标的位置处于转盘的左、右两个小圆中时，光标的形状为 ⊕，此时拖动光标，将使视图围绕通过转盘中心的垂直轴旋转。

5. 三维动态观察器的功能

三维动态观察器提供了多个命令，可以实现以下功能。

（1）实时平移或缩放三维视图。

（2）动态或连续变换三维视图。

（3）调整视点的位置和方向。

（4）设置和控制前向与后向剪裁平面。

（5）指定视图的投影方式。

（6）指定视图的着色模式。

（7）控制形象化辅助工具的显示。

（8）恢复初始视图或预置视图。

在三维动态观察器中，可以通过两种方式调用各种命令，第一种方式是单击鼠标右键弹出快捷菜单，选择相应的菜单项，如图 5-35 所示；另一种方式是使用"三维动态观察器"

工具栏，如图5-36所示。

图 5-36　三维动态观察器工具栏

5.1.8　三维视图变换

三维动态观察器提供了多种视图变换功能，可以实时平移、缩放视图，并可以调用各种预置视图。

1. 平移视图

调用"平移"命令的方式有以下三种。

1）菜单栏："绘图"→"平移"→"实时"。

2）命令行：3DPAN✓。

3）选项卡："三维导航"→"三维平移🤚"。

在三维动态观察器中，单击鼠标右键弹出快捷菜单，选择"其他导航模式"菜单中的"平移"命令，可以利用光标控制三维视图的位置。此时，光标形状变为🤚，在屏幕上单击并拖动光标时，视图将沿着光标拖动方向实时平移。

2. 缩放视图

调用"缩放"命令的方式有以下三种。

1）命令行：3DZOOM✓

2）菜单栏："视图"→"缩放"→"实时"。

3）选项卡："三维导航"→"三维缩放🔍"。

在三维动态观察器中，单击鼠标右键弹出快捷菜单，选择"缩放"菜单项，可以利用光标控制三维视图的大小。此时，光标形状变为🔍，在屏幕上单击并垂直向上拖动光标可以放大图像，使对象显得更大或更近；单击并垂直向下拖动光标可以缩小图像，使对象显得更小或更远。

三维缩放视图的效果类似于调节相机的焦距，使被观察对象看起来更靠近或远离相机，但不改变相机的位置。

5.1.9　视图调整与设置

在三维动态观察器中，还可以对视点的位置和角度、前向和后向剪裁平面的距离以及视图的投影方式等进行调整，并可以控制剪裁平面和各种形象化辅助工具的启闭状态。

1. 调整距离

调用"调整距离"命令的方式有以下两种。

1）命令行：3DDISTANCE✓。

2）菜单栏："视图"→"相机（C）"→"调整视距（A）"。

在三维动态观察器中，单击鼠标右键弹出快捷菜单，选择"其他导航模式"→"调整距离"菜单项，可以利用光标控制相机与目标之间的距离。在屏幕上单击并垂直向上拖动光标可以使相机靠近目标，使对象显得更大；单击并垂直向下拖动光标可以使相机远离目标，使对象显得更小。

2. 旋转相机

调用"旋转相机"命令的方式有以下三种。

1）菜单栏："视图"→"相机（C）"→"回旋（S）"。

2）选项卡："三维导航工具栏"→"回旋"。

3）命令行：3DSWIVEL ✓。

在三维动态观察器中，单击鼠标右键弹出快捷菜单，选择"其他导航模式"→"旋转相机"菜单项，可以利用光标改变目标的位置和视图的偏转角度。此时，光标形状变为，即在屏幕上单击并拖动光标时，对象沿着相反的方向转动。

3. 设置剪裁平面

剪裁平面用于控制模型在与视图平行方向上的显示范围，剪裁平面分为前向剪裁平面和后向剪裁平面两种。当前向与后向剪裁平面都被打开时，只有位于前向和后向剪裁平面之间的模型才能够在屏幕上显示出来，而剪裁平面之外的任何对象都会隐藏起来。

调用 3DCLIP 命令，激活交互式三维视图并直接打开"调整剪裁平面"对话框，如图 5-37 所示。在三维动态观察器中，可以分别控制前向和后向剪裁平面在视图中的位置。

在"调整剪裁平面"窗口中，沿着与当前视图垂直的方向显示视图中的三维模型，并分别显示了前向和后向剪裁平面。由于剪裁平面与视图平行，因此剪裁平面在该窗口中显示为直线。其中，窗口下部的直线表示前向剪裁平面，上部的直线表示后向剪裁平面。

在"调整剪裁平面"窗口中，光标的形状为。此时，可以在该窗口中拖动光标，以分别改变前向和后向剪裁平面的位置，并可使用该窗口的工具栏进行以下各种操作。

（1）按下按钮，可以调整前向剪裁平面的位置。在窗口中单击并拖动光标，前向剪裁平面将随之移动。如果已经启用了前向剪裁平面，则视图中模型的显示也将随着用户的调整而发生变化，以便反映前向剪裁平面的剪裁效果。

（2）按下按钮，可以调整后向剪裁平面的位置。在窗口中单击并拖动光标，后向剪裁平面将随之移动。如果已经启用了后向剪裁平面，则视图中模型的显示也将随着用户的调整而发生变化，以便反映后向剪裁平面的剪裁效果。

（3）按下按钮，可以同时调整前向剪裁平面和后向剪裁平面的位置。此时，在窗口中单击并拖动光标，前向和后向剪裁平面将同时随之移动。

（4）按下按钮，可以打开前向剪裁平面。此时，视图中将不显示前向剪裁平面之外的模型。

例如，如图 5-38 所示，显示了启用前向和后向剪裁平面时的剪裁效果。

图 5-37 "调整剪裁平面"对话框

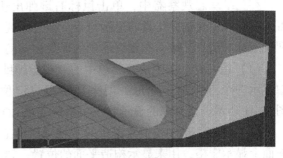

图 5-38 使用剪裁平面

★**注意**：如果在退出三维动态观察器视图时打开剪裁平面，则它们在二维和三维视图中仍保持为打开。

4. 指定投影方式

在之前所讲述过的所有三维视图都是基于平行投影而产生的视图，平行投影可以在正投影面上准确地反映出三维对象的尺寸，便于图形的绘制和测量。但是，实际上人们观察对象时的视觉效果与平行投影所得到的视图不同，因为眼睛所获得的图像是从四面八方汇集到一点所得到的，这样的图像是从一点出发、将三维对象向四周投影的方法近似得到，这种投影方法被称为透视投影。透视投影的示意图如图 5-39 所示。

从透视投影的基本原理可以看出，使用透视投影得到的图像虽然不能准确地反映三维对象的尺寸，但却可以得到更为逼真的视觉效果。因此，通常使用平行投影视图进行三维建模后，在创建三维模型的渲染图像时使用透视投影视图，以得到更为真实的图像效果。

在三维动态观察器中，单击鼠标右键弹出快捷菜单，选择"透视模式"菜单项，可以将当前三维视图的投影方式设置为透视投影，从而在屏幕上得到三维对象的透视视图。

例如，如图 5-40 所示，显示了使用透视投影所得到的机械模型的透视视图。

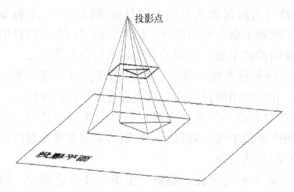
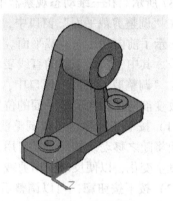

图 5-39　透视投影的示意图　　　　图 5-40　透视视图

在三维动态观察器中生成透视视图后，再退出三维动态观察模式仍将保持透视投影状态，此时不能进行编辑、拾取点、缩放或平移等操作。如果需要在透视模式下改变视图，则需要重新启动三维动态观察器进行视图变换，或在三维动态观察器的快捷菜单中选择"平行模式"菜单项，将投影方式改回到平行投影。

5. 使用形象化辅助工具

在三维动态观察器中，单击鼠标右键弹出快捷菜单，选择"视觉辅助工具"菜单项，可以控制形象化辅助工具的显示与否。在三维视图中使用这些工具，可以更为形象、直观地观察三维对象。三维动态观察器中的形象化辅助工具包括以下三种。

（1）指南针。选中快捷菜单中的"视觉辅助工具"→"指南针"菜单项，可以在视图中显示一个三维的坐标球，用来帮助用户定位当前观察方向在三维空间中的角度，如图 5-41 所示。坐标球的显示状态由系统变量 COMPASS 的值控制。

（2）栅格。选中快捷菜单中的"视觉辅助工具"→"栅格"菜单项，可以在 UCS 构造平面上显示栅格，用来显示构造平面的位置，如图 5-42 所示。栅格的设置与二维绘图中完全相同。

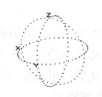
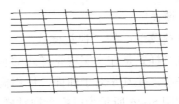

图 5-41 指南针   图 5-42 栅格图

（3）UCS 图标。选中快捷菜单中的"形象化辅助工具"→"UCS 图标"菜单项，可以在视图中显示 UCS 图标。当在三维动态观察器中激活了各种形象化辅助工具后，即使退出三维动态观察器，这些形象化辅助工具仍显示在视图中。而在 SHADEMODE 命令中选择"二维线框（2D）"命令选项后，这些形象化辅助工具就会关闭。

5.1.10 选择着色或消隐模式

在三维视图中，除了使用线框模式显示三维模型之外，还可以使用消隐模式或各种着色模式显示三维模型，以表现模型的表面和立体感。

1. 设置着色模式

在三维动态观察器中，单击鼠标右键弹出快捷菜单，选择"视觉样式"子菜单中的菜单项，可以控制三维对象的显示形式。在三维动态观察器中可以将三维对象的显示形式设置为以下几种模式。

（1）"三维线框"模式。

选中并执行快捷菜单中的"视觉样式"→"线框"命令，可以使用线框模式表示三维对象。即使对于曲面对象和实体对象，也都不显示其面的信息，而是使用直线和曲线表示对象的边界。如图 5-43 所示为以线框模式显示的机械模型。

（2）"三维隐藏"模式。

选中并执行快捷菜单中的"视觉样式"→"隐藏"命令，可以使用隐藏模式也就是线框形式表示三维对象，区别在于消隐视图中不显示表示后向面的线框。如图 5-44 所示为以消隐模式显示的机械模型。

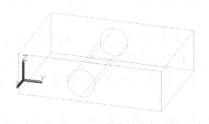
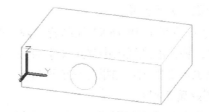

图 5-43 线框图示例   图 5-44 消隐视图的示例

（3）"真实"模式。

选中并执行快捷菜单中的"视觉样式"→"真实"命令，可以使用真实视觉样式表示三维对象。对于面域、曲面和实体等具有面的对象，可以在视图中用对象的颜色对每个面进行着色，从而更加形象且直观地表现三维对象。如图 5-45 所示为以平面着色真实视觉样式显示的机械模型。

（4）"概念"模式。

选中并执行快捷菜单中的"视觉样式"→"概念"命令，可以使用概念视觉样式表示三维对象。概念视觉样式是在真实视觉样式的基础上，将对象的边进行平滑处理，从而使着色后的对象更为平滑。尤其是对于曲面，使用概念视觉样式显示可以比真实视觉样式更为接近真实的情况。如图5-46所示为以概念视觉样式显示的机械模型。

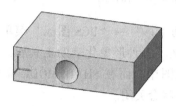

图5-45　真实视觉样式示例

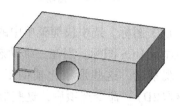

图5-46　概念视觉样式示例

2. 创建消隐视图

除了在三维动态观察器中，通过选择快捷菜单中的"视觉样式"→"隐藏"命令创建消隐视图之外，还可以在不启用三维动态观察器的情况下，直接使用"消隐"命令创建消隐视图。

（1）调用"消隐"命令的方式有以下三种。

1）菜单栏："视图"→"消隐"。

2）工具栏："渲染"工具栏→"隐藏" 。

3）命令行：HIDE ✓。

（2）说明：在使用HIDE命令创建消隐视图时，AutoCAD 2106认为圆、实体、宽线、文字、面域、多段线线段、三维面、多边形网格和非零厚度对象的拉伸边是不透明的表面，它们可以隐藏对象，也就是说，不显示位于这些对象后面的图形。

需要说明的是，HIDE命令不可以用于其图层被冻结的对象，但可以用于图层被关闭的对象。在消隐视图中，有两个系统变量影响着消隐视图的显示。

1）系统变量DISPSILH控制着消隐视图中三维实体对象的轮廓边。将该系统变量值设置为"0"时，在消隐视图中不使用网格显示实体对象；将该值设置为"1"时，将在实体对象被消隐时显示网格。

2）系统变量HIDETEXT控制着消隐视图中文字对象的显示状态。将该系统变量设置为"Off"时，将在消隐视图中显示文字对象，而不论其是否被其他对象遮盖，同时文字对象遮盖的对象也不受影响；如果将该值设置为"On"时，将在消隐视图中隐藏文字对象。

3. 创建着色视图

除了在三维动态观察器中，通过选择快捷菜单中的"着色模式"子菜单中的各种菜单项创建着色视图之外，还可以在不启用三维动态观察器的情况下，直接使用"着色"命令创建着色视图。

（1）调用"着色"命令的方式有以下两种。

1）菜单栏："视图"→"视觉样式"→"二维线框""线框""消隐""真实""概念"。

2）命令行：SHADEMODE ✓。

（2）格式显示如下。

命令：SHADEMODE↙
输入选项[二维线框（2）/线框（W）/隐藏（H）/真实（R）/概念（C）/着色（S）/带边缘着色（E）灰度]（G）勾画（SL）射线（X）其他（O）]<着色>：

（3）说明：利用 SHADEMODE 命令可以直接在视口中创建着色视图，而不必启用三维动态观察器。在 SHADEMODE 命令中，可以设置以下几种着色模式：

1）"二维线框（2）"模式：可以使用线框模式表示三维对象，即使用直线和曲线表示对象的边界。在二维线框模式下，UCS 图标为不着色的三维形式，此时光栅和 OLE 对象、线型及线宽都是可见的，而坐标球将隐藏。

2）"线框（W）"模式：可以使用线框模式表示三维对象。与二维线框不同的是，在三维线框图中，UCS 图标显示为着色的三维形式，并且光栅和 OLE 对象、线型及线宽均隐藏，但可以在视图中显示坐标球。

3）"隐藏（H）"模式：可以使用消隐模式显示三维对象。

4）"概念（C）"模式：可以使用平面着色模式显示三维对象。

5）"其他（O）"模式：可以选择以上几种视觉样式。

在使用 SHADEMODE 命令创建着色视图后，在启用三维动态观察器后将自动选中"视觉样式"子菜单中相应的菜单项。

4. 图形配置设置

对于图形在视图中的显示，可以在系统选项中进行设置。比如，使用三维动态观察器或 SHADEMODE 命令设置着色视图时，如果将视图设置为"真实""概念"等模式时，可以在视图显示光源和材质。

执行"工具"→"选项"菜单，在弹出的对话框中选择"系统"选项卡，如图 5-47 所示。

在"系统"选项卡的"硬件加速"选项组中，可以设置图形显示所使用的图形系统和特性。单击"图形性能"按钮，在弹出的对话框中可以设置图形显示的特性，如图 5-48 所示。该对话框中的图形配置设置将影响三维对象的显示方式，可以对"效果设置"进行设置。

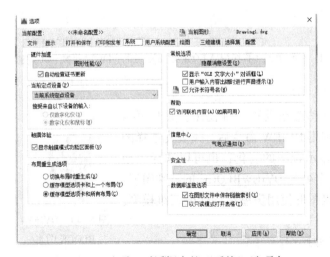

图 5-47　"选项"对话框中的"系统"选项卡

图 5-48　设置图形显示特性

5.1.11　其他相关命令

在 AutoCAD 2016 中使用三维动态观察器查看三维模型时，除了三维动态观察器本身的设置和命令之外，还将受到一些其他 AutoCAD 命令的影响。

1. 相机设置

在启用三维动态观察器查看三维对象时，默认的目标位置是三维视图的中心。为了更好地观察三维对象，可以在启用三维动态观察器之前，使用"相机设置"命令重新指定相机的位置和观察目标的位置，从而使得启用三维动态观察器后能够将被观察的对象置于三维视图的中心。

（1）调用"相机设置"命令的方式有以下三种。

1）菜单栏："视图"→"创建相机"。

2）选项卡："可视化"→"相机"→"创建相机"。

3）命令行：CAMERA ↙。

（2）格式显示如下。

> 命令：CAMERA ↙
> CAMERA 指定相机位置：
> CAMERA 指定目标位置：
> CAMERA 输入选项[？名称(N)位置(LO)高度(H)坐标(T)镜头(LE)剪裁(C)视图(V)退出(X)]<退出>：

（3）说明：使用 CAMERA 命令可以分别设置当前三维视图的视点位置和目标位置。在启用三维动态观察器时，将根据当前的相机位置及其目标位置确定三维视图，并将目标位置置于三维视图的中心。

2. 设置视图

（1）调用"设置视图"命令的方式如下。

命令行：DVIEW ↙。

（2）格式显示如下。

> 命令：DVIEW ↙
> 选择对象或 <使用 DVIEWBLOCK>：
> 输入选项[相机(CA)/目标(TA)/距离(D)/点(PO)/平移(PA)/缩放(Z)/扭曲(TW)/剪裁(CL)/隐藏(H)/关(O)/放弃(U)]：
> 输入方向和幅值角度：

（3）说明：使用 DVIEW 命令可以动态地设置三维视图，并且可以设置视图的投影方式和剪裁平面等。调用 DVIEW 命令后，需要先选择图形对象，用于在该命令的执行过程中显示视图的变化；也可以选择"使用 DVIEWBLOCK" 命令选项，使用一个名为 DVIEWBLOCK 的特殊图形，在命令执行过程中显示视图的变化。该图形使用房屋造型代表三维模型，如图 5-49 所示。

图 5-49　DVIEW-BLOCK 图形

使用 DVIEW 命令可以进行如下各种操作。

1）直接指定两点：根据这两点围绕目标点改变相机位置，从而确定新的视图；也可以分别以方向角和幅值确定相机的位置。方向角指示视图的前方，而幅值确定查看距离，两个角度中间用逗号分开，且必须是正值。

2）相机（CA）：修改相机的位置。命令行显示如下。

> 输入选项［相机(CA)/目标(TA)/距离(D)/点(PO)/平移(PA)/缩放(Z)/扭曲(TW)/剪裁(CL)/隐藏(H)/关(O)/放弃(U)］:CA
> 指定相机位置,输入与 XY 平面的角度
> 或［切换角度单位(T)］<4.6080>:

可以直接指定相机的新位置，也可以分别指定相机与目标点之间连线与 XY 平面之间的夹角，以及该连线在 XY 平面上的投影与 X 轴之间的夹角，根据这两个角度绕目标点旋转相机，以确定新的相机位置。

3）目标（TA）：修改观察目标的位置。命令行显示如下。

> 输入选项［相机(CA)/目标(TA)/距离(D)/点(PO)/平移(PA)/缩放(Z)/扭曲(TW)/剪裁(CL)/隐藏(H)/关(O)/放弃(U)］:TA
> 指定相机位置,输入与 XY 平面的角度
> 或［切换角度单位(T)］<-31.2681>:

与确定相机位置相同，可以直接指定目标的新位置，也可以通过两个角度绕相机旋转目标点，以确定新的目标位置。

4）距离（D）：可以修改相机与目标之间的位置。命令行显示如下。

> 输入选项［相机(CA)/目标(TA)/距离(D)/点(PO)/平移(PA)/缩放(Z)/扭曲(TW)/剪裁(CL)/隐藏(H)/关(O)/放弃(U)］:D
> 指定新的相机目标距离 <419.6686>:

可以直接指定相机与目标点之间的距离，AutoCAD 2016 将相对于目标沿着视线移近或移远相机；也可以拖动光标动态改变相机与目标点之间的距离，并在合适的位置单击左键确定。

★注意：此选项将打开透视投影方式，生成透视视图。

5）点（PO）：可以分别使用三维坐标来指定目标点和相机点位置。命令行显示如下。

> 输入选项［相机(CA)/目标(TA)/距离(D)/点(PO)/平移(PA)/缩放(Z)/扭曲(TW)/剪裁(CL)/隐藏(H)/关(O)/放弃(U)］:PO
> 指定目标点 <4.6385, 5.3899, -0.8422>:
> 指定相机点 <326.2831, 196.0645, 189.8687>:

6）平移：可以根据指定的两点平移当前视图。命令行显示如下。

> 输入选项［相机(CA)/目标(TA)/距离(D)/点(PO)/平移(PA)/缩放(Z)/扭曲(TW)/剪裁(CL)/隐藏(H)/关(O)/放弃(U)］:PA
> 指定位移基点:
> 指定第二点:

7）缩放（Z）：可以缩放当前视图。命令行显示如下。

> 输入选项［相机(CA)/目标(TA)/距离(D)/点(PO)/平移(PA)/缩放(Z)/扭曲(TW)/剪裁(CL)/隐藏(H)/关(O)/放弃(U)］:Z
> 指定焦距 <50.597 mm>:

可以直接指定新的镜头长度确定视图的缩放范围，也可以拖动光标动态调整视图的缩放范围。

8）扭曲（TW）：可以重新指定当前视图的扭曲角度。命令行显示如下。

> 输入选项[相机（CA）/目标（TA）/距离（D）/点（PO）/平移（PA）/缩放（Z）/扭曲（TW）/剪裁（CL）/隐藏（H）/关（O）/放弃（U）]：TW
> 指定视图扭曲角度 <0.00>：

9）剪裁（CL）：可以分别设置前向剪裁平面和后向剪裁平面的距离及其开关状态。命令行显示如下。

> 输入选项[相机（CA）/目标（TA）/距离（D）/点（PO）/平移（PA）/缩放（Z）/扭曲（TW）/剪裁（CL）/隐藏（H）/关（O）/放弃（U）]：CL
> 输入剪裁选项 [后向（B）/前向（F）/关（O）] <关>：

选择"后向（B）"命令选项，可以设置后向剪裁平面的剪裁距离和开关状态；选择"前向（F）"命令选项，可以设置前向剪裁平面的剪裁距离和开关状态；选择"关（O）"命令选项，可以关闭前向和后向剪裁平面。

10）隐藏（H）：可以消除选定对象上的隐藏线以增强可视性。这种隐藏线消除方式比HIDE 命令消隐速度快，但不能打印输出。

11）关（O）：将关闭透视视图。

12）放弃（U）：将取消上一个 DVIEW 命令操作的结果。

5.1.12 三维对象的修改

对于不同类型的三维对象，可以使用相应的修改命令进行编辑。对不同对象使用同样的命令进行修改，可以产生不同的结果。

1. 修改三维对象的特性

与 AutoCAD 2016 的二维对象一样，可以使用"特性"窗口对三维对象的特性进行查看和修改。AutoCAD 2016 将根据选择对象的类型，在"特性"窗口中显示相应的特性，并通过"特性"窗口对其中的部分特性进行修改。

（1）调用"特性"命令的方式有以下三种。

1）菜单栏："修改"→"特性"。

2）选项卡："标准"→"特性" 📖。

3）命令行：PROPERTIES ✓。

（2）说明：打开"特性"窗口后，其中显示的内容将随着选择对象类型的变化而改变，下面针对不同类型的三维对象介绍"特性"窗口的具体作用。

1）如果选择三维多段线对象，"特性"窗口将显示如图 5-50 所示内容。其中，除了"颜色""图层"等基本特性之外，还可以查询和修改以下特性。

① 在"几何图形"栏中，可以查询和修改三维多段线所有顶点的 x、y 和 z 坐标。在"顶点"项目中指定顶点编号。

② 在"拟合/平滑"项目中，可以指定是否对三维多段线进行样条拟合。如果进行拟合，还可以具体指定是使用二次样条曲线还是三次样条曲线进行拟合。

③ 在"闭合"项目中,可以设置三维多段线是否闭合。

2)如果选择三维样条曲线对象,"特性"窗口显示如图 5-51 所示内容。其中,除了基本特性之外,还可以查询和修改以下特性。

① 在"拟合数据点"栏中,分别显示了三维样条曲线的控制点和拟合点的总数、编号和三维坐标,可以修改指定编号的控制点或拟合点的坐标。此外,还可以在"权值"项目中指定样条曲线的权值。

② 在"阶数"项目中,显示样条曲线的阶数。

③ 在"闭合"项目中,显示样条曲线是否闭合,闭合的样条曲线在两个端点处切线连续。

④ 在"平面"项目中,显示样条曲线是否为三维对象。

⑤ 在"平面"项目中,显示样条曲线是否为三维对象。

⑥ 在"起点切向矢量 X(Y、Z)坐标"项目中,显示样条曲线起点切线的方向矢量。

⑦ 在"端点切向矢量 X(Y、Z)坐标"项目中,显示样条曲线端点切线的方向矢量。

⑧ 在"拟合公差"项目中,可以指定样条曲线的拟合公差。当拟合公差为 0 时,样条曲线将穿过所有拟合点。

⑨ 在"面积"项目中,显示二维样条曲线所围成的面积。此项对三维样条曲线无用。

3)如果选择三维面对象,"特性"窗口显示如图 5-52 所示内容。其中,除了基本特性之外,还可以查询和修改以下特性。

图 5-50 三维多段线的特性　　图 5-51 三维样条曲线的特性　　图 5-52 三维面的特性

① 在"几何图形"栏中,可以查询和修改三维面所有顶点的 X、Y、Z 坐标。在"顶点"项目中指定顶点编号。

② 在"几何图形"栏中,还可以指定三维面中各条边的可见性。

4)如果选择三维实体对象,"特性"窗口只显示基本特性,因为三维实体特性不可编辑。

2. 编辑三维多段线

在 AutoCAD 2016 中,PEDIT 命令既可以编辑二维多段线,也可以编辑三维多段线和多边形网格。

（1）调用"多段线"命令的方式有以下三种。

1）菜单栏："修改"→"对象"→"多段线"。

2）工具栏："修改Ⅱ"→"编辑多线段☁"。

3）命令行：PEDIT↙。

（2）格式显示如下。

命令：PEDIT↙
选择多段线或［多条(M)］：
输入选项［闭合(C)/合并(J)/编辑顶点(E)/样条曲线(S)/非曲线化(D)/反转(R)/放弃(U)］：

（3）各选项说明。

1）闭合（C）：可以将三维多段线的两个端点用直线段连接起来，形成闭合的三维多段线。对于已经闭合的三维多段线，该选项被"打开(O)"命令选项代替，选择该选项后，AutoCAD 2016将删除三维多段线两个端点之间的直线段。例如，如图5-53所示左侧为打开的三维多段线，右侧为闭合的三维多段线。

2）合并（J）：将两条以上的多段线合并成一条。

3）编辑顶点（E）：进入顶点编辑状态，并在三维多段线的第一个顶点处显示"×"标记。命令行显示如下。

输入选项［闭合(C)合并(J)编辑顶点(E)样条曲线(S)非曲线化(D)反转(R)放弃(U)］：E
［下一个(N)/上一个(P)/打断(B)/插入(I)/移动(M)/重生成(R)/拉直(S)/退出(X)］<N>：

① 选择"下一个（N）"命令选项，可以将"×"标记移动到下一个顶点处。

② 选择"上一个（P）"命令选项，可以将"×"标记移动到上一个顶点处。

③ 选择"打断（B）"命令选项，AutoCAD保存当前"×"标记所在的顶点，并提示用户指定另一个顶点，然后选择"执行(G)"命令选项删除这两个顶点之间的部分。

④ 选择"插入（I）"命令选项，可以在当前"×"标记所在的顶点之后插入新的顶点。

⑤ 选择"移动（M）"命令选项，可以改变当前"×"标记所在的顶点的位置。

⑥ 选择"重生成（R）"命令选项，可以重新生成三维多段线对象。

⑦ 选择"拉直（S）"命令选项，AutoCAD保存当前"×"标记所在的顶点，并提示用户指定另一个顶点，然后选择"执行(G)"命令选项将这两个顶点之间的部分改为单个直线段。

⑧ 选择"退出（X）"命令选项，退出节点编辑状态，返回上一级命令选项。

4）样条曲线（S）：可以根据三维多段线的控制点用三维样条曲线进行拟合。例如，对如图5-54所示左侧的三维多段线对象进行拟合后，得到右侧的多段线拟合样条曲线。

 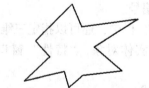

图5-53　三维多段线的打开与闭合　　　　图5-54　多段线拟合样条曲线

5）非曲线化（D）：将删除拟合三维样条曲线，并使三维多段线的所有线段恢复为直线段，但保留指定给多段线顶点的切向信息，用于随后的曲线拟合。

6）反转（R）：此选项可以反转选中的多段线的螺旋方向。

7）放弃（U）：选择"放弃（U）"命令选项，可以撤销上一步编辑操作。

3. 编辑三维样条曲线

无论是二维还是三维样条曲线，都可以使用 SPLINEDIT 命令进行编辑。此外，该命令还可以对二维或三维样条曲线拟合多段线对象进行编辑，并总是先将其转换为相应的二维或三维样条曲线后再进行编辑。

（1）调用"样条曲线"命令的方式有以下三种。

1）菜单栏："修改"→"对象"→"样条曲线"。

2）工具栏："修改 II"→"编辑样条曲线 ✏"。

3）命令行：SPLINEDIT ✓。

（2）执行命令格式显示如下。

> 命令：SPLINEDIT ✓
> 选择样条曲线：
> 输入选项［闭合(C)/合并(J)/拟合数据(F)/编辑顶点(E)/转换为多段线(P)/反转(R)/放弃(U)/退出(X)]＜退出＞：

（3）说明如下。

1）闭合（C）：使开放的样条曲线闭合，并且使其在端点处切向连续。对于已经闭合的样条曲线，该选项被"打开(O)"命令选项替代，选择该选项将使样条曲线返回到原来状态并且失去切向连续性。

★**注意**：对样条曲线进行打开或闭合操作后，样条曲线将失去拟合数据。

2）合并（J）：将两条以上的样条曲线合并成一条。

3）拟合数据（F）：可以对样条曲线的拟合数据进行修改，命令行显示如下。

> 输入选项［闭合(C)/合并(J)/拟合数据(F)/编辑顶点(E)/转换为多段线(P)/反转(R)/放弃(U)/退出(X)]＜退出＞：F
> 输入拟合数据选项
> ［添加(A)/闭合(C)/删除(D)/扭折(K)/移动(M)/清理(P)/切线(T)/公差(L)/退出(X)] ＜退出＞：

① 添加（A）：在样条曲线中增加新的拟合点。AutoCAD 将提示用户选择一个已有的拟合点，并高亮显示用户指定的拟合点和下一个拟合点。此时可以在这两个点之间添加新的拟合点，并且根据添加后的拟合点重新拟合样条曲线。

② 闭合（C）：可以使开放的样条曲线闭合，并且使其在端点处切向连续。对于已经闭合的样条曲线，该选项被"打开(O)"命令选项替代，选择该选项将使样条曲线返回到原来状态并且失去切向连续性。

③ 删除（D）：可以从样条曲线中删除指定的拟合点，AutoCAD 将用其余的拟合点重新拟合样条曲线。

④ 扭折（K）：可以在原有样条曲线上指定新的点。

⑤ 移动（M）：将指定的拟合点移动到新的位置。

⑥ 清理（P）：删除样条曲线中的拟合数据。

⑦ 切线（T）：重新指定样条曲线起点和端点处的切线方向。

⑧ 公差（L）：修改用于拟合样条曲线的公差。

⑨ 退出（X）：返回上一级命令提示。

★**注意**：如果样条曲线中不含有拟合数据或失去拟合数据后，使用 SPLINEDIT 命令进行编辑时将不显示"拟合数据(F)"命令选项。

4）编辑顶点（E）：添加、删除或改变现有顶点属性。

注意：移动样条曲线的控制顶点后，样条曲线将失去拟合数据。

5）转换为多段线（P）：将样条曲线转换为多段线。

6）反转（R）：改变样条曲线的方向，使其与原来的方向相反。

7）放弃（U）：可以取消上一步操作。

8）退出（X）：返回上一级命令提示。

4. 实体的倒角

在 AutoCAD 2016 的二维制图中，可以使用倒角命令在两条直线之间或多段线对象的顶点处创建倒角。在三维制图中，还可以使用该命令在实体的棱边处创建倒角。

（1）调用"倒角"命令的方式有以下三种。

1）菜单："修改"→"倒角"。

2）工具栏："修改"→"倒角" ⬜。

3）命令行：CHAMFER ↙。

（2）执行命令格式显示如下。

```
命令：CHAMFER ↙
选择第一条直线或[放弃(U)/多段线(P)/距离(D)/角度(A)/修剪(T)/方式(E)/多个(M)]：
输入曲面选择选项 [下一个(N)/当前(OK)]<当前>：
指定基面倒角距离或[表达式(E)]<2.0000>：
指定其他曲面倒角距离或[表达式(E)]<2.0000>：
选择边或 [环(L)]：
选择边或 [环(L)]：
```

（3）说明：使用"倒角"命令为实体对象创建倒角时，首先需要选择实体对象上的边，AutoCAD 2016 将以该边相邻的两个面之一作为基面，并高亮显示；然后选择"下一个(N)"命令选项将另一个面指定为基面；最后，分别指定基面上的倒角距离和在另一个面上的倒角距离。

完成对倒角的基面和倒角距离的设置后，可以进一步指定基面上需要创建倒角的边，也可以连续选择基面上的多个边来创建倒角。如果选择"环(L)"命令选项，则可以一次选中基面上所有的边来创建倒角，如图 5-55 所示。

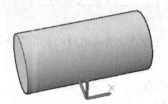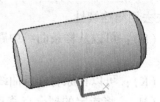

图 5-55　实体倒角

5. 实体的圆角

与"倒角"命令类似，不仅可以在两条直线之间或多段线对象的顶点处创建圆角，还可以使用该命令在实体的棱边处创建圆角。

（1）调用"圆角"命令的方式有以下三种。

1）菜单栏："修改"→"圆角"。

2）工具栏："修改"→◻。

3）命令行：FILLET ⏎。

（2）执行命令格式显示如下。

命令：FILLET ⏎
选择第一个对象或[放弃(U)/多段线(P)/半径(R)/修剪(T)/多个(M)]：
输入圆角半径或[表达式(E)]：5
选择边或[链(C)/环(L)/半径(R)]：
选择边或[链(C)/半径(R)]：
选择边或[链(C)/半径(R)]：

（3）说明：使用"圆角"命令为实体对象创建圆角时，首先需要选择实体对象上的边，然后指定圆角的半径。也可以进一步选择实体对象上其他需要倒圆角的边，或选择"链(C)"命令选项一次选择多个相切的边进行倒圆角。

如图5-56所示，左侧长方体四条侧边进行倒圆角后，可得到右侧所示的模型。

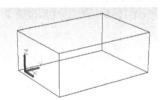

图5-56 实体的圆角

在选择棱边的过程中，可以随时选择"半径(R)"命令选项改变圆角的半径，修改后的圆角半径只用于其后选择的边，而对改变圆角半径之前选中的边不起作用，因此可以直接创建一系列半径不等的圆角。

6. 三维对象的分解

在AutoCAD 2016中，可以使用EXPLODE命令将复杂二维对象分解为组成该对象的简单对象，对于三维对象来说同样也可以将其分解为构成三维对象的简单对象，分解的结果将根据分解对象类型的不同而有所区别。

（1）调用"分解"命令的方式有以下三种。

1）菜单栏："修改"→"分解"。

2）工具栏："修改"→◰。

3）命令行：EXPLODE ⏎。

（2）执行命令格式显示如下。

命令：EXPLODE ⏎
选择对象：找到1个
选择对象：

（3）说明如下。

1）三维多段线和三维样条曲线拟合多段线将被分解为若干个直线对象。

2）三维样条曲线对象和三维面对象不能被 EXPLODE 命令分解。

3）多边形网格对象将被分解为若干个三维面对象。

4）多面网格对象被分解时，其中的单顶点网格分解成点对象，双顶点网格分解成直线，三顶点网格分解成三维面。

5）实体对象被分解时，其中的平面表面分解为面域，而非平面表面分解为体。

5.1.13　对象的三维操作

与二维"阵列""镜像"和"旋转"等命令类似，AutoCAD 2016 也提供了在三维空间中进行"阵列""镜像"和"旋转"等命令，此外还可以通过一系列的移动、缩放和旋转操作将两个三维对象按指定的方式对齐。这些三维操作命令适用于三维空间中的任意对象。

1. 三维阵列

在 AutoCAD 2016 中，可以使用"三维阵列"命令在三维空间中创建指定对象的多个副本，并按指定的形式排列。同"二维阵列"命令类似，"三维阵列"命令也可以生成矩形阵列和环形阵列，而且可以进行三维排列。

（1）调用"三维阵列"命令的方式有以下两种。

1）菜单："修改"→"三维操作"→"三维阵列"。

2）命令行：3DARRAY✓。

（2）执行命令格式显示如下。

```
命令:3DARRAY✓
选择对象:
输入阵列类型 [矩形(R)/环形(P)] <矩形>:
```

（3）说明：在创建三维阵列之前，首先需要构造对象选择集，AutoCAD 2016 将把整个选择集作为一个整体进行三维阵列操作。不同形式三维阵列的创建过程如下。

1）矩形（R）：可以按指定的行数、列数、层数、行间距、列间距和层间距创建三维矩形阵列。

```
输入阵列类型 [矩形(R)/环形(P)] <矩形>:R
输入行数 (---) <1>:
输入列数 (|||) <1>:
输入层数 (...) <1>:
指定行间距 (---):
指定列间距 (|||):
指定层间距 (...):
```

其中，行数是指三维矩形阵列沿 Y 轴方向的数目；列数是指三维矩形阵列沿 X 轴方向的数目；层数是指三维矩形阵列沿 Z 轴方向的数目。行间距是相邻两行之间的距离，指定正的行间距将向 Y 轴的正向创建阵列，而指定负的行间距将向 Y 轴的负向创建阵列；列间距和层间距的作用与此相同。如图 5-57 所示为一个 4 行、3 列、3 层的球体三维矩形阵列。

图 5-57　三维矩形
阵列的示例

2）环形（P）：可以按指定的数目、角度和旋转轴创建三维环形阵列。

```
输入阵列类型 [矩形(R)/环形(P)] <矩形>:P
输入阵列中的项目数目:
指定要填充的角度 (+=逆时针, -=顺时针) <360>:
旋转阵列对象? [是(Y)/否(N)] <是>:
指定阵列的中心点:
指定旋转轴上的第二点:
```

创建三维环形阵列时，需要指定阵列中项目的数量和整个环形阵列所成的角度，即填充角度，填充角度的正方向由旋转轴按右手定则确定。如图 5-58 所示为一个由 20 个圆锥体绕圆柱体轴线进行 360°填充所得到的三维环形阵列。

如果在创建三维环形阵列时，用户要求旋转阵列对象，则环形阵列中每个项目绕旋转轴进行旋转之后，还将绕本身的基点旋转同样的角度；否则环形阵列中每个项目在旋转过程中将保持原来的方向不变。如图 5-59 所示为保持圆锥体方向不变时创建的三维环形阵列。

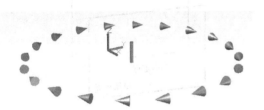

图 5-58　三维环形阵列的示例

图 5-59　三维环形阵列的示例（方向不变）

2. 三维镜像

在 AutoCAD 2016 中，可以使用"三维镜像"命令在三维空间中创建指定对象的镜像副本，源对象与其镜像副本相对于镜像平面彼此对称。

（1）调用"三维镜像"命令的方式有以下两种。

1）菜单栏："修改"→"三维操作"→"三维镜像"。

2）命令行：MIRROR3D↙。

（2）执行命令格式显示如下。

```
命令:MIRROR3D↙
选择对象:
指定对角点:找到 1 个
选择对象:
指定镜像平面 (三点) 的第一个点或
[对象(O)/最近的(L)/Z轴(Z)/视图(V)/XY 平面(XY)/YZ 平面(YZ)/ZX 平面(ZX)/三点(3)]
<三点>:
在镜像平面上指定第二点:
在镜像平面上指定第三点:
是否删除源对象? [是(Y)/否(N)] <否>:
```

在创建三维镜像之前，首先需要构造对象选择集，AutoCAD 将把整个选择集作为一个整体进行三维镜像操作。

（3）说明如下。

1）由于三个不共线的点可唯一地定义一个平面，因此定义镜像平面的最直接的方法，是分别指定该平面上不在同一条直线上的三个点。AutoCAD 将根据用户指定的三个点计算出镜像平面的位置。

2）对象（O）：指定某个二维对象。AutoCAD 将该对象所在的平面定义为镜像平面。能够用于定义镜像平面的对象可以是圆、圆弧或二维多段线等。

3）最近的（L）：使用最后一次定义的镜像平面进行镜像操作。

4）Z 轴（Z）：指定两点作为镜像平面的法线，从而定义该平面。

如图 5-60 所示，点 1 和点 2 分别为镜像平面上的点和镜像平面法线上的点，通过点 1 并且垂直于点 1 和点 2 连线的平面即为镜像平面。

5）视图（V）：指定镜像平面上任意一点，AutoCAD 将通过该点并与当前视口的视图平面相平行的平面作为镜像平面，如图 5-61 所示。

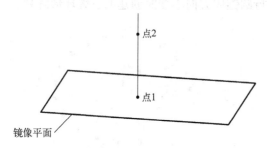

图 5-60　根据 Z 轴定义镜像平面　　　　图 5-61　根据视图和定义点定义镜像平面

6）XY 平面（XY）、YZ 平面（YZ）或 ZX 平面（ZX）：指定镜像平面上任意一点，AutoCAD 将通过该点并且与当前 UCS 的 XY 平面、YZ 平面或 ZX 平面相平行的平面定义为镜像平面。

定义了镜像平面后，根据镜像平面创建指定对象的镜像副本，并根据用户的选择确定是否删除源对象。

3. 三维旋转

在 AutoCAD 2016 中，可以使用"三维旋转"命令，在三维空间中将指定的对象绕旋转轴进行旋转，以改变其在三维空间中的位置。

（1）调用"三维旋转"命令的方式有以下两种。

1）菜单栏："修改"→"三维操作"→"三维旋转"。

2）命令行：ROTATE3D ↙。

（2）执行命令格式显示如下。

```
命令：ROTATE3D ↙
当前正向角度：ANGDIR＝逆时针 ANGBASE＝0
选择对象：
选择对象：
指定轴上的第一个点或定义轴依据
[对象(O)/最近的(L)/视图(V)/X 轴(X)/Y 轴(Y)/Z 轴(Z)/两点(2)]：
指定轴上的第二点：
指定旋转角度或 [参照(R)]：
```

在进行三维旋转之前，首先需要构造对象选择集，AutoCAD 将把整个选择集作为一个整体进行三维旋转操作。

（3）说明如下。

1）直接指定两点定义旋转轴。

2）对象（O）：指定某个二维对象。AutoCAD 将根据该对象定义旋转轴。能够用于定义旋转轴的对象可以是直线、圆、圆弧或二维多段线等。其中，如果选择圆、圆弧或二维多段线的圆弧段，AutoCAD 将垂直于对象所在平面并且通过圆心的直线作为旋转轴。

3）最近的（L）：使用最后一次定义的旋转轴进行旋转操作。

4）视图（V）：指定旋转轴上任意一点，AutoCAD 将通过该点并与当前视口的视图平面相垂直的直线作为旋转轴。如图 5-62 所示，根据视图和指定点定义旋转轴。

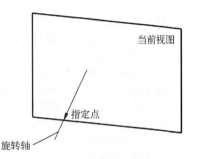

图 5-62   根据视图和
指定点定义旋转轴

5）X 轴（X）、Y 轴（Y）或 Z 轴（Z）：指定旋转轴上任意一点，AutoCAD 将通过该点并且与当前 UCS 的 X 轴、Y 轴或 Z 轴相平行的直线作为旋转轴。

定义了旋转轴后，AutoCAD 还要指定旋转角度，正的旋转角度将使指定对象从当前位置开始沿逆时针方向旋转，而负的旋转角度将使指定对象沿顺时针方向旋转。如果选择"参照(R)"选项，可以进一步指定旋转的参照角和新角度，AutoCAD 将以新角度和参照角之间的差值作为旋转角度。

5.1.14   编辑三维实体对象

AutoCAD 2016 为三维实体提供了一个专门的编辑命令，可以对实体的边、面和体等元素进行编辑。

1. 编辑实体的面

对于实体中的面，该命令提供了拉伸、移动、旋转、偏移、倾斜、删除、着色和复制等多种编辑方法。

（1）调用"实体编辑"命令的方式有如下三种。

1）菜单栏："修改"→"实体编辑"→"拉伸面""旋转面""偏移面""倾斜面""删除面""复制面""着色面"等。

2）工具栏："实体编辑"→ 。

3）命令行：SOLIDEDIT✓。

（2）执行命令格式显示如下。

命令:SOLIDEDIT✓
实体编辑自动检查: SOLIDCHECK = 1
输入实体编辑选项［面(F)/边(E)/体(B)/放弃(U)/退出(X)］<退出>:F
输入面编辑选项
［拉伸(E)/移动(M)/旋转(R)/偏移(O)/倾斜(T)/删除(D)/复制(C)/着色(L)/材质(A)/放弃(U)/退出(X)］<退出>:

(3) 说明：对于实体面的编辑方法较多，使用这些编辑方法可以改变实体面的特性，并可以根据面的改变重新定义实体。具体的编辑方法包括以下几种。

1) 拉伸（E）：可以将实体中指定的面进行拉伸，拉伸面的操作类似于拉伸实体的操作，AutoCAD 将根据拉伸的结果重新定义实体的边界。命令行显示如下。

> 输入面编辑选项
> ［拉伸(E)/移动(M)/旋转(R)/偏移(O)/倾斜(T)/删除(D)/复制(C)/着色(L)/材质(A)/放弃(U)/退出(X)］<退出>:E
> 选择面或［放弃(U)/删除(R)］：
> 选择面或［放弃(U)/删除(R)/全部(ALL)］：
> 选择面或［放弃(U)/删除(R)/全部(ALL)］：
> 指定拉伸高度或［路径(P)］：
> 指定拉伸的倾斜角度 <0>：
> 已开始实体校验。
> 已完成实体校验。
> 输入面编辑选项
> ［拉伸(E)/移动(M)/旋转(R)/偏移(O)/倾斜(T)/删除(D)/复制(C)/着色(L)/材质(A)/放弃(U)/退出(X)］ <退出>：

在执行拉伸面的操作中，可以选择多个面同时进行拉伸操作。拉伸的方式包括以下两种。

① 指定—拉伸高度：使实体面沿其法线方向进行拉伸。正的拉伸高度将使面向正法线方向（通常是向外）拉伸，而负的拉伸高度将使面向负法线方向（通常是向内）拉伸。指定拉伸高度后，可以进一步指定拉伸的偏移角度。其中，当倾斜角度为0°时，将在垂直于面的方向上进行拉伸。正的倾斜角度将在拉伸过程中向内倾斜，即由粗到细进行拉伸；而负的倾斜角度将在拉伸过程中向外倾斜。例如，如图5-63所示，正六面体的顶面按正的拉伸高度和30°倾斜角度进行拉伸后，可得到右侧所示的模型。

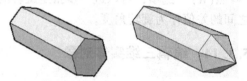

图5-63 实体面拉伸模型

② 路径（P）：沿着指定的路径进行拉伸。能够作为拉伸路径的对象可以是直线、圆、圆弧、椭圆、椭圆弧、多段线或样条曲线等。拉伸路径不能与面处于同一平面内，也不能是具有高曲率的部分。拉伸路径的一个端点应在剖面平面上，否则 AutoCAD 将移动路径至剖面的中心。如果路径是样条曲线，则路径应垂直于剖面平面且位于其中一个端点处。如果路径不垂直剖面，AutoCAD 将旋转剖面直至垂直为止。如果一个端点在剖面上，剖面将绕此点旋转，否则 AutoCAD 将路径移动至剖面中心，然后绕中心旋转剖面。

2) 移动（M）：将实体上指定的面沿指定的矢量进行移动，AutoCAD 将根据面的移动结果重新定义实体的边界。命令行显示如下。

> 输入面编辑选项
> ［拉伸(E)/移动(M)/旋转(R)/偏移(O)/倾斜(T)/删除(D)/复制(C)/着色(L)/材质(A)/放弃(U)/退出(X)］<退出>:M
> 选择面或［放弃(U)/删除(R)］：
> 选择面或［放弃(U)/删除(R)/全部(ALL)］：

选择面或［放弃(U)/删除(R)/全部(ALL)］:
指定基点或位移:
指定位移的第二点:
已开始实体校验。
已完成实体校验。
输入面编辑选项
［拉伸(E)/移动(M)/旋转(R)/偏移(O)/倾斜(T)/删除(D)/复制(C)/着色(L)/材质(A)/放弃(U)/退出(X)］<退出>:

在执行移动面的操作中，可以选择多个面同时进行移动操作，并指定移动操作所依据的移动矢量。可以用以下两种方式来定义移动矢量。

① 基点：分别指定两点作为移动矢量的起点和端点。

② 仅指定一点，AutoCAD 将从原点到该点的矢量作为位移矢量。

如图 5-64 所示将模型 1 面移动后可得到右侧所示的模型。

3）旋转（R）：将实体上指定的面绕旋转轴进行旋转，AutoCAD 将根据面的旋转结果重新定义实体的边界。命令行显示如下。

输入面编辑选项
［拉伸(E)/移动(M)/旋转(R)/偏移(O)/倾斜(T)/删除(D)/复制(C)/着色(L)/材质(A)/放弃(U)/退出(X)］<退出>:R
选择面或［放弃(U)/删除(R)］:
选择面或［放弃(U)/删除(R)/全部(ALL)］:
选择面或［放弃(U)/删除(R)/全部(ALL)］:
指定轴点或［经过对象的轴(A)/视图(V)/X 轴(X)/Y 轴(Y)/Z 轴(Z)］<两点>:
在旋转轴上指定第二个点:
指定旋转角度或［参照(R)］:
已开始实体校验。
已完成实体校验。
输入面编辑选项
［拉伸(E)/移动(M)/旋转(R)/偏移(O)/倾斜(T)/删除(D)/复制(C)/着色(L)/材质(A)/放弃(U)/退出(X)］<退出>:

在执行旋转面的操作中，可以选择多个面同时进行旋转操作，并分别指定旋转轴和旋转角度。如图 5-65 所示模型沿 Z 轴旋转 180°可得到右侧所示模型。

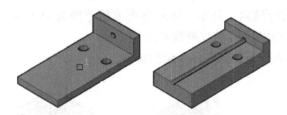

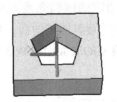

图 5-64　实体面的移动　　　　　　　　图 5-65　实体面的旋转

4）偏移（O）：可以将实体上指定的面进行偏移，AutoCAD 将根据面的偏移结果重新定义实体的边界。命令行显示如下。

```
输入面编辑选项
[拉伸(E)/移动(M)/旋转(R)/偏移(O)/倾斜(T)/删除(D)/复制(C)/着色(L)/材质(A)/放弃
(U)/退出(X)] <退出>:O
选择面或 [放弃(U)/删除(R)]:
选择面或 [放弃(U)/删除(R)/全部(ALL)]:
选择面或 [放弃(U)/删除(R)/全部(ALL)]:
指定偏移距离:
已开始实体校验。
已完成实体校验。
输入面编辑选项
[拉伸(E)/移动(M)/旋转(R)/偏移(O)/倾斜(T)/删除(D)/复制(C)/着色(L)/材质(A)/放弃
(U)/退出(X)] <退出>:
```

在执行偏移面的操作中，可以选择多个面同时进行偏移操作，并指定偏移的距离。指定正的偏移值将增大实体的尺寸或体积，指定负的偏移值将减小实体的尺寸或体积，如图 5-66 所示。

5）倾斜（T）：将实体上指定的面沿倾斜轴倾斜，AutoCAD 将根据面的倾斜结果重新定义实体的边界。命令行显示如下。

```
输入面编辑选项
[拉伸(E)/移动(M)/旋转(R)/偏移(O)/倾斜(T)/删除(D)/复制(C)/着色(L)/材质(A)/放弃
(U)/退出(X)] <退出>:T
选择面或 [放弃(U)/删除(R)]:
选择面或 [放弃(U)/删除(R)/全部(ALL)]:
选择面或 [放弃(U)/删除(R)/全部(ALL)]:
指定基点:
指定沿倾斜轴的另一个点:
指定倾斜角度:
已开始实体校验。
已完成实体校验。
输入面编辑选项
[拉伸(E)/移动(M)/旋转(R)/偏移(O)/倾斜(T)/删除(D)/复制(C)/着色(L)/材质(A)/放弃
(U)/退出(X)] <退出>:
```

在执行倾斜面的操作中，可以选择多个面同时进行倾斜操作，并通过两点定义倾斜轴，AutoCAD 将沿倾斜轴按指定的倾斜角度对面进行倾斜。其中，倾斜角度取值范围为-90°~90°，正的倾斜角度将往里倾斜选定的面，负的倾斜角度将往外倾斜面。

如图 5-67 所示将模型的底面沿直线 32 倾斜，可得到右侧所示的模型。

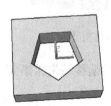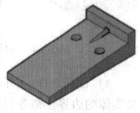

图 5-66　实体面的偏移　　　　　　　　图 5-67　实体面的倾斜

6) 删除（D）：可以删除实体上指定的面，AutoCAD 将根据面的删除结果重新定义实体的边界。命令行显示如下。

> 输入面编辑选项
> [拉伸(E)/移动(M)/旋转(R)/偏移(O)/倾斜(T)/删除(D)/复制(C)/着色(L)/材质(A)/放弃(U)/退出(X)] <退出>:D
> 选择面或 [放弃(U)/删除(R)]:
> 选择面或 [放弃(U)/删除(R)/全部(ALL)]:
> 选择面或 [放弃(U)/删除(R)/全部(ALL)]:
> 已开始实体校验。
> 已完成实体校验。
> 输入面编辑选项
> [拉伸(E)/移动(M)/旋转(R)/偏移(O)/倾斜(T)/删除(D)/复制(C)/着色(L)/材质(A)/放弃(U)/退出(X)] <退出>:

用户可以同时选择多个面进行删除，包括实体对象中的圆角和倒角。如图 5-68 所示，将模型表面删除后，可得到右侧所示的模型。

图 5-68　实体面的删除

7) 复制（C）：可以将实体中指定的面复制为面域或体对象。命令行显示如下。

> 输入面编辑选项
> [拉伸(E)/移动(M)/旋转(R)/偏移(O)/倾斜(T)/删除(D)/复制(C)/着色(L)/材质(A)/放弃(U)/退出(X)] <退出>:C
> 选择面或 [放弃(U)/删除(R)]:
> 选择面或 [放弃(U)/删除(R)/全部(ALL)]:
> 选择面或 [放弃(U)/删除(R)/全部(ALL)]:
> 指定基点或位移:
> 指定位移的第二点:
> 输入面编辑选项
> [拉伸(E)/移动(M)/旋转(R)/偏移(O)/倾斜(T)/删除(D)/复制(C)/着色(L)/材质(A)/放弃(U)/退出(X)]:

可以选择多个面同时进行复制，然后指定一个位移矢量，AutoCAD 将根据这个位移矢量将指定的面复制并移动到新的位置，并且在复制时将根据面的几何性质分别复制为独立的面域或体对象。如图 5-69 所示将模型的顶面复制为面域对象。

8) 着色（L）：可以修改实体上指定的面的颜色特性。命令行显示如下。

> 输入面编辑选项
> [拉伸(E)/移动(M)/旋转(R)/偏移(O)/倾斜(T)/删除(D)/复制(C)/着色(L)/材质(A)/放弃(U)/退出(X)] <退出>:L
> 选择面或 [放弃(U)/删除(R)]:

选择面或［放弃（U）/删除（R）/全部（ALL）］：
选择面或［放弃（U）/删除（R）/全部（ALL）］：
输入面编辑选项
［拉伸（E）/移动（M）/旋转（R）/偏移（O）/倾斜（T）/删除（D）/复制（C）/着色（L）/材质（A）/放弃（U）/退出（X）］＜退出＞：

可以同时选择多个面进行修改，然后按回车键结束选择，AutoCAD将弹出"选择颜色"对话框，用户可以从对话框的ACI表中为选中的面重新指定一种颜色。如图5-70所示将模型的各个面均改为不同的颜色。

图5-69　实体面的复制

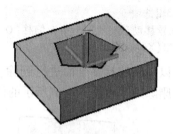

图5-70　实体面的着色

9）放弃（U）：可以取消上一步的操作。

10）退出（X）：可以返回上一级命令提示。

2. 编辑实体的边

与编辑实体的面类似，可以对实体的边进行编辑，具体的编辑方法包括着色和复制两种。编辑实体边的命令调用方式和执行过程如下。

（1）命令调用方式有如下三种。

1）菜单栏："修改"→"实体编辑"→"着色边"、"复制边"。

2）工具栏："实体编辑"→

3）命令行：SOLIDEDIT↙。

（2）执行命令格式显示如下。

命令：SOLIDEDIT↙
实体编辑自动检查：SOLIDCHECK=1
输入实体编辑选项[面（F）/边（E）/体（B）/放弃（U）/退出（X）]＜退出＞：E
输入边编辑选项[复制（C）/着色（L）/放弃（U）/退出（X）]＜退出＞：

（3）说明：与编辑实体面的操作类似，用户也可以对实体对象中的边进行着色和复制操作，具体操作过程如下。

1）复制（C）：可以将实体对象中指定的边复制为简单的AutoCAD对象。命令行显示如下。

输入边编辑选项［复制（C）/着色（L）/放弃（U）/退出（X）］＜退出＞：C
选择边或［放弃（U）/删除（R）］：
选择边或［放弃（U）/删除（R）］：
指定基点或位移：
指定位移的第二点：
输入边编辑选项［复制（C）/着色（L）/放弃（U）/退出（X）］＜退出＞：

可以连续选择多个边，然后指定一个位移矢量，AutoCAD 将根据这个位移矢量将指定的边复制并移动到新的位置，并且在复制时将根据边的几何性质分别复制为独立的直线、圆弧、圆、椭圆或样条曲线对象。如图 5-71 所示将模型的顶面各条边复制为直线对象。

2）着色（L）：可以改变实体对象中指定的边的颜色特性。命令行显示如下。

```
输入边编辑选项 [复制(C)/着色(L)/放弃(U)/退出(X)] <退出>:L
选择边或 [放弃(U)/删除(R)]:
选择边或 [放弃(U)/删除(R)]:
输入边编辑选项 [复制(C)/着色(L)/放弃(U)/退出(X)] <退出>:
```

可以连续选择多个边，然后按回车键结束选择，AutoCAD 将弹出"选择颜色"对话框，用户可以从对话框的 ACI 表中为选中的边重新指定一种颜色。如图 5-72 所示将模型的边框和槽边线分别改为不同颜色。

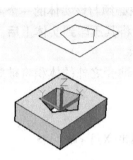
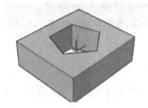

图 5-71　实体边的复制　　　　图 5-72　实体边的着色　　　　扫一扫观看视频

3）放弃（U）：可以取消上一步的操作。

4）退出（X）：可以返回上一级命令提示。

3. 编辑实体的体

除了实体的面和边之外，还可以编辑整个实体对象，方法是在实体上压印其他几何图形，或将实体分割为独立实体对象，以及抽壳、清除或检查选定的实体。

（1）调用"实体编辑"命令有如下三种方式。

1）菜单栏："修改"→"实体编辑"→"压印"、"清除"、"分割"、"抽壳"、"检查"。

2）工具栏："实体编辑"→ 🔲🔲🔲🔲🔲🔲。

3）命令行：SOLIDEDIT ✓。

（2）执行命令格式显示如下。

```
命令:SOLIDEDIT ✓
实体编辑自动检查: SOLIDCHECK = 1
输入实体编辑选项 [面(F)/边(E)/体(B)/放弃(U)/退出(X)] <退出>:B
输入体编辑选项
[压印(I)/分割实体(P)/抽壳(S)/清除(L)/检查(C)/放弃(U)/退出(X)] <退出>:
```

（3）说明：实体的体编辑是指对整个实体对象进行各种编辑操作，具体来说包括以下几种编辑方法。

1）压印（I）：将与实体面相交的某些对象压印到实体上，这些对象与实体面之间的交线将转换为实体对象中新的边线。命令行显示如下。

输入体编辑选项
[压印(I)/分割实体(P)/抽壳(S)/清除(L)/检查(C)/放弃(U)/退出(X)] <退出>:I
选择三维实体:
选择要压印的对象:
是否删除源对象 [是(Y)/否(N)] <N>:
选择要压印的对象:
输入体编辑选项
[压印(I)/分割实体(P)/抽壳(S)/清除(L)/检查(C)/放弃(U)/退出(X)] <退出>:

在进行压印操作时，需要首先选择被压印的实体对象，然后指定要进行压印的对象，能够压印到实体上的对象包括圆弧、圆、直线、二维和三维多段线、椭圆、样条曲线、面域、体及三维实体等。用户也可以连续选择多个对象压印到指定的实体上，并且可以决定是否在压印操作结束后删除原来的对象。

为了能够成功地进行压印操作，要求压印到实体上的对象必须与该实体的一个或几个面相交。例如，如图5-73所示实体的侧面上有一个圆柱对象，将其压印到实体上后，该圆将作为实体的边界把实体的侧面分成了两部分，如图中右侧所示。

2) 抽壳（S）：沿实体中指定的面生成一定厚度的薄壳，薄壳之外的体积将被删除。命令行显示如下。

输入体编辑选项
[压印(I)/分割实体(P)/抽壳(S)/清除(L)/检查(C)/放弃(U)/退出(X)] <退出>:S
选择三维实体:
删除面或 [放弃(U)/添加(A)/全部(ALL)]:
删除面或 [放弃(U)/添加(A)/全部(ALL)]:
输入抽壳偏移距离:(输入数值)
已开始实体校验。
已完成实体校验。
输入体编辑选项
[压印(I)/分割实体(P)/抽壳(S)/清除(L)/检查(C)/放弃(U)/退出(X)] <退出>:

当选择某个实体对象进行抽壳操作时，在默认情况下将对其所有的面进行抽壳操作。但AutoCAD可以指定实体中不进行抽壳的面，这些面将在抽壳操作中被删除。

完成面的指定后，需要进一步指定抽壳的平移距离，AutoCAD通过将现有的面向原位置的内部或外部偏移来创建新的面，正的平移距离将向实体内部平移，而负的平移距离将向实体外部平移。

例如，对如图5-74a所示的实体进行抽壳时，如果只保留左右两个侧面而删除其他面，将得到如图5-74b所示实体。

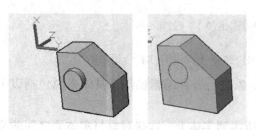

图5-73　实体边的压印

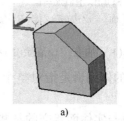
a)

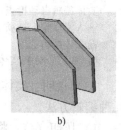
b)

图5-74　实体边的抽壳

3）分割实体（P）：将实体中各个不相连的部分分割为独立的实体对象。命令行显示如下。

```
输入体编辑选项
［压印(I)/分割实体(P)/抽壳(S)/清除(L)/检查(C)/放弃(U)/退出(X)］<退出>:P
选择三维实体：
输入体编辑选项
［压印(I)/分割实体(P)/抽壳(S)/清除(L)/检查(C)/放弃(U)/退出(X)］<退出>:
```

能够进行分割操作的实体对象必须具有不相连的体积，否则将无法进行分割。

4）清除（L）：将指定实体上所有多余的边和顶点、压印的和不使用的几何图形删除。命令行显示如下。

```
输入体编辑选项
［压印(I)/分割实体(P)/抽壳(S)/清除(L)/检查(C)/放弃(U)/退出(X)］<退出>:L
选择三维实体：
输入体编辑选项
［压印(I)/分割实体(P)/抽壳(S)/清除(L)/检查(C)/放弃(U)/退出(X)］<退出>:
```

如果边的两侧或顶点共享相同的曲面或顶点，那么可以删除这些边或顶点。AutoCAD 将检查实体对象的体、面或边，并且合并共享相同曲面的相邻面。三维实体对象上所有多余的、压印的以及未使用的边都将被删除。例如，使用清除命令可以将如图 5-73 所示实体边的压印中右侧实体中压印的圆形从实体中清除。

5）检查（C）：检查指定的实体对象是否为有效的 ACIS 实体。命令行显示如下。

```
输入体编辑选项
［压印(I)/分割实体(P)/抽壳(S)/清除(L)/检查(C)/放弃(U)/退出(X)］<退出>:C
选择三维实体：
输入体编辑选项
［压印(I)/分割实体(P)/抽壳(S)/清除(L)/检查(C)/放弃(U)/退出(X)］<退出>:
```

使用实体检查操作可以检查实体对象是否是有效的三维实体对象。对于有效的三维实体，对其进行修改不会导致出现 ACIS 失败的错误信息。如果三维实体无效，则不能对其编辑对象。

5.1.15 创建复杂实体

与创建复杂曲面对象类似，也可以通过二维对象创建各种复杂实体，包括拉伸实体和旋转实体等。

1. 创建拉伸实体

对于 AutoCAD 中的平面三维面和一些闭合的对象，可以将其沿指定的高度或路径进行拉伸，根据被拉伸对象所包含的面和拉伸的高度或路径形成一个三维实体，即拉伸实体对象。

（1）调用"拉伸"命令的方式有如下三种。

1）菜单栏："绘图"→"建模"→"拉伸"。

2）工具栏："常用"→"建模"→"拉伸" ⬚。

3）命令行：EXTRUDE↙。

（2）执行命令格式显示如下。

命令：EXTRUDE↙
当前线框密度：ISOLINES＝4，闭合轮廓创建模式＝实体
选择要拉伸的对象或［模式（MO）］：MO 闭合轮廓创建模式［实体（SO）/曲面（SU）］＜实体＞：SO
选择要拉伸的对象或［模式（SO）］：指定对角点：找到 1 个
选择要拉伸的对象或［模式（SO）］：
指定拉伸高度或［方向（D）/路径（P）/倾斜角（T）/表达式（E）］＜45.1245＞：

（3）说明：在使用 EXTRUDE 命令创建拉伸实体之前，需要先创建进行拉伸的平面三维面或闭合对象。能够用于创建拉伸实体的闭合对象包括面域、圆、椭圆、闭合的二维和三维多段线以及样条曲线等。对于要进行拉伸的闭合多段线，其顶点数目必须在 3～500 之间。如果多段线具有宽度，AutoCAD 将忽略其宽度并且从多段线路径的中心线处拉伸。

在选择被拉伸的对象时，AutoCAD 连续提示，选择一个或多个对象进行拉伸，并按回车键结束选择。如图 5-75 所示为一个用于创建拉伸实体的多段线对象。

在进行拉伸时，如果指定拉伸高度，则 AutoCAD 将向与被拉伸对象所在平面相垂直的方向上进行拉伸，如图 5-76 所示。正的拉伸高度将沿 Z 轴正方向进行拉伸，负的拉伸高度将沿 Z 轴负方向进行拉伸。例如，如图 5-77 所示，将图 5-75 中的多段线对象置于构造平面上，然后指定正的拉伸高度进行拉伸，将创建图中左侧的拉伸实体；如果指定负的拉伸高度，将创建图中右侧的拉伸实体。

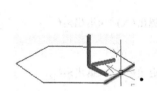

图 5-75　创建拉伸实体的多段线

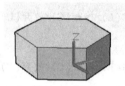

图 5-76　拉伸

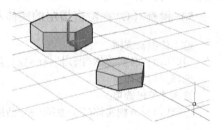

图 5-77　指定拉伸高度

指定拉伸高度后，还可以进一步指定拉伸实体的倾斜角度。拉伸实体的倾斜角度是指拉伸的侧面与拉伸方向之间的夹角，默认角度"0°"表示在拉伸过程中始终保持原拉伸对象的形状。正的倾斜角度将在拉伸时从轮廓平面开始向内倾斜，形成一个由粗到细的拉伸实体对象；反之将形成一个由细到粗的拉伸实体对象。例如，对图 5-75 中的多段线对象进行拉伸时，如果指定正的倾斜角度，可以得到如图 5-78 所示的拉伸实体。

除了指定拉伸高度之外，用户也可以选择"路径（P）"命令选项指定拉伸路径。拉伸路径可以是直线、圆、圆弧、椭圆、椭圆弧、多段线以及样条曲线等，且不能与被拉伸的对象共面。例如，如图 5-79 所示，如果将图中左侧的圆作为拉伸对象，样条曲线作为拉伸路径，则可以创建图中右侧所示的拉伸实体。

根据指定路径创建拉伸实体时，需要注意以下两点。

1）当拉伸路径的一个端点位于被拉伸的轮廓平面上时，AutoCAD 将直接根据该路径从轮廓平面开始进行拉伸；如果拉伸路径的端点不在轮廓平面上，AutoCAD 将路径端点移动到轮廓的中心点后再进行拉伸。

图 5-78 指定拉伸倾斜角度   图 5-79 指定拉伸路径

2）如果拉伸路径是一条样条曲线，而其端点不与轮廓所在的平面垂直时，AutoCAD 将旋转轮廓平面使其与样条曲线路径垂直，然后再进行拉伸。

在拉伸实体的线框模型中，其拉伸侧面的线框密度是根据系统变量 ISOLINES 确定的，其默认值为 4。如果需要改变拉伸实体侧面的线框密度，则需要在创建拉伸实体之前修改 ISOLINES 的取值。

2. 创建旋转实体

与旋转曲面类似，在 AutoCAD 2016 中可以将某些闭合的对象绕指定的旋转轴进行旋转，根据被旋转对象包含的面和旋转的路径形成一个三维实体，即旋转实体对象。

（1）调用"旋转"命令的方式有如下三种。

1）菜单栏："绘图"→"建模"→"旋转"。

2）工具栏："常用"→"建模"→"旋转"⟟。

3）命令行：REVOLVE ✓。

（2）执行命令格式显示如下。

```
命令:REVOLVE ✓
当前线框密度：ISOLINES=4
选择要旋转的对象或[模式(MO)]:指定对角点;找到 1 个
选择要旋转的对象或[模式(MO)]:
指定轴起点或根据以下选项之一定义轴[对象(O)XYZ]<对象>:
指定轴端点
指定旋转角度或[七点角度(ST)/反转(R)/表达式(EX)]<360>:
```

（3）说明：在使用 REVOLVE 命令创建旋转实体之前，需要先创建进行旋转的平面三维面或闭合对象。能够用于创建旋转实体的闭合对象包括面域、圆、椭圆、闭合的二维和三维多段线以及样条曲线等。在选择被旋转的对象时，AutoCAD 连续提示用户选择一个或多个对象进行旋转，并按回车键结束选择。例如，如图 5-80 所示为一个作为旋转对象的多段线和作为旋转轴的直线。

选定平面闭合对象后，可以进一步使用如下三种方法定义旋转轴。

1）直接指定旋转轴的起点和端点，AutoCAD 将沿着从起点到端点的方向按右手定则确定正方向。

2）对象（O）：选择直线或多段线中的直线段作为旋转轴。旋转的方向与选择点的位置有关，AutoCAD 以距离选择点较近的端点作为起点确定旋转方向。

3）"X 轴（X）"或"Y 轴（Y）"：将以当前 UCS 的 X 轴或 Y 轴作为旋转轴进行旋转。

在创建旋转实体时，AutoCAD 将被旋转的二维对象所在的平面作为旋转角度的 0 位置，并从该位置开始按用户指定的旋转角度进行旋转。正的旋转角度将按旋转轴逆时针方向旋转，负的旋转角度将按旋转轴顺时针方向旋转。例如，将图 5-80 中的多段线对象绕旋转轴进行 360°的旋转，得到如图 5-81 所示的旋转实体对象。

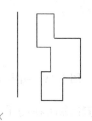

图 5-80　被旋转实体对象

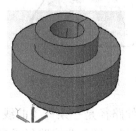

图 5-81　旋转实体对象

5.1.16　创建组合实体

在二维绘图时，可以对多个面域对象进行并集、差集和交集等操作。同样，对于 AutoCAD 的实体对象，也可以使用这些命令，根据多个实体对象创建各种组合的实体模型。

1. 创建实体的并集

在 AutoCAD 2016 中，对于已有的两个或多个实体对象，可以使用"并集"命令将其合并为一个组合的实体对象，新生成的实体包含了所有源实体对象所占据的空间。这种操作称为实体的并集。调用"并集"命令的方式有如下三种。

（1）菜单栏："修改" → "实体编辑" → "并集"。

（2）工具栏："实体编辑" → "并集" ⑩。

（3）命令行：UNION↙。

当创建实体的并集时，AutoCAD 连续提示用户选择多个对象进行合并，并按回车键结束选择，用户至少要选择两个以上的实体对象才能进行并集操作。

无论所选择的实体对象是否具有重叠的部分，都可以使用并集操作将其合并为一个实体对象。如果源实体对象有重叠部分，则合并后的实体将删除重叠处多余的体积和边界。

利用实体并集可以轻松地将多个不同的实体组合起来，构成各种复杂的实体对象。例如，如图 5-82 所示的三维模型由多个实体对象构成，可以使用"并集"命令将其组合为一个实体对象。

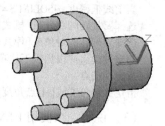

图 5-82　实体的并集

2. 创建实体的差集

在 AutoCAD 中，可以将一组实体的体积从另一组实体中减去，剩余的体积形成新的组合实体对象，这种操作称为实体的差集。调用"差集"命令的方式有如下三种。

（1）菜单栏："修改" → "实体编辑" → "差集"。

（2）工具栏："常用" → "实体编辑" → "差集" ⑩。

（3）命令行：SUBTRACT↙。

当创建实体的差集时，首先需要构造被减去的实体选择集 A，并按回车键结束选择后再构造要减去的实体选择集 B，然后按回车键结束选择，此时 AutoCAD 将删除实体选择集 A

中与选择集 B 重叠的部分体积以及选择集 B，并由选择集 A 中剩余的体积生成新的组合实体。

利用实体"差集"命令可以很容易地进行削切、钻孔等操作，便于形成各种复杂的实体表面。例如，如图 5-83 所示左侧的长方体与七个圆柱体相交，如果使用差集操作从长方体中减去各个圆柱体，可以得到图中右侧的组合实体模型。

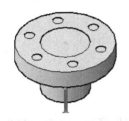

图 5-83 实体的差集　　　　　　　　　扫一扫观看视频

3. 创建实体的交集

在 AutoCAD 2016 中，可以提取一组实体的公共部分，并将其创建为新的组合实体对象，这种操作称为实体的交集。调用"交集"命令的方式有如下三种。

（1）菜单栏："修改"→"实体编辑"→"交集"。

（2）工具栏："实体编辑"→⑩。

（3）命令行：INTERSECT↙。

当创建实体的交集时，用户至少要选择两个以上的实体对象才能进行交集操作。如果选择的实体具有公共部分，则 AutoCAD 根据公共部分的体积创建新的实体对象，并删除所有源实体对象；如果选择的实体不具有公共部分，则 AutoCAD 将其全部删除。

例如，如图 5-84 所示上部分分别显示了两个不同的实体对象。将这两个实体对象叠放在一起，使其中心点重合，如图 5-84 左下侧图形所示，然后使用"交集"命令来创建二者的交集，创建结果如图 5-84 右下侧实体所示。

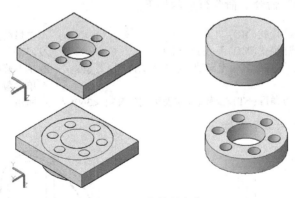

图 5-84 实体的交集

➢ **任务实施**

步骤一：创建新图层。新建一个图形文件，创建"粗实线""细实线"和"中心线"三个图层，并设置"粗实线"为当前图层。如图 5-85 所示。

图 5-85　创建新图层

调用"图层"命令的方式有以下两种。

（1）菜单栏："格式"→"图层"

（2）工具栏："常用"→"图层" → "图层特性"。

步骤二：设置三维对象的线框密度。设置三维对象的线框密度，命令行操作如下。

命令行：ISOLINES ↙
输入 ISOLINES 的新值<4>：↙

步骤三：设置视图。在绘制三维视图之前，首先要设置视图的方向，执行菜单栏"视图"→"三维视图"→"西南等轴测"或工具栏"常用"→"视图"→"西南等轴测"命令。将当前视图方向设置为"西南等轴测视图"。

步骤四：绘制螺纹。

（1）绘制旋转草图。执行工具栏"常用"→"视图"→"左视"或菜单栏"视图"→"三维视图"→"左视"命令设置绘图环境，单击"常用"→"绘图"→ 命令，绘制如图 5-86 所示螺纹旋转截面；再单击"常用"→"绘图"→"边界" 命令，选取"拾取点"，单击图形内部，创建一个封闭的多段线图形。也可以直接单击菜单栏"绘图"→"多段线"绘制旋转截面。

（2）旋转单个螺纹。单击工具栏"常用"→"建模"→"旋转" 或菜单栏"绘图"→"建模"→"旋转"命令。命令行显示如下。

选择要旋转的对象或[模式(MO)]：　　　　　　　　　　//选择截面
选择要旋转的对象或[模式(MO)]：找到 1 个　　　　　 //回车
指定轴起点或根据以下选型之一定义轴[对象(O)XYZ]<对象>：//单击截面下端直线端点
指定轴端点：　　　　　　　　　　　　　　　　　　　　//单击截面下端直线另一端点
指定旋转角度或[起点角度(ST)/反转(R)/表达式(EX)] <360>：//回车

完成如图 5-87 所示单个螺旋。

图 5-86　螺旋旋转截面　　　　图 5-87　旋转单个螺旋

（3）阵列多个螺纹。单击菜单栏"修改"→"三维操作"→"三维旋转"命令或在命令行输入 3DARRAY。命令行显示如下。

选择对象：	//选择截面
选择对象：找到 1 个	
选择对象：	//回车
输入阵列类型[矩形(R)/环形(P)]<矩形>：	//回车或 R
输入行数（----）<1>：6	//输入要阵列的行数
输入列数（111）<1>：	//回车或输入 1
输入层数（…）<1>：	//回车或输入 1
指定行间距（----）：	//输入选择截面宽度

绘制效果如图 5-88 所示。

（4）并集螺旋。对阵列图形使用布尔操作（并集），单击工具栏"常用"→"实体编辑"→"并集" 或菜单栏"修改"→"实体编辑"→"并集"命令或在命令行输入 UNION。命令行显示如下。

选择对象：	//框选阵列的螺纹
选择对象：指定对角点：找到 14 个	
选择对象：	//回车

完成阵列螺旋的并集，将多个螺旋组成一个实体。

步骤五：绘制外形轮廓。

（1）绘制圆。单击工具栏"常用"→"视图"→"前视"或菜单栏"视图"→"三维视图"→"前视"命令设置绘图环境，然后单击"常用"→"绘图"→"圆"命令，绘制如图 5-89 所示外圆，并将当前视图设置为"西南等轴测视图"。

（2）拉伸圆。单击工具栏"常用"→"建模"→"拉伸" 或菜单栏"绘图"→"建模"→"拉伸"命令。命令行显示如下。

选择要拉伸的对象或[模式(MO)]：	//选择圆截面
选择要拉伸的对象或[模式(MO)]：指定对角点：找到 1 个	
选择要拉伸的对象或[模式(MO)]：	//回车
指定拉伸的高度或[方向(D)/路径(P)/倾斜角(T)/表达式(E)]<4.0000>：	
	//输入拉伸高度（阵列螺旋的宽度）

完成操作后如图 5-90 所示。

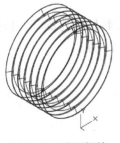

图 5-88　阵列螺旋

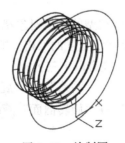

图 5-89　绘制圆

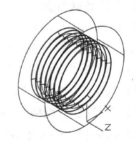

图 5-90　拉伸圆外形

（3）完成差集操作。单击工具栏"常用"→"实体编辑"→"差集" 或菜单栏"修改"→"实体编辑"→"差集"命令。命令行显示如下。

选择对象：　　　　　　　　//拉伸的外圆轮廓
选择对象：找到 1 个
选择要减去的实体、曲面和面域……
选择对象：　　　　　　　　//阵列的螺纹
选择对象：找到 1 个
选择对象：　　　　　　　　//回车

完成差集操作后，单击"常用"→"视图"命令将视图设置为"概念""西南等轴测"。如图 5-91 所示为显示完成差集后的图形。

步骤六：倒角。单击工具栏"实体"→"实体编辑"→"倒角边" 或菜单栏"修改"→"实体编辑"→"倒角边"命令，命令行显示如下。

选择一条边或[环(L)/距离(D)]：　　　　//选择外圆两棱边
按<Enter>键接受倒角或[距离(D)]：　　　//回车

如图 5-92 所示为完成倒角后的图形。

图 5-91　差集后的图形　　　图 5-92　倒角后的图形　　　扫一扫观看视频

➤ **知识拓展**

5.1.17　创建复杂曲面

由于在 AutoCAD 2016 中使用多边形网格模拟曲面对象，因此，可以通过设置多边形网格的边界和密度来创建多种形式的网格曲面，也可以直接指定网格的各个顶点和镶嵌面来模拟曲面。

1. 创建旋转曲面

在 AutoCAD 2016 中，可以将某些类型的线框对象绕指定的旋转轴进行旋转，根据被旋转对象的轮廓和旋转的路径形成一个指定密度的网格，即旋转曲面对象。

（1）调用"旋转曲面"命令的方式有以下三种。

1）菜单栏："绘图"→"建模"→"网格"→"旋转曲面"。

2）工具栏："网格"→"图元"→"旋转曲面" 🔘。

3）命令行：REVSURF↙。

（2）执行命令格式显示如下。

命令行：REVSURF↙
选择要旋转的对象：

选择定义旋转轴的对象：
指定起点角度 <0>：
指定包含角（+=逆时针，-=顺时针）<360>：

（3）说明：从 REVSUR 命令的执行过程可知，在创建旋转曲面之前需要先创建要进行旋转的对象和作为旋转轴的对象。其中能够用于创建旋转曲面的对象包括直线、圆、圆弧、椭圆、椭圆弧、二维和三维多段线以及样条曲线等；而能够用于定义旋转轴的对象包括直线或开放的二维、三维多段线等。如果选择多段线作为旋转轴，则系统将根据多段线的第一个顶点到最后一个顶点的矢量确定旋转轴，中间的顶点都将被忽略。

以如图 5-93 所示图形为例，其中左侧阶梯状的多段线作为要进行旋转的对象，右侧的直线作为旋转轴。

确定了用于旋转的对象后，可以进一步设置旋转曲面网格的密度。旋转曲面网格的密度由系统变量 SURFTAB1 和 SURFTAB2 决定。其中，SURFTAB1 用于确定网格在旋转方向上的密度，而 SURFTAB2 用于确定旋转对象轮廓上网格的密度。对于同样的旋转对象和旋转轴，如果设置了不同的网格密度，那么得到的旋转曲面形状也可能有较大的不同。系统变量 SURFTAB1 和 SURFTAB2 的默认值均为 6。

例如，根据默认的网格密度，使用如图 5-93 所示的多段线对象绕直线进行 360° 的旋转之后所得到的旋转曲面，如图 5-94 所示。现在将系统变量 SURFTAB1 设置为 64，然后重新创建旋转曲面，结果如图 5-95 所示。

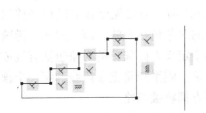

图 5-93　用于创建旋转曲面的对象

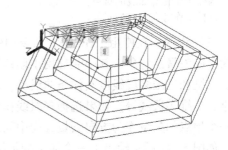

图 5-94　根据默认密度生成的网格

从图中可以看出，网格的密度取值越大，则生成的网格越接近实际的曲面。但过高的网格密度将生成大量的数据，影响系统性能。

对于系统变量 SURFTAB2 来说，其具体作用与 SURFTAB1 略有不同。当旋转对象是直线、圆弧、圆或样条曲线拟合多段线等类型的对象时，SURFTAB2 将确定这些对象轮廓上的网格密度。如果旋转对象是没有进行样条曲线拟合的多段线，则旋转对象轮廓上的网格线将绘制在直线段的端点处，而不受系统变量 SURFTAB2 的限制。

当旋转对象是没有进行样条曲线拟合的多段线，并且带有圆弧段时，则每个圆弧都会被等分为 SURFTAB2 所指定的段数。例如，先使用 FILLET 命令将要进行旋转的多段线对象加上圆角，然后再创建旋转曲面对象，结果如图 5-96 所示。

REVSURF 命令可以指定旋转的起点角度和绕旋转轴旋转的角度（包含角）。在指定这两种角度时，0° 角表示旋转对象所在的位置，正的角度值表示绕旋转轴按逆时针方向旋转，负的角度值表示绕旋转轴按顺时针方向旋转。

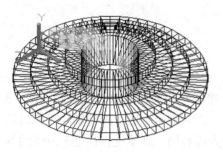

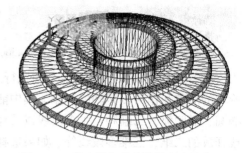

图 5-95　修改网格密度后生成的网格　　　　图 5-96　带有圆角的多段线生成的曲面

2. 创建平移曲面

在 AutoCAD 2016 中，可以将某些类型的线框对象沿指定的方向矢量进行平移，根据被平移对象的轮廓和平移的路径形成一个指定密度的网格，即平移曲面对象。

（1）调用"平移网格"命令的方式有如下三种。

1）菜单栏："绘图"→"建模"→"网格"→"平移网格"。

2）工具栏："网格"→"图元"→"平移网格" 。

3）命令行：TABSURF ↙。

（2）执行命令格式显示如下。

命令：TABSURF ↙
选择用作轮廓曲线的对象：
选择用作方向矢量的对象：

（3）说明：在使用 TABSURF 命令创建平移曲面之前，需要先创建要进行平移的对象和作为方向矢量的对象。其中能够用于创建平移曲面的对象包括直线、圆、圆弧、椭圆、椭圆弧、二维和三维多段线以及样条曲线等；而能够用于定义方向矢量的对象包括直线或开放的二维、三维多段线等。如果选择多段线作为方向矢量，则系统将把多段线的第一个顶点到最后一个顶点的矢量作为方向矢量，而中间的任意顶点都将被忽略。

如图 5-97 所示给出了一个简单的示例，其中左侧阶梯状的多段线作为要进行平移的对象，右侧与其垂直的直线作为方向矢量。创建平移曲面的结果如图 5-98 所示。

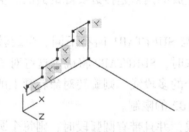

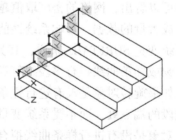

图 5-97　用于创建平移曲面的对象　　　　图 5-98　创建平移曲面的结果

用户同样可以设置平移曲面网格的密度。与旋转曲面不同的是，平移曲面网格在平移方向上无需指定网格的密度，仅由系统变量 SURFTAB1 确定平移对象轮廓上网格的密度。当平移对象是直线、圆弧、圆或样条曲线拟合多段线等类型的对象时，SURFTAB1 将确定这些对象轮廓上的网格密度，而如果平移对象是没有进行样条曲线拟合的多段线时，则平移对象轮廓上的网格线将绘制在直线段的端点处，而不受系统变量 SURFTAB1 的限制。同样，如果平移对象是带有圆弧段的未拟合的多段线，则每个圆弧都会被等分为 SURFTAB1 所指定的段数。

★**注意**：在确定方向矢量时，选择点的位置会影响到平移的方向。系统会以距离选择点较近的一端作为起点，较远的一端作为端点来确定平移的方向。因此，在选择方向矢量时，可能会由于选择点位置的不同，而导致平移对象朝相反的方向进行平移。

3. 创建直纹曲面

在 AutoCAD 2016 中，可以将两个指定的曲线之间进行直线连接，根据两个曲线的轮廓形成一个指定密度的网格，即直纹曲面对象。

（1）调用"直纹曲面"命令的方式有如下三种。

1）菜单栏："绘图"→"建模"→"网格"→"直纹曲面"。

2）工具栏："网格"→"图元"→"直纹曲面" 📐。

3）命令行：RULESURF ↙。

（2）执行命令格式显示如下。

```
命令：RULESURF ↙
当前线框密度：SURFTAB1 = 6
选择第一条定义曲线：
选择第二条定义曲线：
```

（3）说明：在使用 RULESURF 命令创建直纹曲面之前，需要先创建作为曲面边界的两个曲线对象。能够用于创建直纹曲面的曲线对象包括点、直线、圆、圆弧、椭圆、椭圆弧、二维和三维多段线以及样条曲线等。如图 5-99 所示，给出了一个创建直纹曲面的示例，上部的点和下部的圆将分别作为直纹曲面的两个边界。

★**注意**：在确定直纹曲面的边界时，如果其中有一个边界曲线是闭合的，那么另一个边界曲线也必须闭合（也可以是点）。

与平移曲面网格类似，直纹曲面网格的密度也是由系统变量 SURFTAB1 决定。作为边界的两条曲线将按 SURFTAB1 的值被等分，然后将等分点一一对应地进行直线连接，从而形成曲面网格。如图 5-100 所示分别显示了当 SURFTAB1 的取值为 6 和 32 时，由图 5-99 中的两个对象所得到的直纹曲面对象。

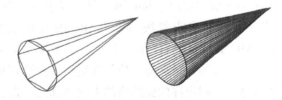

图 5-99　用于创建直纹曲面的对象　　　　图 5-100　不同密度的直纹曲面网格

对于由两条闭合曲线边界所形成的直纹曲面网格，其网格线的绘制位置是由边界曲线对象所决定的。例如，如果边界曲线是圆，则直纹曲面从 0°象限点开始绘制；如果边界曲线是闭合多段线，直纹曲面从最后一个顶点开始并反向沿着多段线的线段绘制。

对于由两条开放曲线边界所形成的直纹曲面网格，其网格线的绘制位置将根据选择点来决定，系统将从距离选择点最近的端点开始绘制。这样，由于选择点位置的不同，可能会产生不同的创建结果。例如，如图 5-101 所示左侧的圆弧和直线分别作为直纹曲面的两个边界。当在选择这两个对象时，如果选择点位于同一侧，则将产生图中中间位置所示的曲面网格；如果两个对象的选择点不在同一侧，则将产生图中右侧位置所示的曲面网格。

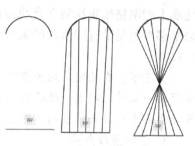

图 5-101　不同选择位置
所生成的直纹曲面

4. 创建边界曲面

在 AutoCAD 2016 中，可以在指定的四个首尾相连的曲线边界之间形成一个指定密度的三维网格，即边界曲面对象。

（1）调用"边界曲面"命令的方式有如下三种。

1）菜单栏："绘图"→"建模"→"网格"→"边界曲面"。

2）工具栏："网格"→"图元"→"边界曲面" ⌐。

3）命令行：EDGESURF ✓。

（2）执行命令格式显示如下。

```
命令：EDGESURF ✓
当前线框密度：SURFTAB1 = 6 SURFTAB2 = 6
选择用作曲面边界的对象 1：
选择用作曲面边界的对象 2：
选择用作曲面边界的对象 3：
选择用作曲面边界的对象 4：
```

（3）说明：在使用 EDGESURF 命令创建边界曲面之前，需要先创建作为曲面边界的四个曲线对象。能够用于创建边界曲面的曲线对象包括圆弧、椭圆弧、直线、多段线和样条曲线等。这四个边界对象必须在端点处依次相连，形成一个封闭的路径，才能用于创建边界曲面。如图 5-102 所示给出了用于创建边界曲面的对象示例。

边界曲面网格的密度是由系统变量 SURFTAB1 和 SURFTAB2 共同控制的。其中，SURFTAB1 用于确定用户选择的第一条曲线边界方向上网格的密度，这条边界以及与其不相邻的另一条边界曲线将按 SURFTAB1 的取值来划分网格。而另外两条边界曲线则按照 SURFTAB2 的取值绘制网格。因此，当系统变量 SURFTAB1 和 SURFTAB2 的取值不同时，在选择边界时的第一个选择对象将影响边界曲面网格不同方向上的密度。一旦确定了第一个边界曲线对象，则边界曲面网格的方向也随之确定，因此，再选择其他边界时的选择顺序将不再影响边界曲面的创建。如图 5-103 所示给出了系统变量 SURFTAB1 和 SURFTAB2 取值均为 32 时所创建的边界曲面网格。

5. 三维面

三维面是由三个或四个三维顶点构成的曲面。在 AutoCAD 2016 中，可以连续地创建多个三维面对象，并可以控制三维面对象上每一条边的可见性，从而组合成复杂的三维曲面。创建三维面的命令调用方式和执行过程如下。

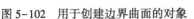

图5-102　用于创建边界曲面的对象　　　　图5-103　创建边界曲面

（1）菜单栏："绘图"→"建模"→"网格"→"三维面"。

（2）命令行：3DFACE ↙。

命令：3DFACE ↙
指定第一点或［不可见(I)］：
指定第二点或［不可见(I)］：
指定第三点或［不可见(I)］＜退出＞：
指定第四点或［不可见(I)］＜创建三侧面＞：
指定第三点或［不可见(I)］＜退出＞：
指定第四点或［不可见(I)］＜创建三侧面＞：
…

在使用3DFACE命令创建三维面时，首先要指定第一个三维面对象的全部顶点。其中，在指定第四点坐标时，如果直接按回车键选择"＜创建三侧面＞"命令选项，则AutoCAD将根据前三点创建三边的三维面；如果指定第四点的坐标则创建四边的三维面。

完成了第一个三维面对象的创建后，AutoCAD继续提示指定下一个三维面对象的顶点。如果第一个三维面对象是四边形，那么其第三点和第四点将作为下一个三维面的第一点和第二点，并和用户再次指定的第三点和第四点一同构成下一个三维面对象；如果第一个三维面对象是三边形，那么其第三顶点将作为下一个三维面的第一个顶点，并和用户指定的第三点和第四点一同构成下一个三边的三维面对象。

5.1.18　实体的剖切和截面创建

1. 实体的剖切

从实体的差集和交集等操作中可知，AutoCAD 2016的实体对象具有可分割性。在Auto-CAD 2016中，分割实体的常用方法是利用一个与实体相交的平面将其一分为二，这个平面称为切面，这个操作称为实体的剖切。实体被剖切后将得到两个独立的实体对象，并可以根据用户的要求删除其中的一个或全部保留。

（1）调用"剖切"命令的方式有以下三种。

1）菜单栏："修改"→"三维操作"→"剖切"。

2）工具栏："常用"→"三维操作"→"剖切"　。

3）命令行：SLICE ↙。

（2）执行命令格式显示如下。

命令：SLICE ↙
选择要剖切的对象：

选择要剖切的对象：
指定剖切的起点或[平面对象(O)/曲面(S)/Z轴(Z)/视图(V)/XY(XY)/YZ(YZ)/ZX (ZX)/三点(3)] <三点>:
指定平面上的第二个点：
指定平面上的第三个点：
在所需的侧面上指定点或[保留两个侧面(B)]:<保留两个侧面>

（3）说明：在进行实体剖切时，需要先构造被剖切的实体选择集，按回车键结束选择后，可进一步定义实体的切面，具体的方法包括以下几种。

1）三点（3）：分别指定切面上不在同一条直线上的三个点，AutoCAD将根据用户指定的三个点计算出切面的位置。

2）平面对象（O）：指定某个二维对象，AutoCAD将该对象所在的平面定义为实体的切面。能够用于定义切面的对象可以是圆、圆弧、椭圆、椭圆弧、二维样条曲线或二维多段线等。

3）Z轴（Z）：指定两点作为切面的法线，从而定义切面。

4）视图（V）：指定切面上任意一点，AutoCAD将通过该点并与当前视口的视图平面相平行的面定义为切面。

5）XY（XY）、YZ（YZ）或ZX（ZX）：指定切面上任意一点，AutoCAD将通过该点并与当前UCS的XY平面、YZ平面或ZX平面相平行的平面定义为切面。

定义了切面后，AutoCAD将根据切面把被选中的实体分割为两个部分，并要求用户指定需要保留的实体部分。如果用户在切面的某一侧任意指定一点，则这一侧的实体部分将被保留，而删除另一侧的实体部分。如果用户希望将剖切后的各个实体全部保留下来，则选择"保留两侧(B)"命令选项即可。剖切后的实体将保留原实体的图层和颜色特性。

例如，对于如图5-104所示左侧的实体对象，如果使用"剖切"命令将其沿中部一分为二，并保留左侧部分，则可以得到如图5-104右侧所示的实体对象。

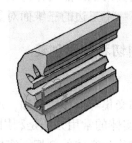

图5-104　实体的剖切

2. 创建实体的截面

与实体剖切的操作过程类似，可以定义一个与实体相交的平面，AutoCAD 2016将在该平面上创建实体的截面，该截面用面域对象表示。

命令行:SECTION↙
选择对象：
选择对象：
指定截面上的第一个点,依照[对象(O)/Z轴(Z)/视图(V)/XY(XY)/YZ(YZ)/ZX(ZX)/三点(3)]
<三点>:

指定平面上的第二个点：
指定平面上的第三个点：

创建实体截面的操作过程与实体剖切基本相同，但"实体截面"命令中实体不会被切割，而是创建面域对象以表示实体的截面。如果选择了多个实体来创建截面，则 AutoCAD 将分别使用相对独立的面域对象来表示每一个实体的截面。如果实体对象与用户指定的平面不相交，则不会根据该实体对象创建截面。

例如，对于如图 5-105 所示左侧的实体对象，如果在垂直于该对象轴线的平面上创建截面，可以得到如图 5-105 右侧所示的面域对象。

图 5-105 创建实体的截面

5.1.19 实体的检查和查询

当图形中具有多个实体对象时，如果实体对象之间的距离较近，则在观察模型时可能无法判断实体对象之间的相对位置。此时，可以使用"干涉检查"命令对实体对象进行干涉测试，以了解指定实体对象之间是否具有重合的部分。此外，由于实体对象具有体积、质心等质量特性，所以可以使用"查询"命令查询指定实体对象的详细信息。

1. 实体的干涉检查

实体的干涉检查可以对指定的实体对象进行干涉测试，以检查实体对象之间是否具有公共部分。如果该命令检查到实体重叠，则可以在屏幕上高亮显示相互重叠的两个实体，并可以将其公共部分创建为新的实体。

（1）调用"干涉检查"命令的方式有如下两种。

1）菜单栏："修改"→"三维操作"→"干涉检查"。

2）命令行：INTERFERE ✓。

（2）执行命令格式显示如下。

命令：INTERFERE ✓
选择第一组对象或[嵌套选择(N)设置(S)]：
选择第一组对象或[嵌套选择(N)设置(S)]：
选择第二组对象或[嵌套选择(N)检查第一组(K)]：
选择第二组对象或[嵌套选择(N)检查第一组(K)]：

使用 INTERFERE 命令进行实体干涉检查时，可以采用两种方式进行。第一种方式是只使用单一的选择集进行检查，比如选择一组实体构成第一集合，但在第二集合中不选择任何实体，此时，INTERFERE 命令将对这一选择集中全部的实体相互进行干涉检查；第二种方式是分别指定第一集合和第二集合两个实体选择集，此时，INTERFERE 命令将在第一集合的实体与第二集合的实体之间进行干涉检查。

完成干涉检查后，INTERFERE 命令将在文本窗口显示检查的结果，并在屏幕上高亮显示所有干涉的实体。然后提示用户是否创建干涉实体，如果选择"是（Y）"命令选项，则 AutoCAD 将会根据每一对产生干涉的实体的公共部分创建实体对象，但不删除原来的实体对象。

当发生干涉的实体对象较多时，如果这些实体都在屏幕上亮显，往往不能很好地显示出干涉的部分。因此，INTERFERE 命令可以逐对地亮显每一对干涉的实体。当用户连续选择"下一对（N）"命令选项时，AutoCAD 将循环亮显所有发生干涉的实体对象，直到选择"退出（X）"命令选项结束 INTERFERE 命令为止。

2. 查询实体的质量特性

（1）调用"质量特性"命令的方式有以下两种。

1）菜单栏："工具"→"查询"→"面域/质量特性"。

2）命令行：MASSPROP ✓。

（2）说明：MASSPROP 命令可以根据当前 UCS 计算指定实体对象的各种质量特性，并将分析结果显示在文本窗口中，也可以将分析结果保存在文本文件中。MASSPROP 命令的计算结果包括以下几个部分。

1）质量：根据实体的体积和密度计算得出。由于 AutoCAD 使用的密度为 1，因此该值与实体的体积值相同。

2）体积：实体包容的三维空间总量。

3）边界框：实体的边界框是指能够包含实体的最小的立方体框，AutoCAD 在分析结果中以对角点的形式给出边界框的位置和尺寸。

4）质心：实体的质量中心。

5）惯性矩：质量惯性矩是指实体绕指定的轴旋转时所需的力。

6）惯性积：实体的惯性积用来确定导致对象运动的力。

7）旋转半径：旋转半径是另一种用于表示实体惯性矩的方法。

8）主力矩与质心的 X-Y-Z 方向：由惯性积计算得出，其中穿过位于实体对象形心的某个轴的惯性矩值最高；穿过第二轴（是第一个轴的法线，也穿过形心）的惯性矩值最低；由此可得到第三轴（与第一、第二轴垂直）的惯性矩值，应该介于最大值与最小值之间。

最后，MASSPROP 命令将提示用户是否将分析结果写入文件，如果选择"是（Y）"命令选项，则 AutoCAD 提示用户指定需要保存的质量与面积特性文件的名称，该文件是以"MPR"为扩展名的文本格式的文件，可使用任意文本编辑器进行查看。

注意：由于 MASSPROP 命令是基于当前 UCS 进行计算的，因此对于同一个实体对象来说，如果 UCS 发生改变，则查询结果也会随之发生变化。当选择多个实体对象进行查询时，MASSPROP 命令将所有实体对象视为一个整体进行分析计算。

5.1.20　创建实体的轮廓和剖视

对于模型空间中的实体对象来说，可以在布局中创建布局视口来显示实体对象的各种视图，如正交视图、辅助视图等，并且可以根据这些视图进一步创建实体的轮廓图和剖视图等。

1. 设置视图

对于 AutoCAD 2016 的实体对象，可以在布局中用正投影法创建实体对象的基本视图、辅助视图和剖视图等各种视图，并创建布局视口来显示这些视图。

（1）调用"视图"命令的方式有如下两种。

1）菜单栏："绘图"→"建模"→"设置"→"视图"。

2）命令行：SOLVIEW↙。

（2）执行命令格式显示如下。

```
正在重生成布局
输入选项[UCS(U)/正交(O)/辅助(A)/截面(S)]:
```

（3）说明：SOLVIEW 命令必须在布局中使用。该命令可以使用以下四种方法创建视图和用于显示该视图的布局视口。

1）UCS（U）：可以根据指定的 UCS 创建投影视图。AutoCAD 将实体对象向指定 UCS 的 XY 平面上投影创建其轮廓视图，并且在该视图中 X 轴指向右，Y 轴垂直向上。命令行显示如下。

```
输入选项[UCS(U)/正交(O)/辅助(A)/截面(S)]:U
输入选项[命名(N)/世界(W)/当前(C)]<当前>:
输入视图比例 <1.0000>:
指定视图中心:
指定视图中心 <指定视口>:
指定视口的第一个角点:
指定视口的对角点:
输入视图名:
```

用户也可以选择命名的 UCS、WCS 或当前的 UCS 来创建投影视图，并需要进一步指定视图的缩放比例和中心点位置。AutoCAD 将根据用户的设置创建实体对象的轮廓视图，同时创建布局视口显示该视图，用户可以通过指定布局视口的两个对角点确定其在布局中的位置。

2）正交（O）：可以根据布局中已有的布局视口创建与其正交的视图。命令行提示如下。

```
输入选项 [UCS(U)/正交(O)/辅助(A)/截面(S)]:O
指定视口要投影的那一侧:
指定视图中心:
指定视图中心<指定视口>:
指定视口的第一个角点:
指定视口的对角点:
输入视图名:
```

用户也可以选择已有视口的某一条边，AutoCAD 将实体对象向垂直该视口且与选中的边平行的平面上进行投影，创建实体的投影视图，并根据用户指定的位置创建布局视口以显示该视图。

3）辅助（A）：根据布局中已有的布局视口来创建实体模型的辅助视图。

```
输入选项 [UCS(U)/正交(O)/辅助(A)/截面(S)]:A
```

```
指定斜面的第一个点：
指定斜面的第二个点：
指定要从哪侧查看：
指定视图中心：
指定视图中心 <指定视口>：
指定视口的第一个角点：
指定视口的对角点：
输入视图名：
```

用户需要在已有视口中指定两点，AutoCAD 将实体对象向垂直该视口且通过这两点连线的面上进行投影，创建实体的投影视图，并根据用户指定的位置创建布局视口以显示该视图。

4）截面（S）：可以根据布局中已有的布局视口来创建实体模型的剖视图。

```
输入选项［UCS(U)/正交(O)/辅助(A)/截面(S)］:S
指定剪切平面的第一个点：
指定剪切平面的第二个点：
指定要从哪侧查看：
输入视图比例 <1>：
指定视图中心：
指定视图中心 <指定视口>：
指定视口的第一个角点：
指定视口的对角点：
输入视图名：
```

这一方法的操作过程与创建辅助视图的操作过程基本相同，主要区别在于 AutoCAD 将垂直指定视口且通过用户指定两点连线的平面作为剪切平面，创建实体的剖视图。该视图可以和 SOLDRAW 命令结合使用，通过图案填充创建实体的剖视图。

2. 创建实体轮廓图和剖视图

在使用 SOLVIEW 命令创建的布局视口中，可以进一步根据该视口所显示的视图创建实体对象的轮廓图和剖视图。调用"图形"命令的方式有以下两种。

（1）菜单栏："绘图"→"建模"→"设置"→"图形"。

（2）命令行：SOLDRAW ↙。

SOLDRAW 命令只能在用 SOLVIEW 命令生成的布局视口中使用，该命令根据布局视口的视图创建实体对象的轮廓图和剖视图，并在剖视图中把剪切平面和实体对象相交的部分用图案填充进行表示。

当用 SOLDRAW 命令在剖视图中创建图案填充时，将分别根据系统变量 HPNAME、HP-SCALE 和 HPANG 的值确定图案填充的图案名称、比例和角度。

3. 创建实体轮廓图

除了使用 SOLDRAW 命令创建实体的轮廓图之外，AutoCAD 还提供了另一个创建实体轮廓图的命令 SOLPROF。该命令可以在布局视口中根据当前视图创建指定实体对象的轮廓图。

调用"轮廓"命令的方式有以下两种。

（1）菜单："绘图"→"建模"→"设置"→"轮廓"。

（2）命令行：SOLPROF ↙。

SOLPROF 命令同样只能在布局中使用，而且需要通过布局中的布局视口访问模型空间，才能使用该命令创建指定实体对象的轮廓图。SOLPROF 命令根据指定实体对象在当前视图中的轮廓，创建块参照对象进行表示，并将生成的块参照对象放置在指定的图层中。其中，如果在单独的图层中指定显示隐藏的轮廓线时，AutoCAD 将生成两个块参照对象，一个用于表示所有选中实体对象的可见轮廓，这个块参照对象用"随层"线型绘制，并放置在"PV-视口句柄"图层中；另一个用于表示实体对象的隐藏线，如果加载了"HIDDEN"线型，则这个块参照对象用该线型绘制，否则用"随层"线型绘制，这个块参照对象被放置在"PH-视口句柄"图层中。如果不要求在单独的图层中显示隐藏的轮廓线，则 SOLPROF 命令将实体对象的所有轮廓均作为可见线，并为每一个选中的实体对象分别创建块参照对象以表示其轮廓，并将这些块参照对象放置在"PV-视口句柄"图层中。

SOLPROF 命令还可以指定是否将轮廓线投影到平面，选择"是(Y)"命令选项时，AutoCAD 将实体的三维轮廓投影到一个与视图方向垂直并且通过用户坐标系原点的平面上，并用二维对象创建该平面上的投影；选择"否(N)"命令选项时，AutoCAD 将使用三维对象创建实体对象的三维轮廓线。最后，用户需要决定是否删除相切的边。相切的边是指两个相切面之间的分界线，选择"是(Y)"命令选项时，在生成的实体轮廓图中将不包含相切的边；选择"否(N)"命令选项时，将在实体轮廓图中将实体相切面之间的分界线也显示出来。

➤ 技能训练

按图 5-106、图 5-107 所示给定的尺寸绘制三维图形。

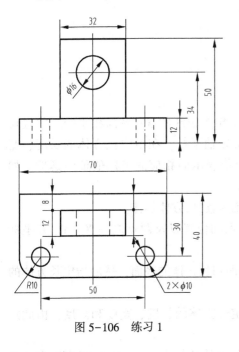

图 5-106 练习 1

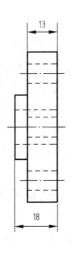

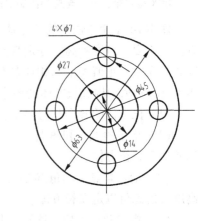

图 5-107 练习 2

任务5.2 绘制组合体三维图形

➢ 任务提出

本任务将通过绘制如图5-108所示的三维组合体，介绍在Au-toCAD 2016中的三维组合实体创建及相关操作。

➢ 任务分析

在机械设计中，AutoCAD 2016提供了三维组合体建模功能，它直观地表达了零件的空间位置和产品的设计效果。

➢ 知识储备

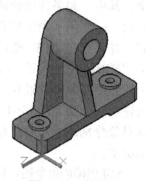

图5-108 轴承座

5.2.1 创建三维实体对象

AutoCAD 2016提供了一系列预定义的基本三维实体对象，这些对象提供了各种常用的、规则的三维模型组件。

1. 创建长方体实体（BOX）

长方体实体是指长方体所包括的三维空间，其中也包括立方体实体。创建长方体实体的命令调用方式和执行过程如下。

（1）菜单栏："绘图"→"建模"→"长方体"。

（2）工具栏："三维工具"→ ▱ 。

（3）命令行：BOX ↙ 。

> 命令：BOX ↙
> BOX 指定第一个角点或 [中心(C)]：

使用BOX命令创建的长方体实体，其底面始终与当前UCS的XY平面相平行，并且长方体的长度、宽度和高度分别与当前UCS的X、Y和Z轴平行。在指定长方体的长度、宽度和高度时，正值表示向相应的坐标值正向延伸，负值表示向相应的坐标值负向延伸。如图5-109所示为构成长方体的各个几何要素的示意图。

根据长方体的各个几何要素，可以用以下几种方法创建长方体实体。

（1）指定角点1和角点3：AutoCAD将根据这两点的位置以及两点之间X、Y、Z坐标的差值定义长方体。

（2）指定角点1和角点2：AutoCAD根据这两点得到长方体的底面，然后指定长方体的高度，由此可以定义长方体。

（3）指定角点1后，选择"长度(L)"：依次指定长方体的长度、宽度和高度，由此定义一个长方体。

（4）指定角点1后，选择"立方体(C)"：指定长方体的长度，AutoCAD将宽度和高度设置为与长度相同的值，由此定义一个长方体。

（5）选择"中心点（C）"：指定长方体的中心点，以此来取代角点1，然后可以使用以上四种方法创建长方体实体。

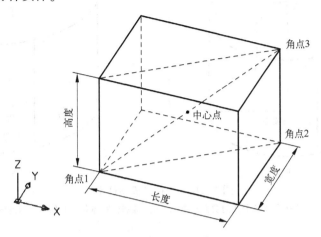

图5-109　长方体各个几何要素示意图

2. 创建圆柱体实体

圆柱体实体是指圆柱体所包含的三维空间，其中也包括椭圆柱体。创建圆柱体实体的命令调用方式和执行过程如下。

（1）菜单栏："绘图"→"建模"→"圆柱体"。

（2）工具栏："三维工具"→▣。

（3）命令行：CYLINDER✓。

命令：CYLINDER✓

指定底面的中心点或［三点（3P）/两点（2P）/切点、切点、半径（T）/椭圆（E）］：

使用 CYLINDER 命令创建的圆柱体实体，如果根据其底面的圆心、半径以及圆柱体的高度进行定义，那么其底面始终与当前 UCS 的 XY 平面相平行，并且高度与当前 UCS 的 Z 轴平行。如图5-110a 所示为构成圆柱体的各个几何要素的示意图。

此外，在指定了圆柱体一个底面的圆心和半径后，可以选择"另一个圆心（C）"命令选项指定另一个底面的圆心，AutoCAD 将采用与第一个底面半径相同的值来确定第二个底面的半径，并根据两个底面圆心的连线确定圆柱体的高度和方向。

除了可以创建圆柱体之外，CYLINDER 命令还可以创建椭圆柱体。在调用 CYLINDER 命令之后，选择"椭圆（E）"命令选项，指定椭圆柱体的第一个底面，然后根据椭圆柱体的高度或另一个底面的圆心定义椭圆柱体，具体方法与创建圆柱体类似。

如图5-110b 所示为构成椭圆柱体的各个几何要素的示意图。

3. 创建圆锥体实体

圆锥体实体是指圆锥体所包含的三维空间，其中也包括椭圆锥体。创建圆锥体实体的命令调用方式和执行过程如下。

（1）菜单："绘图"→"建模"→"圆锥体"。

（2）工具栏："三维工具"→△。

（3）命令行：CONE✓。

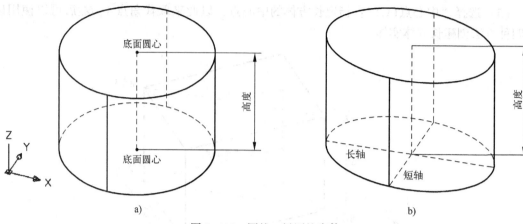

图 5-110　圆柱、椭圆柱实体

a）圆柱实体各个几何要素示意图　b）椭圆柱实体各个几何要素示意图

命令:CONE↙
指定底面的中心点或[三点(3P)/两点(2P)/切点、切点、半径(T)/椭圆(E)]:

使用 CONE 命令创建圆锥体实体的过程与创建圆柱体实体的过程类似，如果根据其底面的圆心、半径以及圆锥体的高度进行定义，那么其底面始终与当前 UCS 的 XY 平面相平行，并且高度与当前 UCS 的 Z 轴平行。如图 5-111a 所示为构成圆锥体的各个几何要素的示意图。

此外，在指定了圆锥体底面的圆心和半径后，可以选择"顶点(A)"命令选项，指定圆锥体的顶点，AutoCAD 将根据顶点与底面圆心的连线确定圆锥体的高度和方向。

CONE 命令还可以创建椭圆锥体。在调用 CONE 命令之后，选择"椭圆(E)"命令选项，指定椭圆锥体的底面，然后根据椭圆锥体的高度或顶点定义椭圆锥体，具体方法与创建圆锥体类似。

如图 5-111b 所示为构成椭圆锥体的各个几何要素的示意图。

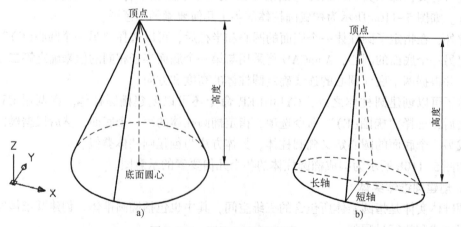

图 5-111　圆锥、椭圆锥实体

a）圆锥实体各个几何要素示意图　b）椭圆锥实体各个几何要素示意图

4. 创建球体实体

球体实体是指球体所包含的三维空间。创建球体实体的命令调用方式和执行过程如下。

（1）菜单栏："绘图"→"建模"→"球体"。

（2）工具栏："三维工具"→⚪。

（3）命令行：SPHERE ↙。

命令：SPHERE ↙
指定中心点或[三点（3P）/两点（2P）/切点、切点、半径（T）]：

使用 SPHERE 命令创建的球体实体，其纬线始终与当前 UCS 的 XY 平面相平行，并且中心轴与当前 UCS 的 Z 轴平行。如图 5-112 所示为构成球体的各个几何要素的示意图。

5. 楔体实体

楔体实体是指将长方体沿对角面分开后所得到的半个长方体。创建楔体实体的命令调用方式和执行过程如下。

（1）菜单栏："绘图"→"建模"→"楔体"。

（2）工具栏："三维工具"→◣。

（3）命令行：WEDGE ↙。

命令：WEDGE ↙
指定楔体的第一个角点或 [中心点（CE）] <0,0,0>：
指定角点或 [立方体（C）/长度（L）]：

楔体实体的创建过程与长方体实体的创建过程完全相同，但其创建的结果是长方体实体的一半，并且使楔体的斜面部分正对着角点 1，如图 5-113 所示。

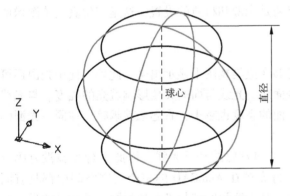

图 5-112 球体的各个几何要素示意图

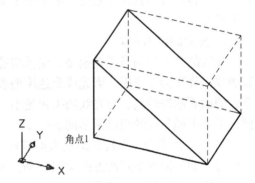

图 5-113 楔体实体几何要素示意图

6. 圆环体实体

圆环体实体是指圆环体所包含的三维空间，通过圆环体实体也可以创建两极凹陷或突起的球体。创建圆环体实体的命令调用方式和执行过程如下。

（1）菜单栏："绘图"→"建模"→"圆环体"。

（2）工具栏："三维工具"→◎。

（3）命令行：TORUS ↙。

命令：TORUS ↙
指定圆环体中心 <0,0,0>：
指定圆环体半径或 [直径（D）]：
指定圆管半径或 [直径（D）]：

使用 TORUS 命令创建的圆环体实体，其圆管中心所在平面与当前 UCS 的 XY 平面平行，如图 5-114 所示为构成圆环体的各个几何要素的示意图。

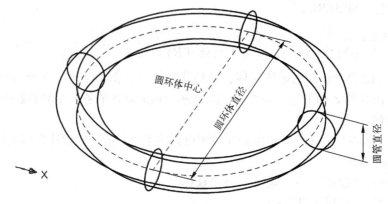

图 5-114　圆环实体几何要素示意图

由于圆环体实体是根据圆环体半径和圆管半径共同定义的，因此这两个半径的相关大小将影响着整个圆环体的形状。

5.2.2　图形渲染

与线框图像或着色图像相比，渲染的图像使人更容易想象 3D 对象的形状与大小，也使设计者更容易表达其设计思想。渲染最主要的是光源和材质的设置，这是产生真实感图像的关键所在。

1. 光源的作用与类型

光源的基本作用是照亮模型，使模型能够在渲染视图中显示出来。此外，使用光源还可以表现出模型的立体感。当光线到达模型表面时，光线与面的夹角影响着光的强度。与光线垂直的面看起来最亮，与光线的夹角越小，面的亮度也越小，看起来就越暗。在同一光源的照射下，不同角度的面显示不同的亮度。

（1）平行光源。平行光源是指沿着同一方向发射的平行光线，因此平行光源没有固定的位置，而是沿着指定的方向无限延伸。平行光源在 AutoCAD 的整个三维空间中都具有同样的强度，对于每一个被平行光照射的表面，其光线强度都与光源处相同。平行光的另一个重要特点是可以照亮所有的对象，即使是在光线方向上彼此遮挡的对象也都将被照亮。

在实际应用中，可以使用平行光统一照亮对象或背景。通常使用单个的平行光模拟太阳光，为此 AutoCAD 2016 专门提供了一个太阳角度计算器，可以根据指定的时间和位置计算出太阳光的方向。

（2）点光源。点光源是指从一点出发向所有方向发射光线，类似于灯泡所发出的光线。点光源的位置决定了光线与模型各个表面的夹角，因此可以在不同位置指定多个点光源，提供不同的光照效果。此外，点光源的强度可以随着距离的增加而进行衰减，并且可以使用不同的衰减方式，从而更加逼真地模拟实际的光照效果。

（3）聚光灯。聚光灯是指从一点出发，沿指定的方向和范围发射具有方向性的圆锥形光束。聚光灯所产生的圆锥形光锥分为两部分：内部光锥是光束中最亮的部分，其顶角称为聚光角；整个光锥的顶角称为照射角，在照射角和聚光角之间的光锥部分，光的强度将会产生衰减，这一区域称为快速衰减区。

同点光源一样，聚光灯的强度也可以从光源开始，随着光线传播距离的增加而逐渐衰减，并且可以使用不同的衰减方式。在实际应用中，聚光灯适用于显示模型中特定的几何特征和区域。

2. 光源的特性

（1）光源的颜色。对各种光源来说，其共有的基本特性之一就是光源的颜色。在渲染图中，模型所显示出的最终颜色是模型的实际颜色与光源颜色的叠加效果。因此，不同的光源颜色将影响模型的渲染效果。

在 AutoCAD 2016 中，通常提供两种等效的颜色系统供用户选择使用：一种是红色、绿色和蓝色三种基本颜色组成的 RGB 颜色系统；另一种是由色调、亮度和饱和度三种基本要素组成的 HLS 颜色系统。

RGB 颜色系统由红色、绿色和蓝色三种基本颜色组成，这三种颜色两两之间等量混合将产生三种二级颜色：红色和绿色等量混合将产生黄色，绿色和蓝色等量混合将产生青色，红色和蓝色等量混合将产生紫色。这样，通过控制红色、绿色和蓝色这三种基本颜色的相对强度，可以产生各种不同的颜色。如果将三种颜色等量混合将产生白色，而不指定任何一种颜色时将产生黑色。

一般来说，AutoCAD 2016 将每种基本颜色的强度分为 0～255 共 256 级，0 级表示该颜色的强度为零，255 级表示该颜色的强度最大。这样，将三种基本颜色按不同强度混合，可以产生 $256^3 = 1.6777×10^7$ 种颜色，这些颜色几乎包含了人眼所能分辨的所有颜色，因此也称为真彩色。

HLS 颜色系统与 RGB 颜色系统等效，其主要区别在于描述颜色的方法不同，HLS 颜色是基于人类对颜色的感觉，通过颜色的以下三个基本特征来进行描述。

1）色度（hue）：色度是从物体反射或透过物体传播的颜色。通常色度是由颜色名称标识的，比如红色、黄色或绿色。

2）饱和度（saturation）：饱和度是指颜色的强度或纯度，即表示色度中灰成分所占的比例，用从 0%（灰色）到 100%（完全饱和）的百分比度量。

3）亮度（lightness）：亮度是指颜色的相对明暗程度，通常用从 0%（黑）到 100%（白）的百分比度量。

（2）光源的强度。AutoCAD 中各种光源的另一个共有的基本特性是光源的强度。光源的强度就是指通过单位面积的光线数量，强度越大，看起来就越亮。

AutoCAD 中环境光和平行光的光线在各点处的强度始终保持一致，而不受光线传播距离的影响。而对于点光源和聚光灯，AutoCAD 提供了不同的衰减方式来控制光线的强度。光线的衰减是指光线的强度随着其传播的距离而逐渐降低，此时，模型上距离光源较近的部分比较亮，而距离光源较远的部分比较暗。

3. 创建点光源

点光源是从一点出发、向所有方向发射辐射状光束的光源。可以使用点光源来获得基本照明效果。

（1）调用"创建点光源"命令的方式有如下两种。

1）命令行：POINTLIGHT ✓。

2）菜单栏："可视化"→"光源"→"创建光源"。

（2）执行命令格式显示如下。

命令：POINTLIGHT↙
POINTLIGHT 指定源位置<0,0,0>：
输入要更改的选项[名称(N)/强度因子(I)/状态(S)/光度(P)/阴影(W)/衰减(A)/过滤颜色(C)/退出(X)]：

（3）说明。

1）名称（N）：名称中可以使用大小写字母、数字、空格、连字符（-）和下划线（_），最大长度为 256 个字符。

2）强度因子（I）：设定光源的强度或亮度，取值范围为 0.00 到系统支持的最大值。取值为 0，即关闭该光源；最大值与衰减设置有关。

3）状态（S）：打开或关闭光源。如果图形中没有启用光源，则该设置没有影响。

注意：按钮可以查看点光源以及目标的当前位置的三维坐标。

4）光度（P）：光度是指测量可见光源的照度。在光度中，照度是指对光源沿特定方向发出的可感知能量的测量；光通量是指每单位立体角中可感知的能量，一盏灯的总光通量为沿所有方向发射的可感知的能量；亮度是指入射到每单位面积上的总光通量。

★**注意**：仅当 LIGHTINGUNITS 系统变量设置为"1"或"2"时，"光度"选项才可用。

5）阴影（W）：使光源投射阴影，关闭或打开光源的阴影显示和阴影计算。关闭阴影可以提高性能。

★**注意**：从基于 AutoCAD 2016 的产品开始，将始终渲染阴影，无论当前状态和"阴影"选项的值如何。保留此选项以用于撰写脚本和向后兼容。

6）衰减（A）：控制光线如何随距离增加而减弱。对象距点光源越远，则越暗。

★**注意**：若将 LIGHTINGUNITS 系统变量设置为"1"或"2"，"衰减"选项在渲染时对光源没有任何影响。保留此选项以用于撰写脚本和向后兼容。

7）过滤颜色（C）：控制光源的颜色。

4. 创建平行光

平行光是指沿同一方向上发射的平行光束，平行光没有衰减，各点的光强度保持不变。

（1）调用"新建平行光"命令的方式有以下两种。

1）命令行：DISTANTLIGHT↙。

2）菜单栏："视图"→"渲染"→"光源"→"新建平行光"。

（2）说明。

光源的方向：使用两个点（一个点作为起点，另一个点指定方向）来指定平行光的方向。"矢量"选项提供了一种方法，用来指定表示光源的矢量方向的坐标。例如，矢量坐标的默认值为 0.0000，-0.0100，1.0000，指出大约在正 Z 轴方向的光源。

1）名称：指定光源名。名称中可以使用大小写字母、数字、空格、连字符（-）和下划线（_），最大长度为 256 个字符。

2）强度/强度因子：设定光源的强度或亮度。取值范围为 0.00 到系统支持的最大值。

3）状态：打开或关闭光源。如果未在图形中使用光源，则此设置没有影响。

4）光度：光度是指测量可见光源的照度。在光度中，照度是指对光源沿特定方向发出的可感知能量的测量；光通量是指每单位立体角中可感知的能量，总光通量为沿所有方向发射的可感知的能量；亮度是指入射到每单位面积上的总光通量。

5）强度：输入以烛光表示的强度值、以光通量值表示的可感知能量或入射到表面上的总光通量的照度值。

6）颜色：基于颜色名称或开氏温度指定光源颜色。

7）阴影：使光源投射阴影。

5. 创建聚光灯

聚光灯（例如闪光灯、剧场中的跟踪聚光灯或前灯）分布投射一个聚焦光束，发射定向锥形光。用户可以控制光源的方向和圆锥体的尺寸。在标准光源工作流中，可以手动将聚光灯设置为强度随距离衰减。但是，聚光灯的强度始终还是根据相对于聚光灯的目标矢量的角度衰减，此衰减由聚光灯的聚光角角度和照射角角度控制。可以用聚光灯亮显模型中的特定特征和区域。

6. 颜色、材质、贴图

（1）颜色。颜色是 AutoCAD 2016 图形对象的基本特性之一。在为图形对象设置颜色时，需要使用 AutoCAD 的颜色系统，即 AutoCAD 颜色索引（ACI，AutoCAD Color Index）系统。这一系统共包含 255 种颜色，分别用 1~255 进行编号。用户可以在设置颜色时直接使用编号确定相应的颜色。

在 ACI 系统的 255 种颜色中，编号为 1~9 的九种颜色是 AutoCAD 的标准颜色，即如图 5-115 所示左侧一列颜色；编号为 250~255 的六种颜色为灰度颜色，即如图 5-115 所示右侧一列颜色；其余编号颜色为彩色。更改颜色的步骤如下。

1）选择要更改颜色的对象。

2）在绘图区域中单击鼠标右键，然后选择"特性"。

3）在"特性"选项板中，单击"颜色"，然后单击向下箭头，从下拉列表中选择要指定给对象的颜色。

（2）材质

AutoCAD 可以使用材质来为三维模型提供真实的外观。材质代表物质，如钢、棉和玻璃等。用户可以将它们应用于三维模型来为对象提供真实的外观，也可以调整材质的特性来增强反射、透明度和纹理。

AutoCAD 2016 包含 700 多种材质和 1000 多种纹理的 Autodesk 库。用户可以将 Autodesk 材质复制到图形中，然后对其进行编辑并保存到自己的库中，也可以使用材质浏览器导航和管理 Autodesk 材质和用户定义的材质。

将材质添加到库中的步骤如下。

1）依次单击"可视化"选项卡 → "材质"面板 → "材质浏览器"，如图 5-116 所示。

2）在材质浏览器中的材质样例上单击鼠标右键 → "添加到" → 要添加材质的库的名称。用户可以将材质添加到多个库中。

材质的调用和选择颜色一样。在绘图区域中单击鼠标右键，然后选择"特性"。在"特性"选项板中，单击"三维效果" → "材质"，然后单击向下箭头，从下拉列表中选择要指定给对象的材质。

图 5-115 选择颜色对话框

图 5-116 材质库

（3）贴图。将纹理应用于材质后，可以调整纹理贴图的方向以适应形状。贴图调整可以减少不适当的图案失真。

贴图就是将二维图像"贴"到三维对象的表面上，从而在渲染时产生照片级的真实效果。此外，还可以将贴图与光源组合起来，产生各种特殊的渲染效果。在 AutoCAD 2016 中，可以通过材质设置各种贴图，并将其附着到模型对象上，并可以通过指定贴图坐标来控制二维图像与三维模型表面的映射方式。在材质设置中，可以用于贴图的二维图像包括 BMP、PNG、TGA、TIFF、GIF、PCX 和 JPEG 等格式的文件。在 AutoCAD 中可以使用多种类型的贴图，这些贴图在光源的作用下可以产生不同的特殊效果。

1）平面贴图：以类似图像投影到二维曲面上的方式贴图。图像不会因投影方向而失真，但如果投影到曲线式曲面上并从侧面查看，则会失真。图像不会根据对象进行缩放。该贴图最常用于平面。

2）长方体贴图：将图像贴图到类似长方体的形状上，该图像将在对象的每个面上重复使用。

3）球面贴图：将图像贴图到球面对象上。贴图的顶边在球体的"北极"压缩为一个点；同样，底边在"南极"压缩为一个点。

4）柱面贴图：将图像贴图到柱面对象上。水平边将一起弯曲，但顶边和底边不会弯曲。图像的高度将沿圆柱体的轴进行缩放。

（4）设置渲染环境。使用环境功能来设置基于图像的照明（IBL）、光源曝光或背景图像，或通过将位图图像作为背景添加到场景中来增强渲染图像。

单击菜单栏"视图"→"渲染"→"渲染环境"或命令行输入 FOG，弹出如图 5-117 所示的"渲染环境和曝光"对话框。

图 5-117 "渲染环境和曝光"对话框

1）基于图像的照明：影响由渲染器计算的光源和阴影。根据指定的图像，可以调整最终渲染图像的亮度和对比度。用基于图像的照明的图像贴图可在渲染时用作场景的背景（可选）。

2）曝光和白平衡：曝光和白平衡设置用于控制最终渲染图像的亮度和照明颜色。曝光可以调亮或调暗渲染图像。白平衡可以使渲染图像中的光源变冷或变暖。冷光使图像呈蓝色，而暖光使图像呈红色或橙色。

3）背景：背景主要是指模型后面的背景。背景可以是单色、多色渐变色、位图图像、模拟的阳光和天光，或基于图像的照明贴图。

当渲染静止的图像时，或者渲染其中的视图不变化或相机不移动的动画时，使用背景效果最佳。设定以后，背景将与命名视图或相机相关联，并且与图形一起保存。

除基于图像的照明贴图外，其余所有背景类型均可通过视图管理器进行设置。"渲染环境和曝光"选项板可用于将基于图像的照明贴图设置为视口的背景，也可以用于将某个其他背景类型指定给视口。

➢ 任务实施

（1）使用 acadiso3D. dwt 样板新建文件，并创建"粗实线"、"细实线"、"中心线"三个图层，同时设置"粗实线"为当前图层。

（2）在"常用"工具栏"视觉"面板上设置"西南等轴测"，"视觉样式"选择"二维线框"。

（3）绘制长方体：单击菜单栏"绘图"→"建模"→"长方体"或工具栏"常用"→"建模"→⬜命令，创建底座长方体。命令行显示如下。

```
命令:BOX↙
指定第一个较短或[中心(C)]:0,0
指定其他焦点或[立方体(C)长度(L)]:L
指定长度:90
指定宽度:30
```

以（0,0,0）为基准点创建一个 90×30×10 的长方体，用同样的方法创建一个 36×30×3 的长方体，如图 5-118 所示，作为轴承座的底座。

（4）三维移动：单击菜单栏"修改"→"三维操作"→"三维移动"，以小长方体底边中心为基点，将小长方体移动到大长方体的中间对齐，如图 5-119 所示。命令行显示如下。

```
命令:3DMOVE↙
选择对象:找到一个
指定基点或[位移(D)]<位移>:          //捕捉小长方体底边中点为基点
指定第二个点或<使用第一个点作为位移>:  //捕捉大长方体底边中点为第二个点
```

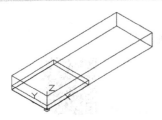

图 5-118 绘制两个长方体

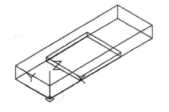

图 5-119 大小长方体中点对齐

扫一扫观看视频

（5）差集：单击工具栏"常用"→"实体编辑"→⑩或菜单栏"修改"→"实体编辑"→"差集"命令。使用布尔运算差集，将小长方体从大长方体中抠去，如图5-120所示。命令行显示如下。

```
命令:SUBTRACT ↙
选择对象:找到1个对象              //选择大长方体为基体
选择对象:                        //回车
选择要减去的实体、曲面或面域…….
选择对象:                        //选择小长方体
选择对象:                        //回车
```

（6）倒圆角：单击菜单栏"修改"→"实体编辑"→"圆角边"或工具栏"实体"→"实体编辑"→⬚，根据命令提示，对轴承座四个立边倒 $R5$ 的圆角，两个沟槽边倒 $R2$ 的圆角。

```
命令:FILLEREDGE ↙
选择边或[链(C)/环(L)/半径(T)]:R
输入圆角半径或[表达式(E)]<1.0000>:5
选择边或[链(C)/环(L)/半径(T)]:              //选择四立边
已选定4个边用于圆角。
选择边或[链(C)/环(L)/半径(T)]:回车
```

用同样的方式对沟槽两边进行圆角处理，结果如图5-121所示。

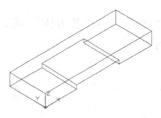

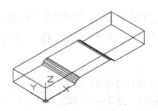

图5-120　布尔运算差集　　　　图5-121　圆角

（7）绘制圆柱体：单击菜单栏"绘图"→"建模"→"圆柱体"或工具栏"常用"→"建模"→⬚，根据提示创建轴承座安装螺孔的两个圆柱凸台。命令行提示如下。

```
指定底面的中心或[三点(3P)/两点(2P)/切点、切点、半径(T)/椭圆(C)]:
    //开启捕捉、动态输入,捕捉底座顶面边线中点,并距此中点12.5的位置拾取圆心,如图5-122所示
指定底面半径或[直径(D)]<2.0000>:7              //指定圆柱半径
指定高度或[两点(2P)/轴端点(A)]<-2.0000>:2      //指定圆柱高度
```

按同样的方式，以刚创建的圆柱顶面圆心为圆心，创建一个半径为3，高度为12的圆柱体，结果如图5-123所示。

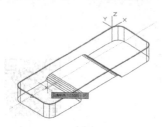

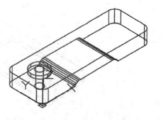

图5-122　捕捉圆柱圆心　　　图5-123　创建两个圆柱体　　　扫一扫观看视频

（8）三维镜像：利用"三维镜像"命令，以底座边线中点创建镜像平面，如图 5-124 所示。将两个圆柱体镜像到底座另一边，结果如图 5-125 所示。

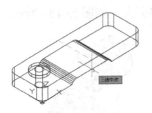

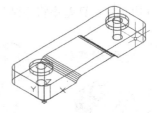

图 5-124　捕捉轴承底座边线中点，创建镜像平面　　　　图 5-125　镜像两个圆柱体

单击菜单栏"修改"→"三维操作"→"三维镜像"或工具栏"常用"→"修改"→ ％ 命令，命令行显示如下。

```
选择对象：          //选择大圆柱、小圆柱
选择对象:找到 1 个,总计 2 个
选择对象:回车
指定镜像平面(三点)的第一个点或[对象(O)/最近的(L)/Z 轴(Z)/视图(V)/XY 平面(XY)/YZ 平面(YZ)/ZX 平面(ZX)/三点(3)]:<三点>:
          //开启捕捉、动态输入,捕捉底座顶面边线中点,创建镜像平面,如图 5-124 所示
是否删除源对象? [是(Y)/否(N)]<否>:回车
```

（9）布尔运算。

1）单击工具栏"常用"→"实体编辑"→"并集"⑩，按命令提示，选取圆柱体与底座，通过布尔运算的并集，将大圆柱体与底座合为一体。

2）单击工具栏"常用"→"实体编辑"→"差集"⑩，根据命令提示，先选取底座，按回车键，再选取小圆柱体，按回车键，运用差集，将小圆柱体从底座中抠去。如图 5-126 所示（视觉样式为概念）。

（10）旋转坐标轴。

1）单击工具栏"常用"→"坐标"→"绕 X 轴旋转坐标系" ⬚，执行 UCS 的 X 轴变换，将 UCS 坐标变换为如图 5-127 所示。

2）单击"坐标"→"原点⬚"，将坐标切换至底座上端面后侧中点位置，如图 5-128 所示。

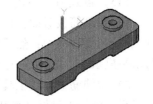

图 5-126　执行布尔运算后　　　　图 5-127　坐标变换　　　　图 5-128　坐标原点切换

（11）创建圆柱体。

1）单击工具栏"常用"→"建模"→"圆柱体" ⬚，追踪轴承底座上端面后侧中点，如图 5-129 所示。在此中点上 50 的位置拾取圆心，创建半径为 15、高度为 30 的圆柱体，如图 5-130 所示。

2）继续以圆柱体后端圆心为圆心，创建半径为 7.5、高度为 30 的小圆柱体，如图 5-130 所示。

3）利用布尔运算差集将小圆柱体从大圆柱体中抠去，如图 5-131 所示。

图 5-129　追踪圆心　　图 5-130　创建圆柱体　　图 5-131　差集减去小圆柱体　　扫一扫观看视频

（12）创建筋板。

1）激活"直线"命令，绘制直线，下方距离为 46，上方端点与圆柱相切，如图 5-132 所示。

2）单击工具栏"常用"→"绘图"→"边界" ⬚，激活"边界"命令，根据提示，单击"拾取点"，创建出筋板面域，如图 5-133 所示。

3）单击工具栏"常用"→"建模"→"拉伸" 🔳，选取创建的筋板面域为拉伸对象，拉伸高度为 8，创建筋板实体，如图 5-134 所示。

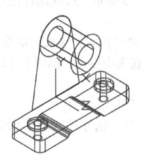 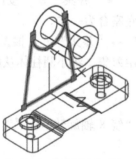 

图 5-132　直线绘制　　图 5-133　创建筋板面域　　图 5-134　拉伸筋　　扫一扫观看视频
　　　　　筋板外形　　　　　　　　　　　　　　　　　　　板实体

（13）创建另一筋板。

1）绘制筋板截面：在工具栏"常用"→"视图"面板中，选取"左视"、"二维线框"，绘制筋板截面；然后单击菜单栏"绘图"→"三维多段线"绘制筋板面域，筋板斜边与水平成 105°，如图 5-135 所示。

2）拉伸筋板：在工具栏"常用"→"视图"面板中，选择"西南等轴测""概念"方式显示，单击工具栏"常用"→"建模"→"拉伸" 🔳，选取刚创建的筋板面域为拉伸对象，拉伸高度为 4，创建筋板实体，如图 5-136 所示。

3）拉伸面：单击菜单栏"修改"→"实体编辑"→"拉伸面"，选取刚拉伸的筋板面为对象，将筋板朝反方向拉伸 4，使筋板位于轴承座中间位置，如图 5-137 所示。

（14）合并为整体：单击工具栏"常用"→"实体编辑"→"并集" ⓞ，按提示选择底座、筋板、圆柱体，将零件各部分合并为一整体。

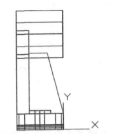

图 5-135 绘制筋板外形

图 5-136 拉伸筋板

图 5-137 拉伸面

扫一扫观看视频

➤ 技能训练

按图 5-138、图 5-139 所示尺寸绘制三维图形。

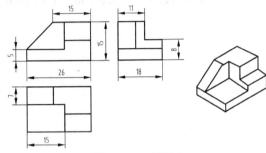

图 5-138 练习1

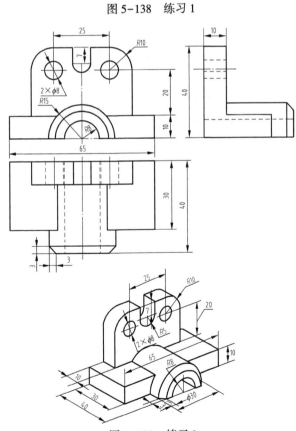

图 5-139 练习2

参 考 文 献

［1］李轲，等 . 经典实例学设计——AutoCAD 2016 从入门到精通 ［M］. 北京：机械工业出版社，2015.

［2］赵洪雷，等 . AutoCAD 2016 中文版从入门到精通 ［M］. 2 版 . 北京：电子工业出版社，2016.

［3］苏采兵 . AutoCAD 2012 机械制图实例教程 ［M］. 北京：北京邮电大学出版社，2015.

［4］程绪琦，等 . AutoCAD 2014 中文版标准教程 ［M］. 北京：电子工业出版社，2014.

［5］李波，等 . AutoCAD 2014 辅助设计技巧精选 ［M］. 北京：电子工业出版社，2015.